普通高等教育"十一五"电子信息类规划教材

嵌入式系统原理与设计

主　编　蒋建春
副主编　曾素华　李　勇
参　编　岑　明　吕霞付

机械工业出版社

本书综合讨论了典型嵌入式系统的设计及应用相关知识。作者根据长期的嵌入式系统开发经验，从嵌入式系统研发人员的角度，分析嵌入式系统设计需要掌握的理论知识、设计方法及步骤，然后介绍了嵌入式系统的基本组成及从底层到应用层各个典型模块的设计，将理论知识和实际对象充分结合起来，形成了一个完整的嵌入式系统。本书主要内容包括嵌入式系统软硬件基础知识、嵌入式系统平台的构建、基于ARM处理器的系统启动与中断处理、典型的外设模块硬件/驱动程序设计、嵌入式操作系统基础知识、μC/OS-Ⅱ操作系统的应用和移植以及嵌入式软件测试基础等部分。

本书配有免费电子课件，欢迎选用本书作教材的老师登录www.cmpedu.com注册下载或发邮件到wbj@cmpbook.com索取。

本书既可以作为高等院校计算机、电子、自动化等专业大学本科高年级学生的教材，也可作为嵌入式系统设计工程师的重要参考书。

图书在版编目（CIP）数据

嵌入式系统原理与设计/蒋建春主编．—北京：机械工业出版社，2010.1（2024.1重印）

普通高等教育"十一五"电子信息类规划教材

ISBN 978-7-111-28800-8

Ⅰ．嵌… Ⅱ．蒋… Ⅲ．微型计算机－系统设计－高等学校－教材 Ⅳ．TP360.21

中国版本图书馆CIP数据核字（2009）第243305号

机械工业出版社（北京市百万庄大街22号 邮政编码100037）
策划编辑：王保家 责任编辑：王保家 关晓飞
版式设计：霍永明 责任校对：李秋荣
封面设计：张　静 责任印制：郜　敏
北京富资园科技发展有限公司印刷
2024年1月第1版第5次印刷
184mm×260mm · 16.75印张 · 413千字
标准书号：ISBN 978-7-111-28800-8
定价：49.00元

电话服务 网络服务
客服电话：010-88361066 机　工　官　网：www.cmpbook.com
　　　　　010-88379833 机　工　官　博：weibo.com/cmp1952
　　　　　010-68326294 金　书　网：www.golden-book.com
封底无防伪标均为盗版 机工教育服务网：www.cmpedu.com

前　言

随着计算机技术和微电子技术的发展，嵌入式系统得到了广泛的应用。电子设备的功能越来越复杂和完善，原来单片机的应用领域被嵌入式系统逐渐取代。嵌入式系统在工业生产控制、智能仪表、信息家电、网络通信等领域中都有着广泛的应用。特别是在最近几年，嵌入式系统取得了前所未有的发展，在多媒体手机、个人数字助理（PDA）、数字导航仪、MP3/MP4、网络路由器、汽车电子等方面，嵌入式系统无处不在。

针对嵌入式系统的应用，社会对嵌入式系统设计方面人才的需求量也越来越大。许多高校开设了嵌入式系统设计课程，社会上也有许多嵌入式系统培训班，以满足社会对嵌入式系统设计人才的需求。但是，关于嵌入式系统设计的参考书大多针对某一型号的处理器或操作系统进行详细讲解，没有提供相应的嵌入式系统基础知识，而成了一个产品说明书，从而使读者在面对新的处理器或操作系统时无从下手；或者是只针对嵌入式系统理论知识进行说明、分析，而没有一个具体的对象，让读者感觉像空中楼阁。因此，这些参考书对于嵌入式系统初学者来说，很难真正系统掌握嵌入式系统知识，在进行嵌入式系统设计时，难以设计出一个优秀的嵌入式系统产品，从而也限制了行业的发展。

针对这一情况，作者根据多年从事嵌入式系统科研及教学经验，结合嵌入式系统理论知识，编写了本书。在内容的选择上，采用理论与具体对象结合的原则，采用嵌入式领域应用最广的ARM处理器和典型的接口及总线作为硬件对象，以编程简单但功能齐全的μC/OS-Ⅱ操作系统作为主要内容，系统讲解了嵌入式系统理论知识及硬件设计、底层驱动编程、系统启动与中断处理、操作系统概念及应用等知识，并在此基础上介绍了嵌入式软件测试等内容。本书通过对以上内容的介绍，让读者将理论知识和具体对象结合起来，真正系统理解和掌握嵌入式系统软硬件知识，更容易掌握嵌入式系统设计方法。同时，以"总体到具体"、"从底层到上层"顺序进行内容安排，也更符合人的思维习惯。因此，本书既可以作为本科高年级学生的教材，也可作为嵌入式系统设计工程师的重要参考书。

本书共分为9章，其中第1、2、3章由曾素华编写，第4、5、8、9章由蒋建春编写，李勇参与了第6、7章的编写，全书由蒋建春负责统稿。参与编写人员还有岑明、吕霞付，在这里对他们表示感谢。第1章，主要介绍嵌入式系统的概念、应用与发展。第2章主要介绍嵌入式系统的构架、组成、软硬件基础知识以及设计方法等内容。第3章主要讲解嵌入式系统平台构架，常用嵌入式处理器和嵌入式操作系统以及怎样来构建一个嵌入式系统平台。第4章介绍了ARM系列处理器的结构、中断、系统启动等原理及编程等内容。第5章详细讲解了ARM处理器的常用模块设计及驱动编程。第6章对嵌入式操作系统的概念、内核结构和功能进行了讲解。第7章对μC/OS-Ⅱ操作系统的内核构架进行了分析，并对操作系统的应用举例和操作系统移植进行了详细讲解。第8章对嵌入式系统在智能家居系统中的具体应用设备进行分析和设计。第9章主要针对嵌入式软件测试技术基础进行介绍。

当然，任何一本书不可能囊括所有内容，本书力争做到合理安排内容与顺序，引导读者进入嵌入式系统领域，让读者能循序渐进且系统地掌握嵌入式系统知识，同时也注重实例的典型性和实用性,希望本书对读者的嵌入式开发有所帮助。

  本书参考了一些著作和论文,正是这些优秀的作品为作者提供了丰富的知识,从而促使本书内容更加丰满。在此对这些作者表示感谢。

  本书配有免费电子课件,欢迎选用本书作教材的老师登录 www.cmpedu.com 注册下载或发邮件到 wbj@cmpbook.com 索取。

  嵌入式技术在不断发展,由于时间仓促,加之水平有限,书中难免会有一些错误和不妥之处,敬请读者批评指正。

编 者

目 录

前言
第1章　嵌入式系统概论 ………………… 1
1.1　嵌入式系统简介 …………………… 1
1.1.1　嵌入式系统的历史 …………… 1
1.1.2　嵌入式系统的定义 …………… 2
1.1.3　嵌入式系统的特点 …………… 3
1.1.4　嵌入式系统的分类 …………… 5
1.2　嵌入式系统的应用领域 ……………… 6
1.3　嵌入式系统的现状和发展趋势 ……… 8
1.3.1　嵌入式系统的现状 …………… 8
1.3.2　嵌入式系统的发展趋势 ……… 9
习题1 ……………………………………… 10
第2章　嵌入式系统的基础知识 ………… 11
2.1　嵌入式系统的总体结构 ……………… 11
2.1.1　硬件层 ………………………… 12
2.1.2　中间层 ………………………… 12
2.1.3　系统软件层 …………………… 13
2.1.4　功能层 ………………………… 14
2.2　嵌入式系统硬件基础知识 …………… 14
2.2.1　嵌入式微处理器的基础知识 … 15
2.2.2　存储器系统 …………………… 22
2.2.3　输入/输出接口 ……………… 26
2.3　嵌入式系统软件基础知识 …………… 26
2.3.1　嵌入式系统软件的特点 ……… 26
2.3.2　嵌入式系统软件的体系结构 … 27
2.4　嵌入式系统的设计方法 ……………… 32
2.4.1　嵌入式系统的设计流程 ……… 32
2.4.2　嵌入式系统的硬件/软件协同设计技术 …………………………… 32
2.4.3　嵌入式系统的可重构设计技术 … 34
习题2 ……………………………………… 36
大作业1 …………………………………… 37
第3章　嵌入式系统平台的构建 ………… 38
3.1　嵌入式系统硬件平台 ………………… 38
3.1.1　嵌入式处理器的分类 ………… 38
3.1.2　常见的嵌入式处理器 ………… 41
3.2　嵌入式软件平台 ……………………… 45
3.2.1　嵌入式文件系统 ……………… 45
3.2.2　嵌入式图形用户接口 ………… 48
3.2.3　常用嵌入式操作系统 ………… 50
3.3　基于S3C44B0X + μC/OS-Ⅱ的嵌入式系统平台的构建 …………………… 54
3.3.1　软、硬件平台的选择 ………… 54
3.3.2　硬件平台的结构 ……………… 56
习题3 ……………………………………… 58
第4章　ARM嵌入式处理器的体系结构 … 59
4.1　ARM处理器的体系结构 …………… 59
4.1.1　ARM处理器概述 …………… 60
4.1.2　ARM内核的种类 …………… 60
4.2　ARM处理器的工作模式 …………… 63
4.2.1　ARM和Thumb状态 ………… 63
4.2.2　ARM处理器模式 …………… 64
4.2.3　ARM寄存器介绍 …………… 64
4.3　ARM中断处理 ……………………… 68
4.3.1　中断基础知识 ………………… 68
4.3.2　ARM处理器的中断类型 …… 73
4.3.3　ARM处理器对异常的响应 … 74
4.3.4　ARM系统的中断编程机制 … 76
4.3.5　S3C44B0X中断编程的应用实例 … 77
4.4　ARM系统的启动 …………………… 79
4.4.1　Boot Loader的概念 ………… 79
4.4.2　Boot Loader的主要任务 …… 81
4.4.3　ARM系统的启动过程 ……… 82
4.4.4　ARM系统启动代码分析 …… 85
4.5　S3C44B0X简介 …………………… 88
习题4 ……………………………………… 92
大作业2 …………………………………… 92
第5章　嵌入式系统常用模块设计 ……… 93
5.1　电源模块设计 ………………………… 93
5.1.1　电源工作原理 ………………… 93
5.1.2　硬件电路设计 ………………… 95
5.2　复位电路 ……………………………… 98
5.2.1　复位原理 ……………………… 98
5.2.2　复位电路设计 ………………… 99

5.3 异步串行通信接口模块设计 ………… 101
　5.3.1 异步串行通信概述 ………… 101
　5.3.2 S3C44B0X UART 介绍 ………… 102
　5.3.3 串口硬件电路设计 ………… 103
　5.3.4 串口驱动程序设计 ………… 103
5.4 A/D 转换器 ………… 106
　5.4.1 A/D 转换器原理 ………… 106
　5.4.2 S3C44B0X A/D 转换器介绍 ………… 109
　5.4.3 A/D 转换器驱动程序设计 ………… 110
5.5 键盘模块设计 ………… 111
　5.5.1 常用键盘及其原理 ………… 112
　5.5.2 行列式键盘硬件电路设计 ………… 113
　5.5.3 键盘驱动程序设计 ………… 114
5.6 触摸屏模块设计 ………… 116
　5.6.1 触摸屏原理 ………… 116
　5.6.2 电阻触摸屏的相关技术 ………… 117
　5.6.3 触摸屏电路设计 ………… 118
　5.6.4 触摸屏驱动程序设计 ………… 120
5.7 LCD 模块设计 ………… 125
　5.7.1 LCD 显示原理 ………… 125
　5.7.2 LCD 电路设计 ………… 128
　5.7.3 LCD 驱动程序设计 ………… 131
5.8 I²C 总线接口应用设计 ………… 137
　5.8.1 I²C 总线及接口简介 ………… 137
　5.8.2 S3C44B0X 的 I²C 总线接口 ………… 141
　5.8.3 I²C 总线扩展 EEPROM 电路设计 ………… 144
　5.8.4 EEPROM 驱动程序设计 ………… 145
5.9 PWM 直流电动机控制接口 ………… 148
　5.9.1 PWM 控制的基本原理 ………… 148
　5.9.2 S3C44B0X 直流电动机控制 ………… 149
习题 5 ………… 152

第 6 章 嵌入式操作系统的基础知识 ………… 153
6.1 操作系统的基础知识 ………… 153
　6.1.1 操作系统的基本概念 ………… 153
　6.1.2 操作系统的主要功能 ………… 154
　6.1.3 操作系统的分类 ………… 156
6.2 嵌入式操作系统及其特点 ………… 158
　6.2.1 嵌入式操作系统的特点 ………… 158
　6.2.2 嵌入式实时操作系统的一些基本概念 ………… 160
6.3 常用的通信机制 ………… 163
　6.3.1 信号量 ………… 164
　6.3.2 事件 ………… 166
　6.3.3 邮箱 ………… 167
　6.3.4 消息队列 ………… 167
习题 6 ………… 168
大作业 3 ………… 168

第 7 章 嵌入式实时操作系统 μC/OS-Ⅱ ………… 169
7.1 μC/OS-Ⅱ 的内核结构 ………… 169
　7.1.1 任务管理 ………… 170
　7.1.2 任务间同步与通信 ………… 174
　7.1.3 任务调度 ………… 186
　7.1.4 中断和时间管理 ………… 188
7.2 μC/OS-Ⅱ 应用程序举例 ………… 192
7.3 μC/OS-Ⅱ 在 S3C44B0X 上的移植 ………… 194
　7.3.1 μC/OS-Ⅱ 移植的基础知识 ………… 194
　7.3.2 μC/OS-Ⅱ 在 S3C44B0X 上移植的实现 ………… 200
习题 7 ………… 209

第 8 章 家庭安防远程监控系统设计 ………… 210
8.1 功能需求分析及总体设计 ………… 210
8.2 系统硬件设计 ………… 211
　8.2.1 振铃检测电路设计 ………… 212
　8.2.2 摘挂机电路设计 ………… 213
　8.2.3 电话 DTMF 收发器电路设计 ………… 213
　8.2.4 语音模块设计 ………… 214
　8.2.5 GSM 通信模块 ………… 215
8.3 系统软件设计 ………… 216
　8.3.1 主程序设计 ………… 218
　8.3.2 报警任务 ………… 220
　8.3.3 GSM 短信查询控制任务 ………… 222
　8.3.4 PSTN 电话查询控制任务 ………… 224
　8.3.5 其他函数说明 ………… 227
习题 8 ………… 228

第 9 章 嵌入式软件测试基础知识 ………… 229
9.1 嵌入式软件的质量控制 ………… 229
　9.1.1 嵌入式软件开发的质量问题 ………… 229
　9.1.2 嵌入式软件的质量模型 ………… 230
　9.1.3 软件缺陷 ………… 230
　9.1.4 提高嵌入式软件质量的方法 ………… 232
9.2 软件测试的基本概念 ………… 233
　9.2.1 软件测试的定义 ………… 233
　9.2.2 软件测试的目的和作用 ………… 234

9.2.3 软件测试的分类和软件测试技术 …………………… 236
9.3 嵌入式软件测试 ………… 237
  9.3.1 嵌入式软件测试的特点 ……… 237
  9.3.2 嵌入式软件的统一测试模型 …… 238
  9.3.3 嵌入式软件的目标机环境测试和宿主机环境测试 …………… 238
  9.3.4 嵌入式软件的测试步骤概述 …… 239
  9.3.5 嵌入式软件测试和普通软件测试的区别 ………………… 241
9.4 嵌入式软件测试技术 ………… 243
  9.4.1 软件静态测试 ………… 244
  9.4.2 软件系统测试 ………… 248
  9.4.3 软件动态测试 ………… 253
习题 9 …………………………… 259
参考文献 ……………………… 260

第1章 嵌入式系统概论

通过本章的学习，读者可以了解嵌入式系统的基本概念、特点、应用领域，以及嵌入式系统的现状和发展趋势。

1.1 嵌入式系统简介

"嵌入式系统"一般指非 PC 系统，即有计算机功能但又不能称为计算机的设备或器材。它是以应用为中心的，软硬件可缩扩的，适应应用系统对功能、可靠性、成本、体积、功耗等综合性严格要求的专用计算机系统。嵌入式系统主要由嵌入式处理器、相关支撑硬件、嵌入式操作系统（Embedded Operating System，EOS）及应用软件系统等组成。

与通用型计算机系统相比，嵌入式系统功耗低，可靠性高；功能强大，性能价格比高；实时性强，支持多任务；占用空间小，效率高；面向特定应用，可根据需要灵活定制。

嵌入式系统应用广泛，几乎包括了生活中的所有电器设备，如个人数字助理（PDA）、移动计算设备、电视机顶盒、数字电视、多媒体、汽车、微波炉、数码相机、家庭自动化系统、电梯、空调、安全系统、自动售货机、蜂窝式电话、消费电子设备、工业自动化仪表与医疗仪器等。

1.1.1 嵌入式系统的历史

虽然嵌入式系统是近几年才风靡起来的，但是这个概念并非新近才出现。从 20 世纪 70 年代单片机的出现到今天各式各样的嵌入式微处理器、微控制器的大规模应用，嵌入式系统已有近 40 年的发展历史。

作为一个系统，往往是在硬件和软件交替发展的双螺旋的支撑下逐渐趋于稳定和成熟的，嵌入式系统也不例外。

嵌入式系统的出现最初是基于单片机的。20 世纪 70 年代，单片机的出现使得汽车、家电、工业机器、通信装置以及成千上万种产品可以通过在内部嵌入电子装置来获得更佳的使用性能：更容易使用、更快、更便宜。这些装置已经初步具备了嵌入式的应用特点，但是这时的应用只是使用 8 位的芯片，执行一些单线程的程序，还不能称其为"系统"。

最早的单片机是 Intel 公司的 8048，它出现在 1976 年。Motorola 公司同时推出了 68HC05，Zilog 公司推出了 Z80 系列，这些早期的单片机均含有 256B 的 RAM、4KB 的 ROM、4 个 8 位并口、1 个全双工串行口、两个 16 位定时器。在 80 年代初，Intel 又进一步完善了 8048，在它的基础上研制成功了 8051，这在单片机的历史上是值得纪念的一页，迄今为止，51 系列的单片机仍然是最为成功的单片机芯片，在各种产品中有着非常广泛的应用。

从 20 世纪 80 年代早期开始，嵌入式系统的程序员开始用商业级的"操作系统"编写嵌入式应用软件，这使得开发周期更短，开发资金更低，开发效率更高，"嵌入式系统"真正出现了。确切地说，这个时候的操作系统是一个实时核，这个实时核包含了许多传统操作系统的特征，包括任务管理、任务间通信、同步与相互排斥、中断支持、内存管理等功能。其中比较著名的有 Ready System 公司的 VRTX、Integrated System Incorporation（ISI）的 PSOS 和美国风河系统公司（Wind River）的 VxWorks、QNX 公司的 QNX 等。这些嵌入式操作系统都具有嵌入式的典型特点：它们均采用占先式的调度，响应的时间很短，任务执行的时间可以确定；系统内核很小，具有可裁剪、可扩充和可移植性，可以移植到各种处理器上；较强的实时性和可靠性，适合嵌入式应用。这些嵌入式实时多任务操作系统的出现，使得应用开发人员得以从小范围的开发解放出来，同时也促使嵌入式有了更为广阔的应用空间。

20 世纪 90 年代以后，随着对实时性要求的提高，软件规模不断上升，实时内核逐渐发展为实时多任务操作系统（RTOS），并作为一种软件平台逐步成为目前国际嵌入式系统的主流。这时，更多的公司看到了嵌入式系统的广阔发展前景，开始大力发展自己的嵌入式操作系统。除了上面的几家老牌公司以外，还出现了 Palm OS、WinCE、嵌入式 Linux、Lynx、Nucleus、以及国内的 Hopen、Delta Os 等嵌入式操作系统。随着嵌入式技术的发展前景日益广阔，相信会有更多的嵌入式操作系统软件出现。

1.1.2 嵌入式系统的定义

根据 IEEE（国际电机工程师协会）的定义，嵌入式系统是"控制、监视或者辅助装置、机器和设备运行的装置"（原文为 devices used to control, monitor, or assist the operation of equipment, machinery or plants）。这主要是从应用上加以定义的，从中可以看出嵌入式系统是软件和硬件的综合体，还可以涵盖机械等附属装置。

不过上述定义并不能充分体现出嵌入式系统的精髓，目前国内一个普遍被认同的定义是：以应用为中心、以计算机技术为基础、软件硬件可裁剪，适应应用系统对功能、可靠性、成本、体积、功耗严格要求的专用计算机系统。

根据这个定义，可从几方面来理解嵌入式系统：

1）嵌入式系统是面向用户、面向产品、面向应用的，它必须与具体应用相结合才会具有生命力，才更具有优势。因此，可以这样理解上述三个面向的含义，即嵌入式系统是与应用紧密结合的，它具有很强的专用性，必须结合实际系统需求进行合理的裁剪利用。

2）嵌入式系统是将先进的计算机技术、半导体技术、电子技术和各个行业的具体应用相结合后的产物，这一点就决定了它必然是一个技术密集、资金密集、高度分散、不断创新的知识集成系统。所以，介入嵌入式系统行业，必须有一个正确的定位。例如 Palm 之所以在 PDA 领域占有 70% 以上的市场，就是因为其立足于个人电子消费品，着重发展图形界面和多任务管理；而 Wind River 公司的 VxWorks 之所以在火星车上得以应用，则是因为其高实时性和高可靠性。

3）嵌入式系统必须根据应用需求对软硬件进行裁剪，满足应用系统的功能、可靠性、成本、体积等要求。所以，如果能建立相对通用的软硬件基础，然后在其上开发出适应各种需要的系统，是一个比较好的发展模式。目前的嵌入式系统的核心往往是一个只有几 KB 到几十 KB 的微内核，需要根据实际的使用进行功能扩展或者裁剪，但是由于微内核的存在，使得这种扩展能够非常顺利地进行。

实际上，嵌入式系统本身是一个外延极广的名词，凡是与产品结合在一起的具有嵌入式特点的控制系统都可以叫嵌入式系统，而且有时很难以给它下一个准确的定义。现在人们讲嵌入式系统时，某种程度上指近些年比较流行的具有操作系统的嵌入式系统，本书在进行分析和展望时，也沿用这一观点。

嵌入式系统包括硬件和软件两部分。硬件包括处理器/微处理器、存储器及外设器件和I/O端口、图形控制器等。软件部分包括操作系统（OS）（要求实时和多任务操作）和应用程序。有时设计人员把这两种软件组合在一起：应用程序控制着系统的运作和行为；而操作系统控制着应用程序与硬件的交互作用。

总的说来，嵌入式系统是以应用为中心，以计算机技术为基础，并且软硬件可定制，适用于各种应用场合，对功能、可靠性、成本、体积、功耗有严格要求的专用计算机系统。它一般由嵌入式微处理器、外围硬件设备、嵌入式操作系统以及用户的应用程序等4个部分组成，用于实现对其他设备的控制、监视或管理等功能。

嵌入式系统的核心是嵌入式微处理器和嵌入式操作系统。嵌入式微处理器一般就具备以下4个特点：

1）对实时多任务有很强的支持能力，能完成多任务并且有较短的中断响应时间，从而使内部的代码和实时内核的执行时间减少到最低。

2）具有功能很强的存储区保护功能。这是由于嵌入式系统的软件结构已模块化，而为了避免在软件模块之间出现错误的交叉作用，需要设计强大的存储区保护功能，同时也有利于软件诊断。

3）具有可扩展的处理器结构，以能最迅速地开发出满足应用的最高性能的嵌入式微处理器。

4）嵌入式微处理器必须功耗很低，尤其是用于便携式的无线及移动的计算和通信设备中靠电池供电的嵌入式系统更是如此，如需要的功耗只有 mW 甚至 μW 级。

与其他类型的操作系统相比，嵌入式操作系统具有以下一些特点：

1）体积小。嵌入式系统有别于一般的计算机处理系统，它不具备像硬盘那样大容量的存储介质，而大多使用闪存（Flash Memory）作为存储介质。这就要求嵌入式操作系统只能运行在有限的内存中，不能使用虚拟内存，中断的使用也受到限制。因此，嵌入式操作系统必须结构紧凑，体积微小。

2）实时性。大多数嵌入式系统都是实时系统，而且多是强实时多任务系统，要求相应的嵌入式操作系统也必须是实时操作系统。实时操作系统作为操作系统的一个重要分支已成为研究的一个热点，主要探讨实时多任务调度算法和可调度性、死锁解除等问题。

3）特殊的开发调试环境。提供完整的集成开发环境是每一个嵌入式系统开发人员所期待的。一个完整的嵌入式系统的集成开发环境一般需要提供的工具是编译/链接器、内核调试/跟踪器和集成图形界面开发平台。其中的集成图形界面开发平台包括编辑器、调试器、软件仿真器和监视器等。

1.1.3 嵌入式系统的特点

1. 嵌入式系统特性

嵌入式系统的应用越来越广泛，这是因为嵌入式系统具有功能特定、规模可变、扩展灵活、有一定的实时性和稳定性、系统内核比较小等特点。

(1) 功能特定性

应该说基本上所有的嵌入式系统都具有一些特定的功能。如一个 IP 转串口的小型嵌入式设备，其主要功能就是把 IP（TCP/UDP）数据转成 RS232 数据，或者把 RS232 数据转成 TCP/UDP 数据。也正是基于这样特定和单一的功能，才能把这类嵌入式设备做得体积小巧并且价格低廉。应用于专业领域的嵌入式系统通常都具有执行特定功能的特性。

嵌入式系统的这个特性要求设计者在实际设计嵌入式系统的时候一定要作详尽的需求分析，把系统的功能定义清晰，真正地了解客户的需求是做好设计的前提。另外一点，如果在系统中增加一些不必要的功能不仅是开发时间上与经费上的浪费，也带来了系统整体性价比的降低，同样也会带来系统成本的增加。

(2) 规模可变性

这里的规模可变主要指嵌入式系统主要是以微处理器与周边器件构成核心的，其规模可以变化。嵌入式处理器可以从 8 位到 16 位，到 32 位甚至到 64 位的都有。也正是基于这个特点，推荐嵌入式系统开发工程师在实际的开发过程中先设计与调试系统中基本不会变的那个部分，通常都是指嵌入式处理器核心电路部分，也就是本书中提到的核心板部分，然后再根据实际的应用扩展其外围接口。当然，这里的规模可变也和具体应用有很大的关系。由于嵌入式处理器内部集成的外围接口丰富，所以也使得一般的嵌入式系统都具有很强的规模可伸缩性。

嵌入式系统的这个特点给开发人员在系统设计过程中带来了很大的灵活性。在需要变化的时候，使系统的设计可以快速地进行扩展来适应需求。比如系统内存的增加、系统外围接口的扩展等，都是很容易实现的，但前提是在系统设计的时候已经考虑到了这部分的扩展冗余。也就是说，设计师在设计系统的时候，要适当地考虑一下系统以后的扩展性，最方便的就是通过一些跳线或者串联 0Ω 电阻等方法作一些简单扩展等。

(3) 实时性与稳定性

嵌入式系统因其应用情况通常会对时序和稳定性有一定的要求，也正是这样就出现了实时嵌入式系统等更深层次的系统。常见的实时嵌入式系统有 RT Linux、Nucleus、VxWorks 等。大家所熟知的火星探测器上使用的操作系统其实就是一个实时性很高的嵌入式系统，上面使用的操作系统就是美国风河系统公司的 VxWorks 操作系统。现在发展越来越快的 GPS 车辆实时监控系统中同样也对时序和稳定性有一定的需求。车辆移动端的控制器要根据 GPS 的秒信号与整个系统作时钟同步，从而实现移动端数据的分时按时间片向数据中心上报。在工控领域中应用的嵌入式系统对时序和稳定性的要求更高，此类设备的系统通常不间断地运行，需要面对较为恶劣的温度和湿度环境。

2. 嵌入式系统的其他特性

嵌入式系统除了具有以上几个特性外，还具有系统内核小、专用性强、系统小而精、使用多任务操作系统、有专门的开发配套工具等特点。

(1) 系统内核小

因为嵌入式系统一般都是应用于小型电子装置，所以系统资源相对有限，其内核也比传统的操作系统小很多，小的有几 KB，大的也不过几十 KB。嵌入式操作系统内核比较小的有 μC/OS-Ⅱ 和 Nucleus 等，相对较大的就是 Microsoft 的 Windows Mobile 操作系统，其内核也只有几十 MB，比 PC 上运行的其他操作系统规模小得多。

(2) 专用性强

嵌入式系统的个性化很强，软件和硬件的结合紧密，一般都针对硬件进行系统移植，同时针对不同的任务，系统软件也需要更改一定程序，程序的编译下载要和系统相结合。

(3) 系统精简

早期的嵌入式系统，系统软件和应用软件没有明显的区分，不要求其功能的设计过于复杂。不过这也带来了开发上的不方便，也就是说如果不把系统软件和上层应用软件区分开的话，每一次修改软件，都要把系统软件和上层软件一起编译调试，会带来开发时间上的浪费。

(4) 高实时性多任务操作系统

高实时性是嵌入式软件的基本要求，软件一般都要求是固化和存储的。通常嵌入式系统中的软件都是存储在闪存中的。上电之后，才把这些软件中的部分调入 RAM 区运行。嵌入式软件逐渐走向标准化，所以一般都使用多任务的操作系统。嵌入式系统的应用程序可以不需要操作系统在芯片上直接运行，但是为了合理地调度多个任务，充分利用系统资源、系统函数等，推荐选用实时操作系统开发平台。

(5) 具有专门的开发工具和开发环境

由于嵌入式系统本身不具备自主开发能力，必须有一套开发工具和环境才能进行开发，这些工具和环境一般是基于通用计算机上的软件和硬件设备，以及各种仪器仪表等。开发时一般分为主机（Host）和目标机（Target）两个概念，主机用于程序开发，目标机作为最后的执行机。通常都是在主机上建立基于目标机的编译环境，编译目标机要运行的代码，然后把编译出来的可执行二进制代码通过主机和目标机之间的某种通信接口与协议传输到目标机上进行烧录和运行。

1.1.4 嵌入式系统的分类

嵌入式系统种类繁多，分布在生活中的各个方面，如手机、DVD 播放器、ADSL 上网终端、无线路由器和 DVB 机顶盒等都是嵌入式系统。下面从系统的实时性对嵌入式系统进行一下简单的分类。

根据对于实时性要求的不同，嵌入式系统可分为软实时和硬实时两种类型。

1. 硬实时系统

硬实时系统是指系统要确保在最坏情况下的服务时间，即对于事件响应时间的截止期限必须得到满足，比如航天中宇宙飞船的控制系统等就是这样的系统。硬实时系统要求系统运行有一个刚性的、严格可控的时间限制，它不允许任何超出时限的错误发生。超时错误会带来损害甚至导致系统失败，或者导致系统不能实现它的预期目标。

2. 软实时系统

软实时系统的时限是柔性灵活的，可以容忍偶然的超时错误，失败造成的后果并不严重，仅仅是降低了系统的吞吐量。从统计的角度来说，软实时系统中一个任务能够得到确保的处理时间，到达系统的事件（Event）也能够在截止期限前得到处理。但违反截止期限并不会带来致命的错误，像实时多媒体系统就是一种软实时系统。基于 Linux 操作系统的嵌入式系统是一个典型的软实时系统，尽管在 RTLinux 里面对系统的调度机制作了很大的改进，使得实时性能也提高了很多，但是 RTLinux 还是一个软实时系统。

1.2 嵌入式系统的应用领域

嵌入式系统可应用在工业控制、交通管理、信息家电、家庭智能管理、网络及电子商务、环境监测和机器人等方面，如图1-1所示。目前，在绝大部分的无线设备（如手机等）中都采用了嵌入式系统。在PDA之类的无线设备中，嵌入式微处理器针对视频流进行了优化，并获得了广泛的支持；在数字音频播放器、数字机顶盒和游戏机等设备中，也得到了更广泛的应用。

在汽车领域，包括驾驶、安全和车载娱乐等各种功能在内的设备仅用五六个嵌入式微处理器就可将要求的功能统一实现。事实上，嵌入式技术无处不在，计算机技术也开始进入一个被称为后PC技术的春天。我们不仅拥有那种放在桌上处理文档、进行工作管理和生产控制的计算机"机器"，也可以拥有从大到小的各种使用嵌入式技术的电子产品，如MP3、PDA、手机、智能玩具、电子病历、智能血压仪、无线收费设备、网络家电、车载安全检测装置等。嵌入式系统具有非常广阔的应用前景，其应用领域可以包括：

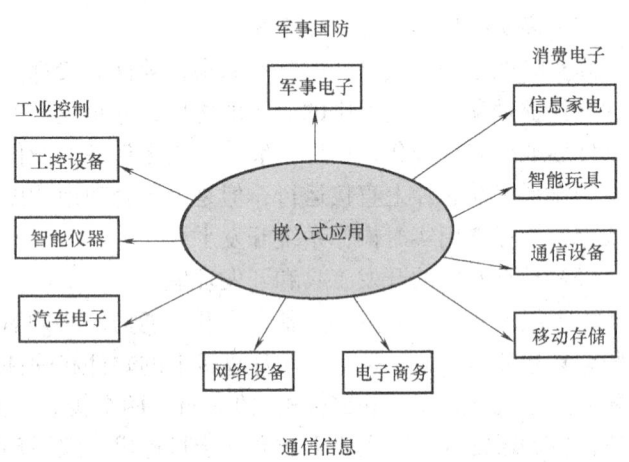

图1-1 嵌入式系统的应用领域

1. 消费类电子产品应用

嵌入式系统在消费类电子产品应用领域的发展最为迅速，而且在这个领域中的嵌入式处理器的需求量也最大。由此可以清楚地理解"为什么从2006年开始以来中国台湾联发科公司的MTK多媒体应用处理器的全球出货量如此巨大"了，其2007年手机应用芯片的出货量将挑战1亿片。由嵌入式系统构成的消费类电子产品已经成为现实生活中必不可少的一部分，比如各式各样的信息家电产品，如智能冰箱、流媒体电视等。大家最熟悉的莫过于手机、PDA、电子辞典、数码相机、MP3/MP4等，如图1-2所示。可以说离开了这些产品生活会失去很多的色彩。也许不久的将来，如果没有了这些消费类电子产品，生活就像以前没有电一样很不方便。

这些消费类电子产品中的嵌入式系统一样含有一个嵌入式应用处理器、一些外围接口及一套基于应用的软件系统等。就拿数码相机来说，其镜头后面就是一个CCD图像传感器，然后会有一个A/D器件把模拟图像数据变成数字信号，送到嵌入式应用处理器进行适当的处理，再通过应用处理器的管理实现图像在液晶显示器（LCD）上的显示、在SD卡或MMC卡上的存储等功能。

2. 智能仪器仪表类应用

这类产品可能离日常生活有点距离，但是对于开发人员来说却是实验室里的必备工具，比如网络分析仪、数字示波器、热成像仪等。通常这些嵌入式设备中都有一个应用处理器和

图1-2 常用消费类嵌入式产品

一个运算处理器，可以完成一定的数据采集、分析、存储、打印、显示等功能。这些设备对于开发人员的帮助很大，大大提高了开发人员的开发效率，可以说是开发人员的"助手"。

3. 通信信息类产品应用

这些产品多数应用于通信机柜设备中，如路由器、交换机、家庭媒体网关等。在民用市场使用较多的莫过于路由器和交换机了。通常在一个典型的VOIP系统中，嵌入式系统会扮演不同的角色，有网关（Gateway）、关守（Gatekeeper）、计费系统、路由器、VOIP终端等。基于网络应用的嵌入式系统也非常多，可能目前市场发展最快的就是远程监控系统等监控领域中应用的系统了。

4. 过程控制类应用

过程控制类应用主要指在工业控制领域中的应用，即对生产过程中各种动作流程的控制，如流水线检测、金属加工控制、汽车电子等。汽车工业在我国取得了飞速的发展，汽车电子也在这个大发展的前提下迅速成长。汽车发动机控制器（ECU）是汽车中最为复杂且功能最为强大的嵌入式系统，它包含电源、嵌入式处理器、通信链路、离散输入、频率输入、模拟输入、开关输出、PWM输出和频率输出等各大模块。正在飞速发展的车载多媒体系统、车载GPS导航系统等也都是典型的嵌入式系统应用。美国Segway公司出品的两轮自平衡车，其内部就使用嵌入式系统来实现传感器数据采集、自平衡系统的控制、电机控制等。

5. 国防武器设备应用

嵌入式系统在国防武器设备中也有广泛应用，如雷达识别、军用数传电台、电子对抗设备等。在国防军用领域使用嵌入式系统最成功的案例莫过于美军在海湾战争中采用的一套Adhoc自组网作战系统了。利用嵌入式系统设计开发了Adhoc设备安装在直升机、坦克、移动步兵身上构成一个自愈合自维护的作战梯队。这项技术现在发展成为Mesh技术，同样依托于嵌入式系统的发展，已经广泛应用于民用领域，比如消防、应急指挥等。

6. 生物微电子应用

指纹识别、生物传感器数据采集等应用中也广泛采用嵌入式系统。现在环境监测已经成为人类突出要面对的问题，可以想象随着技术的发展，将来的空气、河流中都可能存在着很多的微生物传感器在实时地检测环境状况，而且它们还会实时地把这些数据送到环境监测中心，以便检测整个生活环境避免发生更深层次的环境污染问题。这也许就是将来围绕在我们生存环境周围的一个无线环境监测传感器网。对于已经过去的SARS等重大流行性疾病，人类可以在嵌入式系统的协助下与之对抗。

嵌入式系统的这些广泛应用给嵌入式系统开发人员带来了众多机遇和挑战。其中平台核心部分的技术成熟与稳定相当重要，硬件平台的核心部分稳定可靠，其在应用上的不同无非就是外围扩展的不同。

1.3 嵌入式系统的现状和发展趋势

1.3.1 嵌入式系统的现状

随着信息化、智能化、网络化的发展，嵌入式系统也将获得广阔的发展空间。进入20世纪90年代，嵌入式技术全面展开，目前已成为通信和消费类产品的共同发展方向。在通信领域，数字技术正在全面取代模拟技术。在广播电视领域，模拟电视向数字电视转变，欧洲的DVB（数字电视广播）技术已在全球大多数国家推广。数字音频广播（DAB）也已发展成熟。而软件、集成电路和新型元器件在产业发展中的作用日益重要。所有上述产品中，都离不开嵌入式系统。"维纳斯计划"生产的机顶盒，核心技术就是采用32位以上芯片级的嵌入式技术。在个人领域中，嵌入式产品将主要是个人商用，作为个人移动的数据处理和通信设备，如3G手机，不仅可以实现可视接听电话，还可以实现看电视、上网等功能。由于嵌入式设备具有自然的人机交互界面和以图形用户接口（GUI）为中心的多媒体界面，给人很大的亲和力。手写文字输入、语音拨号上网、收发电子邮件以及彩色图形、图像成为现实。

目前一些先进的PDA在显示屏幕上已实现汉字写入、短消息语音发布，应用范围也将日益广阔。对于企业专用解决方案，如物流管理、条码扫描、移动信息采集等，这种小型手持嵌入式系统将发挥巨大的作用。在自动控制领域，嵌入式系统不仅可以用于ATM、自动售货机、工业控制等专用设备，和移动通信设备、GPS、娱乐相结合，同样可以发挥巨大的作用。长虹推出的ADSL产品，结合了网络、控制、信息等功能，这种智能化、网络化将是家电发展的新趋势。

从硬件方面讲，不仅有各大公司的微处理器芯片，还有用于学习和研发的各种配套开发包。目前，低层系统和硬件平台经过若干年的研究，已经相对比较成熟，实现各种功能的芯片应有尽有。

从软件方面讲，也有相当部分的成熟软件系统。国外商品化的嵌入式实时操作系统，已进入我国市场的有Wind River、Microsoft、QNX和Nucleus等公司的产品。我国自主开发的嵌入式系统软件产品如科银（CoreTek）公司的嵌入式软件开发平台DeltaSystem，中科院推出的Hopen嵌入式操作系统。同时，由于是研究热点，所以可以在网上找到各种各样的免费资源，从各大厂商的开发文档，到各种驱动、程序源代码，甚至很多厂商还提供微处理器的样片。这对于我们从事这方面的研发，无疑是个资源宝库。对于软件设计来说，不管是上手还是进一步开发，都相对来说比较容易。这就使得很多生手能够比较快的进入研究状态，利于发挥大家的积极创造性。

今天，嵌入式系统带来的工业年产值已超过了1万亿美元。在国内，"维纳斯计划"和"女娲计划"一度闹得沸沸扬扬，机顶盒、信息家电这几年更成了IT热点，而实际上这些都是嵌入式系统在特定环境下的一个特定应用。据调查，目前国际上已有两百多种嵌入式操作系统，而各种各样的开发工具、应用于嵌入式开发的仪器设备更是不可胜数。在国内，拥有众多嵌入式设备生产企业和广阔的应用市场，嵌入式系统技术发展的空间真是无比广大。

1.3.2 嵌入式系统的发展趋势

信息时代、数字时代使得嵌入式产品获得了巨大的发展契机，为嵌入式市场展现了美好的前景，同时也对嵌入式生产厂商提出了新的挑战，从中我们可以看出未来嵌入式系统的几大发展趋势：

1）嵌入式开发是一项系统工程，因此要求嵌入式系统厂商不仅要提供嵌入式软硬件系统本身，同时还需要提供强大的硬件开发工具和软件包支持。

目前，很多厂商已经充分考虑到这一点，在主推系统的同时，将开发环境也作为重点推广。比如三星在推广 ARM7、ARM9 芯片的同时，还提供开发板和板级支持包（BSP），而 WindowCE 在主推系统时也提供 Embedded VC++ 作为开发工具。还有 VxWorks 的 Tonado 开发环境，DeltaOS 的 Limda 编译环境等都是这一趋势的典型体现。当然，这也是市场竞争的结果。

2）网络化、信息化的要求随着因特网技术的成熟、带宽的提高日益提高，使得以往单一功能的设备（如电话、手机、冰箱、微波炉等）功能不再单一，结构更加复杂。这就要求芯片设计厂商在芯片上集成更多的功能。为了满足应用功能的升级，设计师们一方面采用更强大的嵌入式处理器（如 32 位、64 位 RISC 芯片或信号处理器 DSP）增强处理能力，同时增加功能接口（如 USB），扩展总线类型（如 CAN Bus），加强对多媒体、图形等的处理，逐步实施片上系统（SoC）的概念。软件方面采用实时多任务编程技术和交叉开发工具技术来控制功能的复杂性，简化应用程序设计、保障软件质量和缩短开发周期。

3）网络互联成为必然趋势。未来的嵌入式设备为了适应网络发展的要求，必然要求硬件上提供各种网络通信接口。传统的单片机对于网络支持不足，而新一代的嵌入式处理器已经开始内嵌网络接口，除了支持 TCP/IP 协议，有的还支持 IEEE1394、USB、CAN、Bluetooth 或 IrDA 通信接口中的一种或者几种，同时也需要提供相应的通信组网协议软件和物理层驱动软件。在软件方面，嵌入式系统内核支持网络模块，甚至可以在设备上嵌入 Web 浏览器，真正实现随时随地用各种设备上网。

4）精简系统内核、算法，降低功耗和软硬件成本。未来的嵌入式产品是软硬件紧密结合的设备，为了降低功耗和成本，需要设计者尽量精简系统内核，只保留和系统功能紧密相关的软硬件，利用最低的资源实现最适当的功能。这就要求设计者选用最佳的编程模型和不断改进算法，优化编译器性能。因此，既要软件人员有丰富的硬件知识，又需要发展先进嵌入式软件技术，如 Java、Web 和 WAP 等。

5）提供友好的多媒体人机界面。嵌入式设备能与用户亲密接触，最重要的因素就是它能提供非常友好的用户界面。图形界面和灵活的控制方式，使得人们感觉嵌入式设备就像是一个熟悉的老朋友。这方面的要求使得嵌入式软件设计者要在图形界面、多媒体技术上痛下苦功。手写文字输入、语音拨号上网、收发电子邮件以及彩色图形、图像都会使使用者获得自由的感受。目前，一些先进的 PDA 在显示屏幕上已实现汉字写入、短消息语音发布，但一般的嵌入式设备距离这个要求还有很长的路要走。

习 题 1

1. 什么是嵌入式系统?
2. 简述嵌入式系统的发展过程。
3. 嵌入式系统有哪些特点?
4. 嵌入式系统的应用领域有哪些?
5. 举出几个嵌入式系统应用的例子,通过查资料和独立思考,说明这些嵌入式系统产品主要由哪几部分组成,每个组成部分完成什么功能。(提示:数码相机、办公类产品、工业控制类产品的例子等。)
6. 通过查阅资料,你认为嵌入式系统的发展趋势如何?

第 2 章 嵌入式系统的基础知识

在第 1 章中对嵌入式系统的基本特点、分类及发展趋势作了简要介绍。在进入到具体的嵌入式系统设计介绍之前，先了解一些嵌入式系统的基本知识，有助于后续章节的理解。本章主要内容包括嵌入式系统的构架、嵌入式硬件基础知识、嵌入式软件基础知识、嵌入式系统设计方法。

2.1 嵌入式系统的总体结构

当今，嵌入式系统已经广泛应用于电子通信、工业控制、信息家电、军事国防等各个领域。在不同的应用场合，嵌入式系统呈现出的外观和形式各不相同。但通过对其内部结构分析可以发现，一个完整的嵌入式系统应包括嵌入式计算机系统和被控对象，如图 2-1 所示。其中，嵌入式计算机系统是整个嵌入式系统的控制核心，是被控对象的指挥和监控中心，负责指挥被控对象动作和监测被控对象的运行状况。执行装置也称为被控对象，如机器人的机械手臂，主要由执行装置、驱动器、传感器等组成，它可以接受嵌入式计算机系统发出的控制命令，执行所规定的操作或任务。执行装置可以很简单，如手机上的一个微型电动机，当手机处于振动接收状态时打开；也可以很复杂，如 SONY 的智能机器狗，上面集成了多个微型电动机和多种传感器，从而可以执行各种复杂的动作和感受各种状态信息。

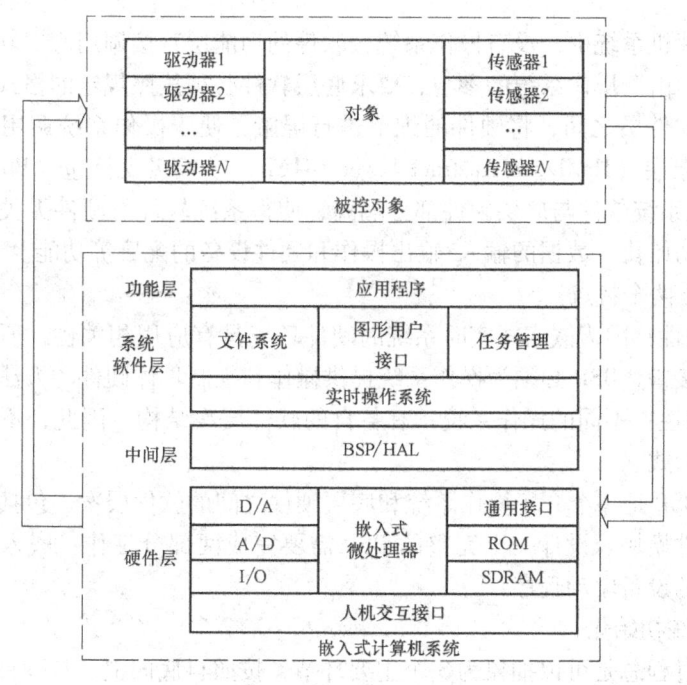

图 2-1 典型的嵌入式系统组成

目前所提及的嵌入式系统一般指嵌入式计算机系统，主要包括硬件层、中间层、系统软件层和功能层4个部分。嵌入式硬件主要包括提供嵌入式计算机正常运行的最小系统（如电源、系统时钟、复位电路、存储器等）、通用I/O接口和一些外设及其他设备。嵌入式系统中间层又称嵌入式硬件抽象层，如硬件驱动程序、系统启动软件等；嵌入式系统软件层为功能层提供系统服务，如操作系统、文件系统、图形用户接口等；而功能层主要是用户应用程序。下面对嵌入式计算机系统的组成进行简单的描述。

2.1.1 硬件层

嵌入式系统硬件通常指除被控对象之外的嵌入式系统要完成其功能所具备的各种设备，由嵌入式处理器、存储器系统、通用设备接口（A/D、D/A、I/O等）和一些扩展外设组成。在一片嵌入式微处理器基础上增加电源电路、时钟电路和存储器电路（ROM和RAM等），就构成了一个嵌入式核心控制模块。其中，操作系统和应用程序都可以固化在ROM中。

嵌入式系统的硬件层是以嵌入式处理器为核心的，最初的嵌入式处理器都是为通用目的而设计的，后来随着嵌入式系统应用的不断普及，出现了专用集成芯片（Application Specific Integrated Circuit，ASIC）。ASIC是一种为具体任务而特殊设计的专用电路，采用ASIC芯片可以提高性能，减少功耗，降低成本。

嵌入式系统外设是指为了实现系统功能而设计或提供的接口或设备。这些设备通过串行或并行总线与处理器进行数据交换，通常包括扩展存储器、输入输出端口、人机交互设备、通信总线及接口、D/A转换设备、控制驱动设备等。

2.1.2 中间层

在以往的单片机系统中，没有操作系统，软件的功能层直接调用底层软件进行操作。而在嵌入式系统中，由于操作系统的参与，要求底层软件必须按照规定的格式进行编写，且介于硬件层与系统软件层之间，将硬件的细节进行屏蔽，便于操作系统调用，因此称为中间层，也称硬件抽象层（Hardware Abstract Layer，HAL）或板级支持包（Board Support Package，BSP）。它把系统软件与底层硬件部分隔离，使得系统软件与硬件无关。中间层一般应具有相关硬件的初始化、数据的输入/输出操作和硬件设备的配置等功能。

BSP具有以下两个特点：

1）硬件相关性：因为嵌入式实时系统的硬件环境具有应用相关性，所以，作为高层软件与硬件之间的接口，BSP必须为操作系统提供操作和控制具体硬件的方法。

2）操作相关性：不同的操作系统具有各自的软件层次结构，因此，不同操作系统具有特定的硬件接口形式。

在实际上，BSP是一个介于操作系统和底层硬件之间的软件层次，包括了系统中大部分与硬件相关的软件模块。设计一个完整的BSP需要完成两部分工作：嵌入式系统初始化和设计与硬件相关的设备驱动程序。

1. 嵌入式系统初始化

系统初始化过程总是可以抽象为3个主要环节，按照自底向上、从硬件到软件的次序依次为片级初始化、板级初始化和系统级初始化。

1) 片级初始化：主要完成 CPU 的初始化，包括设置 CPU 的核心寄存器和控制寄存器，CPU 核心工作模式以及 CPU 的局部总线模式等。片级初始化把 CPU 从上电时的默认状态逐步设置成为系统所要求的工作状态。这是一个纯硬件的初始化过程。

2) 板级初始化：完成 CPU 以外其他硬件设备的初始化。除此之外，还要设置某些软件的数据结构和参数，为随后的系统级初始化和应用程序的运行建立硬件和软件环境。这是一个同时包含软、硬件两部分在内的初始化过程。

3) 系统级初始化：这是一个以软件初始化为主的过程，主要是进行操作系统初始化。BSP 将对 CPU 的控制权转交给操作系统，由操作系统完成余下的初始化操作，包括加载和初始化与硬件无关的设备驱动程序，建立系统内存区，加载并初始化其他系统软件模块，比如网络系统、文件系统、GUI 等；最后，操作系统创建应用程序环境并将控制转交给应用程序的入口。

2. 设计与硬件相关的设备驱动程序

BSP 另一个主要功能是管理与硬件相关的设备驱动程序。与初始化过程相反，硬件相关的设备驱动程序的初始化和使用通常是一个从高层到底层的过程。尽管 BSP 中包含硬件相关的设备驱动程序，但是这些设备驱动程序通常不直接由 BSP 使用，而是在系统初始化过程中由 BSP 把它们与操作系统中通用的设备驱动程序关联起来，并在随后的应用中由通用的设备驱动程序调用，实现对硬件设备的操作。设计与硬件相关的设备驱动程序是 BSP 设计中另一个关键环节。

在一些 BSP 中还包括硬件设备诊断程序，该程序在系统启动过程中对硬件扫描以检测设备的状况，其功能和计算机操作系统启动前的设备检测类似。

2.1.3 系统软件层

嵌入式系统软件主要由操作系统、文件系统（File System，FS）、图形用户接口（Graphical User Interface，GUI）等部分组成，用于提供标准编程接口，屏蔽底层硬件特性，降低应用程序开发难度，缩短应用程序开发周期。系统软件层由实时任务操作系统（Real Time Task Operating System，RTOS）、文件系统、图形用户接口、网络系统（Net System，NS）及通用组件模块组成。

1) RTOS 是嵌入式应用软件的基础和开发平台。RTOS 是系统软件的一部分，系统启动及初始化完成后首先执行操作系统，其他应用程序都建立在 RTOS 之上。RTOS 将 CPU 时钟、中断、I/O、定时器和相关硬件的资源都封装起来，留给用户的是一个标准的应用编程接口（Application Programming Interface，API）。

大多数 RTOS 都是针对不同微处理器优化设计的高效实时多任务内核，RTOS 可以在不同微处理器上运行而为用户提供相同的应用编程接口（API）。因此，基于 RTOS 开发的应用程序具有非常好的可移植性。

2) 文件系统是操作系统用于明确磁盘或分区上文件的方法和数据结构，即在磁盘上组织文件的方法。文件系统也指用于存储文件的磁盘或分区，或文件系统种类。文件系统是操作系统为了存储和管理数据，而在存储器上建立的一些结构的总和。一般来说，文件系统由操作系统引导区、目录和文件组成。

文件系统主要完成三项功能：跟踪记录存储器中被耗用的空间和自由空间，维护目录名和文件名,跟踪记录每一个文件的物理存储位置。文件系统屏蔽了底层硬件的处理细节,使得用户可以用"名字"访问数据,并保证多用户并发访问、高效率、高安全性、故障可恢复。文件系统是系统软件的一个重要组成部分,它是可选的。

3)图形用户接口就是屏幕产品的视觉体验和互动操作部分,用于应用程序图形编程调用。图形用户接口提供用户标准的图形接口,便于图形编程,减少用户的认知负担,保持界面的一致性。图形用户接口可以满足不同目标用户的创意需求,使用户界面具有友好性、图标识别具有平衡性、图标功能具有一致性,以建立界面与用户的互动交流。

这种面向客户的系统工程设计,其目的是优化产品的性能,使操作更人性化,减轻使用者的认知负担,使其更适合用户的操作需求,直接提升产品的市场竞争力。

4)NS 一般指用于网络通信与管理的组件,主要包括地址解析协议(Address Resolution Protocol,ARP)、网络管理协议(Simple Network Management Protocol,SNMP)、文件传输协议(File Transfer Protocol,FTP)、TCP/IP 协议等部分。其中,TCP/IP 协议在嵌入式系统中应用最多,通常作为操作系统的一个重要组成部分。在嵌入式系统中,由于系统的应用不同,IP 包通常作为一个独立的组件,可以灵活应用于各个嵌入式系统中。

2.1.4 功能层

嵌入式功能层是应用软件,主要是指针对特定应用领域、基于某一固定的硬件平台、用来达到用户预期目标的计算机软件。由于用户任务功能的复杂性和可靠性要求,有些嵌入式应用软件需要特定嵌入式操作系统的支持。嵌入式应用软件和普通应用软件有一定的区别,它不仅要求其准确性、安全性和稳定性等方面能够满足实际应用的需要,而且还要尽可能地进行优化,以减少对系统资源的消耗,降低硬件成本。

目前,我国市场上已经出现了各式各样的嵌入式应用软件,包括浏览器、E-mail 软件、文字处理软件、通信软件、多媒体软件、个人信息处理软件、智能人机交互软件、各种行业应用软件等。嵌入式系统中的应用软件是最活跃的力量,每种应用软件均有特定的应用背景,尽管规模较少,但专业性较强,所以嵌入式应用软件不像操作系统和支撑软件那样受制于国外产品垄断,是我国嵌入式软件的优势领域。

功能层由基于系统软件开发的应用软件程序组成,是整个嵌入式系统的核心,用来完成对被控对象的控制功能。功能层是面向被控对象和用户的,为方便用户操作,往往需要提供一个友好的人机界面。

对于一个复杂的系统,在系统设计的初期阶段就要对系统进行需求分析,确定系统的功能,然后将系统的功能映射到整个系统的硬件、软件和执行装置的设计过程中,称之为系统的功能实现。在嵌入式系统中,必须对嵌入式系统的软硬件都有相应的了解,才能熟练进行嵌入式系统设计,设计出一个好的嵌入式系统。

2.2 嵌入式系统硬件基础知识

嵌入式系统硬件包括嵌入式处理器、嵌入式存储器、嵌入式输入/输出接口及设备等。在进行硬件设计时,先要了解各种硬件的结构及性能,然后选择相应硬件进行设计。

2.2.1 嵌入式微处理器的基础知识

1. 处理器的结构

典型的微处理器由控制单元、程序计数器（PC）、指令寄存器（IR）、数据通道、存储器等组成，如图2-2所示。

控制单元主要进行程序控制和指令解析，将指令解析结果传递给数据通道。微处理器的数据通道内有算术逻辑单元（ALU）和一组寄存器（有时候称之为通用寄存器）。算术逻辑单元主要根据控制提供的分析结果，通过通用寄存器从数据存储器中读入需要的数据，然后进行算术计算，如加、减、乘、除等，最后将结果通过通用寄存器保存到相应的数据存储器单元。通用寄存器用于存放处理器正在计算的值。比如，在对数据进行诸如算术运算这类操作之前，大多数微处理器都必须

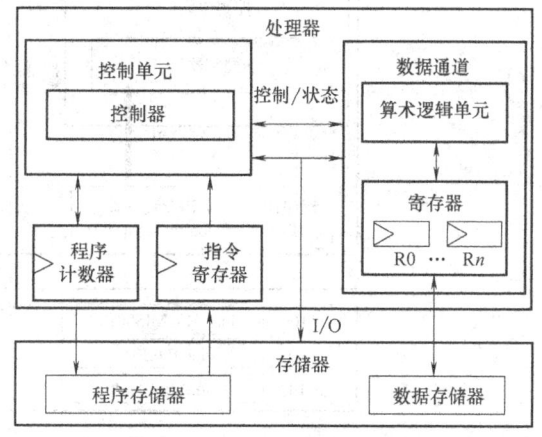

图2-2 典型的微处理器结构

把数据存放到寄存器中。对于寄存器的数量和每个寄存器的命名，不同的微处理器系列也是不同的，如ARM7、ARM9微处理器的R0～R12等寄存器。

除了通用寄存器之外，大多数微处理器还有许多专用寄存器。每个微处理器都有程序计数器，如ARM处理器中的R15，它用来跟踪微处理器要执行的下一条指令的地址，控制器根据程序计数器中的指令地址将指令从指令寄存器读入到控制器中进行分析。指令寄存器用于从程序存储器读入需要处理器的指令以供控制器访问。绝大多数微处理器都还有一个堆栈指针（SP），如ARM处理器中的R13，它用来存放微处理器通用堆栈的栈顶地址。

2. 处理器指令执行过程

指令的执行过程一般包括取指、译码、执行等操作。下面针对这几个操作进行说明。

（1）取指：处理器从程序存储器中取出指令

处理器控制器根据程序计数器中的值获得下一条执行指令的地址，从程序存储器读出该指令，送到指令寄存器。如图2-3所示，处理器根据程序计数器中的指令地址100从程序存储器中将指令load R0，M[500]读入到指令寄存器中。

（2）译码：解释指令，决

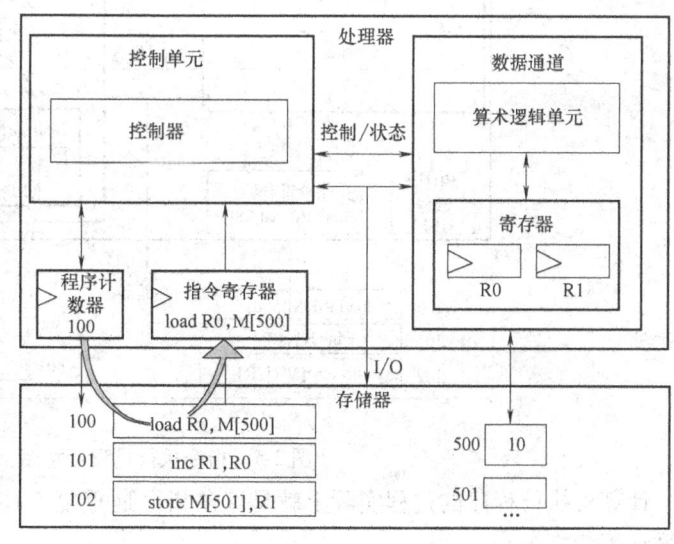

图2-3 取指过程示意图

定指令的执行意义

将指令寄存器中的指令操作码取出后进行译码,分析其指令性质,如指令要求操作数,则寻找操作数地址。如图 2-4 所示,控制单元将指令读入控制器进行解析,然后将结果传递给数据通道。

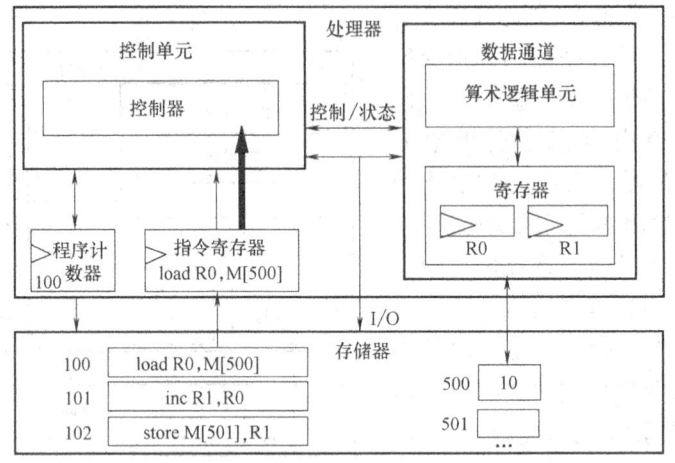

图 2-4 译码过程示意图

一般计算机进行工作时,首先要通过外部设备把程序和数据通过输入接口电路和数据总线送入到存储器,然后逐条取出执行。但单片机中的程序一般事先都已通过写入器固化在片内或片外程序存储器中,因而一开机即可执行指令。

(3) 执行:从存储器向数据通道寄存器移动数据

如图 2-5 所示,数据通道根据控制单元解析的指令结果,将数据存储器地址为 500 的数据读入寄存器 R0,然后通过算术逻辑单元进行数据操作。

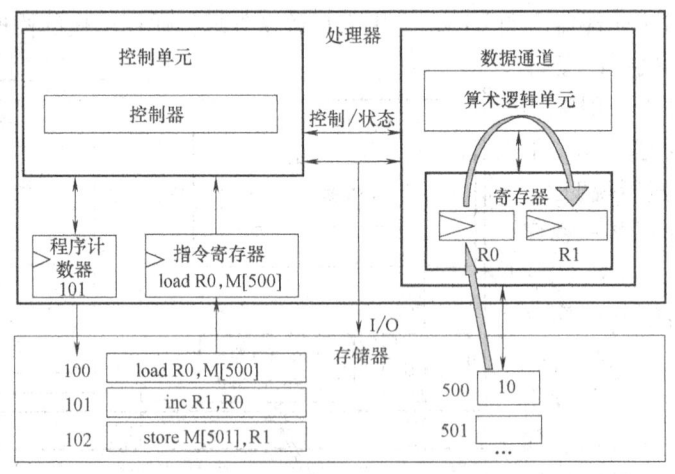

图 2-5 指令执行过程示意图

计算机执行程序的过程实际上就是逐条指令地重复上述操作过程,直至遇到停机指令、可循环等待指令。

在一些微处理器上,如 ARM 系列处理器、DSP 等,指令实现流水线作业,指令过程按流水线的数目来进行划分。如 ARM9 系列处理器将指令分为取指、译码、执行、存储、回写 5 个阶段执行。

3. 微处理器的结构体系

处理器的结构体系按照存储器结构可分为冯·诺依曼体系结构和哈佛体系结构；按指令类型可分为复杂指令集计算机（Complex Instruction Set Computer，CISC）和精简指令集计算机（Reduced Instruction Set Computer，RISC）。

（1）冯·诺依曼体系结构和哈佛体系结构

- 冯·诺依曼体系结构

冯·诺依曼体系结构也称普林斯顿体系结构，是一种将程序指令存储器和数据存储器合并在一起的存储器结构。处理器使用同一个存储器，经由同一组总线传输，如图 2-6 所示。程序指令存储地址和数据存储地址指向同一个存储器的不同物理位置，因此程序指令和数据的宽度相同，如 Intel 公司的 8086 中央处理器的程序指令和数据的宽度都是 16 位。

冯·诺依曼的主要贡献就是提出并实现了"存储程序"的概念。由于指令和数据都是二进制码，指令和操作数的地址又密切相关，因此，当初选择这种结构是自然的。但是，这种指令和数据共享同一总线的结构，在对数据进行读取时，指令和数据必须通过同一通道依次访问，首先从指令存储区读出程序指令内容，然后从数据存储区读出数据，使得信息流的传输成为限制计算机性能的瓶颈，影响了数据处理速度的提高。

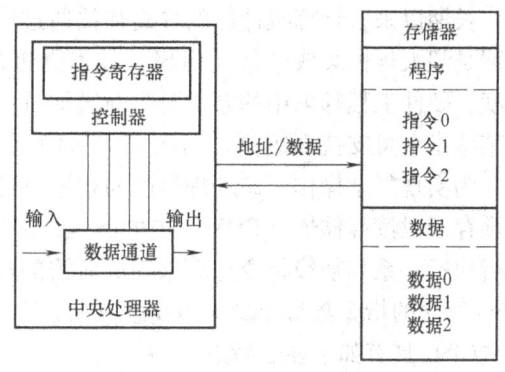

图 2-6 冯·诺依曼体系结构

目前，使用冯·诺依曼体系结构的中央处理器和微控制器有很多。除了上面提到的 Intel 公司的 8086，Intel 公司的其他中央处理器、ARM7 处理器、MIPS 公司的 MIPS 处理器也采用冯·诺依曼体系结构。

- 哈佛体系结构

哈佛体系结构是一种将程序指令存储和数据存储分开的存储器结构，目的是为了减轻程序运行时的访存瓶颈，如图 2-7 所示。中央处理器首先到程序指令存储器中读取程序指令内容，解码后得到数据地址，再到相应的数据存储器中读取数据，并进行下一步的操作（通常是执行）。哈佛体系结构的微处理器通常具有较高的执行效率。其程序指令和数据指令是分开组织和存储的，执行时可以预先读取下一条指令，指令和数据可以有不同的数据宽度，如 Microchip 公司的 PIC16 芯片的程序指令宽度是 14 位，而数据宽度是 8 位。

目前，使用哈佛体系结构的中央处理器和

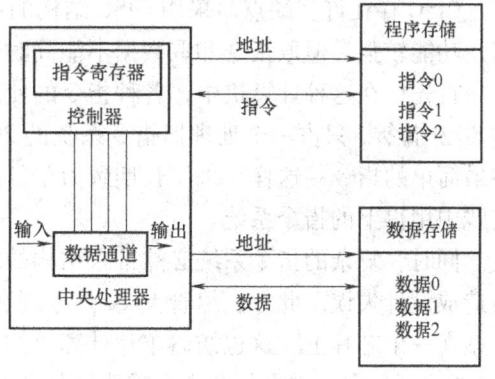

图 2-7 哈佛体系结构

微控制器有很多，除了上面提到的 Microchip 公司的 PIC 系列芯片，还有 Motorola 公司的 MC68 系列、Zilog 公司的 Z8 系列、ATMEL 公司的 AVR 系列、ARM9E 处理器、TI 的 DSP 等。

例如最常见的卷积运算中，一条指令同时取两个操作数，在流水线处理时，同时还有一个取指操作，如果程序和数据通过一条总线访问，取指和取数必会产生冲突，而这对大运算量循环的执行效率是很不利的。哈佛体系结构能基本上解决取指和取数的冲突问题。

在典型情况下，完成一条指令需要 3 个步骤，即取指令、指令译码和执行指令。从指令流的定时关系也可看出冯·诺依曼体系结构与哈佛体系结构处理方式的差别。举一个最简单的对存储器进行读写操作的例子：指令 1 至指令 3 均为存、取数指令，对于冯·诺依曼体系结构处理器，由于取指令和存取数据要经由同一总线传输，因而它们无法重叠执行，只有一个完成后再进行下一个。

(2) CISC 与 RISC
- CISC

长期以来，计算机性能的提高往往通过增加硬件的复杂性来获得。随着集成电路技术，特别是超大规模集成电路（VLSI）技术的迅速发展，为了软件编程方便和提高程序的运行速度，硬件工程师采用的办法是不断增加可实现复杂功能的指令和多种灵活的编址方式，甚至某些指令可支持高级语言语句归类后的复杂操作，至使硬件越来越复杂，造价也相应提高。为实现复杂操作，微处理器除向程序员提供类似各种寄存器和机器指令的功能外，还通过预存于只读存储器（ROM）中的微程序来实现其极强的功能，处理器在分析每一条指令之后执行一系列初级指令运算来完成所需的功能，这种设计的形式被称为 CISC 结构。一般 CISC 所含的指令数目至少为 300 条以上，有的甚至超过 500 条。

CISC 具有如下显著特点：
1) 指令格式不固定，指令长度不一致，操作数可多可少。
2) 寻址方式复杂多样，以利于程序的编写。
3) 采用微程序结构，执行每条指令均需完成一个微指令序列。
4) 每条指令需要若干个机器周期才能完成，指令越复杂，花费的机器周期越多。

属于 CISC 结构的单片机有 Intel 的 8051 系列、Motorola 的 M68HC 系列、Atmel 的 AT89 系列、中国台湾 Winbond（华邦）的 W78 系列、荷兰 Philips 的 PCF80C51 系列等。

CISC 存在许多缺点。采用 CISC 结构的单片机其数据线和指令线分时复用，它的指令丰富，功能较强，但取指令和取数据不能同时进行，速度受限，价格亦高。

首先，在这种计算机中，各种指令的使用率相差悬殊：一个典型程序的运算过程所使用的 80% 指令，只占一个处理器指令系统的 20%。事实上最频繁使用的指令是取、存和加这些最简单的指令。这样一来，长期致力于复杂指令系统的设计，实际上是在设计一种难得在实践中用得上的指令系统。

同时，复杂的指令系统必然带来结构的复杂性。这不但增加了设计的时间与成本，还容易造成设计失误。此外，尽管 VLSI 技术现在已达到很高的水平，但也很难把 CISC 的全部硬件做在一个芯片上，这也妨碍单片计算机的发展。

在 CISC 中，许多复杂指令需要极复杂的操作，这类指令多数是某种高级语言的直接翻版，因而通用性差。由于采用二级的微码执行方式，它也降低那些被频繁调用的简单指令系统的运行速度。因而，针对 CISC 的这些弊病，人们开始寻找一种简单且执行效率高的指令。

- RISC

采用复杂指令系统的计算机有着较强的处理高级语言的能力，这对提高计算机的性能是有益的。IBM 公司设在纽约 Yorktown 的 JhomasI. Wason 研究中心于 1975 年组织力量研究指令系统的合理性问题时发现，日趋庞杂的指令系统不但不易实现，而且还可能降低系统性能。1979 年以帕特逊教授为首的一批科学家也开始在美国加州大学伯克莱分校开展这一研究。最终，帕特逊等人提出了精简指令的设想，即指令系统应当只包含那些使用频率很高的少量指令，并提供一些必要的指令以支持操作系统和高级语言。按照这个原则发展而成的计算机被称为 RISC。

这种 CPU 指令集的特点是指令数目少，每条指令都采用标准字长，执行时间短，CPU 的实现细节对于机器级程序是可见的，等等。它的指令系统相对简单，它只要求硬件执行很有限且最常用的那部分指令，大部分复杂的操作则使用成熟的编译技术，由简单指令合成。这种指令结构便于硬件实现哈佛体系结构和流水线作业，从而使得取指令和取数据可同时进行；且由于指令线一般宽于数据线，使其指令较同类 CISC 结构的单片机指令包含更多的处理信息，执行效率更高，速度亦更快。同时，这种单片机指令多为单字节，程序存储器的空间利用率大大提高，有利于实现超小型化，便于优化编译。

目前在中高档服务器中普遍采用这一指令系统的 CPU，特别是高档服务器全都采用 RISC 指令系统的 CPU。在中高档服务器中采用 RISC 指令的 CPU 主要有 Compaq（康柏，即新惠普）公司的 Alpha、HP 公司的 PA-RISC、IBM 公司的 Power PC、MIPS 公司的 MIPS 和 SUN 公司的 Spare。

- CISC 与 RISC 的区别

从硬件角度来看，CISC 处理的是不等长指令集，它必须对不等长指令进行分割，因此在执行单一指令的时候需要进行较多的处理工作。而 RISC 执行的是等长精简指令集，CPU 在执行指令的时候速度较快且性能稳定。因此，在并行处理方面 RISC 明显优于 CISC，RISC 可同时执行多条指令，它可将一条指令分割成若干个进程或线程，交由多个处理器同时执行。由于 RISC 执行的是精简指令集，所以它的制造工艺简单且成本低廉。

从软件角度来看，CISC 运行的则是我们所熟识的 DOS、Windows 操作系统，而且它拥有大量的应用程序。因为全世界有 65% 以上的软件厂商都是为基于 CISC 体系结构的 PC 及其兼容机服务的，Microsoft 就是其中的一家。而 RISC 在此方面却显得有些势单力薄。虽然在 RISC 上也可运行 DOS、Windows，但是需要一个翻译过程，所以运行速度要慢许多。

目前 CISC 与 RISC 正在逐步走向融合，Pentium Pro、Nx586、K5 就是最明显的例子，它们的内核都是基于 RISC 体系结构的。它们接受 CISC 指令后将其分解分类成 RISC 指令以便在同一时间内能够执行多条指令。由此可见，下一代的 CPU 将融合 CISC 与 RISC 两种技术，从软件与硬件方面看，二者会取长补短。

很显然，在设计上 RISC 较 CISC 简单。因为 CISC 的执行步骤过多，闲置的单元电路等待时间增长，不利于平行处理的设计，所以就效能而言，RISC 较 CISC 还是站了上风。但 RISC 因指令精简后造成应用程序代码变大，需要较大的程序内存空间，且存在指令种类较多等缺点。

4. 提高 CPU 性能的方法

对于任何处理器来说，要提高其效率，在设计上都是要减少数据的等待时间，并且努力减少处理单元的空闲时间。在处理器设计中，用于提高处理器效率的就主要有流水线、超标量和高速缓存（Cache）等技术。

（1）流水线

流水线的工作方式就像工业生产上的装配流水线。在 CPU 中，由多个不同功能的电路单元组成一条指令处理流水线，然后将一条指令分成多步后再由这些电路单元分别执行，这样就能实现在一个 CPU 时钟周期内完成一条指令，因此提高了 CPU 的运算速度。经典奔腾处理器的每条整数流水线都分为四级流水，即指令预取、译码、执行、回写结果，浮点流水又分为八级流水。流水线是在 CPU 中把一条指令分解成多个可单独处理的操作，使每个操作在一个专门的硬件站（Stage）上执行，这样一条指令需要顺序地经过流水线中多个站的处理才能完成，但是前后相连的几条指令可以依次流入流水线中，在多个站间重叠执行，因此可以实现指令的并行处理流水线的指令执行方式如图 2-8 所示。

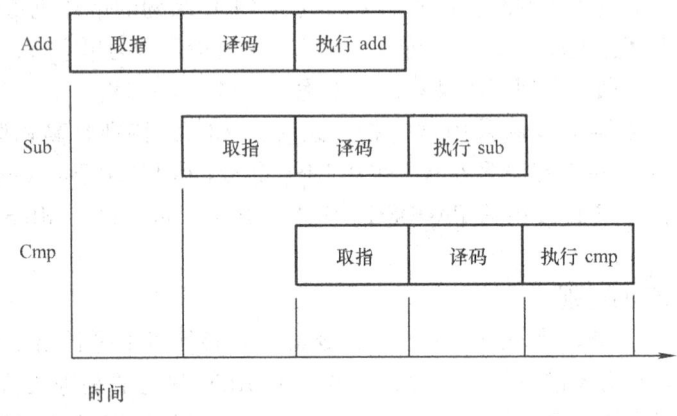

图 2-8　流水线的指令执行方式

（2）超标量

超标量执行就是在处理器内部设置多个平行流水线处理单元，如图 2-9 所示，它将多个相互无关的任务同时在这些处理部件中分别进行独立处理，其实质是以空间换取时间。

超标量体系结构描述一种微处理器设计，它能够在一个时钟周期执行多个指令。在超标量体系结构设计中，处理器或指令编译器能够判断指令是能独立于其他顺序指令而执行，还是依赖于另一指令，必须跟其后按顺序执行；然后，处理器使用多个执行单元同时执行两个或更多独立指令。超标量体系结构设计有时称"第二代 RISC"。

（3）高速缓存

由于 CPU 的运算速度愈来愈快，主存储器（DRAM）的数据存取速度常无法跟上

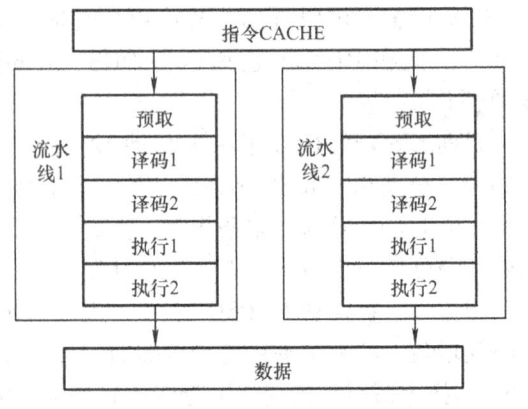

图 2-9　超标量的指令执行方式

CPU 的速度，因而影响计算机的执行效率。如果在 CPU 与主存储器之间，使用速度最快的 SRAM 来作为 CPU 的数据存取区，将可大幅提升系统的执行效率；而且，透过高速缓存来事先读取 CPU 可能需要的数据，可避免主存储器与速度更慢的辅助内存频繁存取数据，对系统的执行效率也大有帮助。

高速缓存是一种特殊的小型、快速存储器子系统，其中复制了频繁使用的数据，以利于 CPU 快速访问。存储器的高速缓存存储了频繁访问的 RAM 位置的内容及这些数据项的存储地址。当处理器引用存储器中的某地址时，高速缓存便检查是否存有该地址：如果有，称为高速缓存命中，则将数据返回处理器；如果没有，称为高速缓存失误，保存该地址，则进行常规的存储器访问。因为高速缓存总是比 RAM 速度快，所以当 RAM 的访问速度低于微处理器的速度时，常使用高速缓存。

通常，高速缓冲和处理器同在一个芯片上，由于 SRAM 价格贵、体积较大，如果主存储器全采用 SRAM 则系统造价太高，所以一般皆只安装 512KB～1MB 的高速缓存。高速缓存的应用除了加在 CPU 与主存储器之间外，硬盘、打印机、CDROM 等外围设备也都会加上高速缓存来提升该设备的数据存取效率。

5. 处理器信息存储的字节顺序

在处理器体系结构中，每个字单元包含 4 字节单元或者 2 个半字单元，1 个半字单元包含 2 字节单元。但是在字单元中，4 字节哪一个是高位字节哪一个是低位字节，则有两种不同的格式，通常称为大端（Big-endian）格式或者小端（Little-endian）格式，也就是大端模式和小端模式。大/小端的选择对于不同的芯片来说有一些不同的选择方式，一般都可以通过外部的引脚或内部的寄存器来选择。具体要参见处理器的数据手册。

采用大/小端模式对数据进行存放的主要区别在于在存放的字节顺序，大端模式将字数据的高位字节存储在低地址中，字数据的低字节则存放在高地址中，如图 2-10 所示。采用大端模式进行数据存放符合人类的正常思维。

高地址	31	24	23	16	15	8	7	0	字地址
↑	8		9		10		11		8
	4		5		6		7		4
低地址	0		1		2		3		0

图 2-10　大端模式数据存放格式

而小端模式则是低地址中存放字数据的低字节，高地址中存放字数据的高字节，如图 2-11 所示。采用小端方式进行数据存放利于计算机处理。

高地址	31	24	23	16	15	8	7	0	字地址
↑	11		10		9		8		8
	7		6		5		4		4
低地址	3		2		1		0		0

图 2-11　小端模式数据存放格式

有的处理器系统采用了小端模式进行数据存放，如 Intel 的奔腾。有的处理器系统采用了大端模式进行数据存放，如 IBM 半导体和 Freescale 的 PowerPC 处理器。不仅限于处理器，一些外设的设计中也存在着使用大端或者小端模式进行数据存放的选择。

因此，在一个处理器系统中，有可能存在大端和小端模式同时存在的现象。这一现象为系统的软硬件设计带来了不小的麻烦，这要求系统设计工程师必须深入理解大端和小端模式的差别。大端与小端模式的差别体现在处理器的寄存器、指令集、系统总线等各个层次中。

2.2.2 存储器系统

1. 存储器的分类

按存储介质分类：半导体存储器、磁表面存储器、光表面存储器。

按存储器的读写功能分类：只读存储器（ROM）、随机存取存储器（RAM）。

按在微机系统中的作用分类：主存储器、辅助存储器、高速缓冲存储器（即高速缓存）。

2. 存储器系统的层次结构

所谓存储系统的层次结构，就是把各种不同存储容量、存取速度和价格的存储器按层次结构组成多层存储器，并通过管理软件和辅助硬件有机组合成统一的整体，使所存放的程序和数据按层次分布在各种存储器中。计算机系统的存储器被组织成一个金字塔形的层次结构，如图2-12所示。

存储器系统的结构自上而下为CPU内部寄存器、芯片内部高速缓存、芯片外部高速缓存（SRAM、SDRAM、DRAM）、主存储器（闪存、EEPROM）、外部存储器（磁盘、光盘、CF卡、SD卡）和远程二级存储器（分布式文件系统、Web服务器），共6个层次。上述设备从上而下，依次速度更慢、容量更大、访问频率更小、造价更便宜。

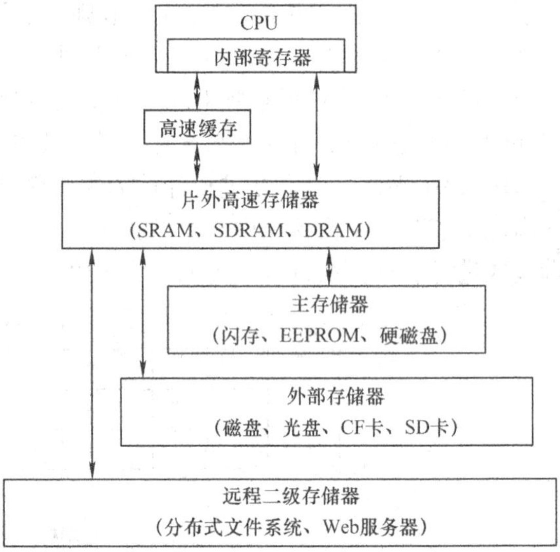

为了解决CPU与主存储器之间的速度差，所采取的措施有：

（1）CPU内部设置多个通用寄存器

设置多个存储器并且使他们并行工作。本质：增添瓶颈部件数目，使它们并行工作，从而减缓固定瓶颈。

图2-12 存储器系统的层次结构

（2）采用多存储模块交叉存取

采用多级存储系统，特别是高速缓存技术，这是一种减轻存储器带宽对系统性能影响的最佳结构方案。本质：把瓶颈部件分为多个流水线部件，加大操作时间的重叠、提高速度，从而减缓固定瓶颈。

（3）采用高速缓存

在微处理器内部设置各种缓冲存储器，以减轻对存储器存取的压力。增加CPU中寄存器的数量，也可大大缓解对存储器的压力。本质：缓冲技术，用于减缓暂时性瓶颈。

在嵌入式系统中，由于其应用特点，采用最多的是半导体存储器，如SDRAM、EEP-

ROM、闪存等。因此在这里主要对半导体存储器进行介绍。

3. 半导体存储器

半导体存储器主要包括随机存取存储器和只读存储器两类，如图 2-13 所示。

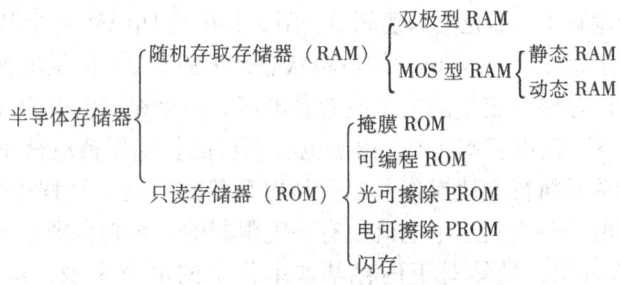

图 2-13　半导体存储器的分类

（1）随机存取存储器

常见的随机存取存储器主要包括静态随机存取存储器（Static RAM，SRAM）、动态随机存取存储器（Dynamic RAM，DRAM）、同步动态随机存取存储器（Synchronous DRAM，SDRAM）等。在这里主要对 SRAM、DRAM 的原理进行分析。

- SRAM

SRAM 不存在刷新的问题，一个 SRAM 基本单元包括 6 个晶体管，如图 2-14a 所示。它不是通过利用电容充放电的特性来存储数据，而是利用设置晶体管的状态来决定逻辑状态——同 CPU 中的逻辑状态一样。读取操作对于 SRAM 不是破坏性的，所以 SRAM 不存在刷新的问题。

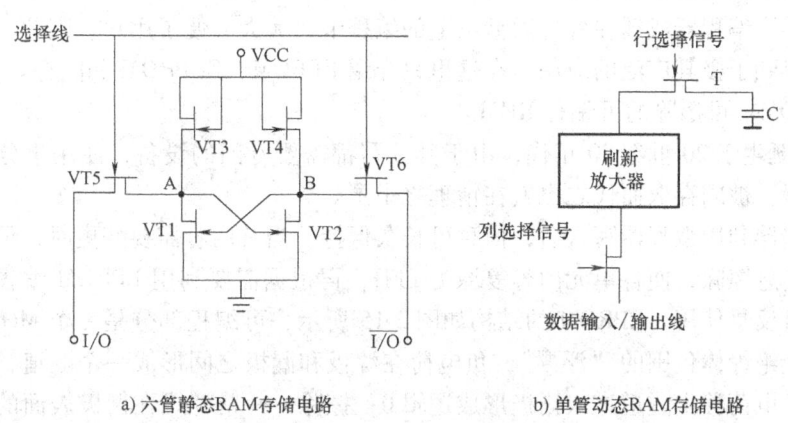

a) 六管静态RAM存储电路　　　　　b) 单管动态RAM存储电路

图 2-14　随机存取存储器单元的内部结构

SRAM 不但可以运行在比 DRAM 高的时钟频率上，而且潜伏期比 DRAM 短得多。SRAM 仅仅需要 2～3 个时钟周期就能从 CPU 缓存调入需要的数据，而 DRAM 却需要 3～9 个时钟周期（这里忽略了信号在 CPU、芯片组和内存控制电路之间传输的时间）。以目前的售价，SRAM 每 MB 价格大约是 DRAM 的几倍，是 RAMBUS 内存的 2～3 倍。不过，它的极短的潜伏期和高速的时钟频率却的确可以带来更高的带宽。

典型的 SRAM 芯片有 6116（2KB×8 位）、6264（8KB×8 位）、62256（32KB×8 位）、628128（128KB×8 位）等。

- DRAM

DRAM 以其速度快、集成度高、功耗小、价格低的优势在微型计算机中得到极其广泛的使用。但动态存储器同静态存储器有不同的工作原理，它是靠内部寄生电容充放电来记忆信息，电容充有电荷为逻辑 1，不充电为逻辑 0。图 2-14b 是 DRAM 一个基本单位的结构示意图：电容的状态决定了这个 DRAM 单元的逻辑状态是 1 还是 0，但是电容的这个特性也是它的缺点。一个电容可以存储一定量的电子或者是电荷。一个充电的电容在数字电子中被认为是逻辑上的 1，而"空"的电容则是 0。由于电容不可能长期保持电荷不变，必须定时对动态存储电路的各存储单元执行重读操作，以保持电荷稳定，这个过程称为动态存储器刷新。电容可以由电流来充电——当然这个电流是有一定限制的，否则会把电容击穿。同时，电容的充放电需要一定的时间，虽然对于内存基本单位中的电容来说，这个时间很短，只有 $0.02 \sim 0.18 \mu s$，但在这个期间内存是不能执行存取操作的，因此，DRAM 的访问要比 SRAM 慢。刷新地址通常由刷新地址计数器产生，而不是由地址总线提供。

由于 DRAM 的基本存储电路可按行同时刷新，所以刷新只需要行地址，不需要列地址。刷新操作时，存储器芯片的数据线呈高阻状态，即片内数据线与外部数据线完全隔离。

由于 DRAM 使用了比 SRAM 更少的元器件，每个存储位所占的体积比 SRAM 小，更易集成，因此常用于大量数据交换的场合，如内存。

（2）只读存储器

只读存储器种类很多，有掩膜 ROM、可编程 ROM（PROM）、光可擦除 PROM（EPROM）、电可擦除 PROM（EEPROM）、闪存等。由于 EPROM 和 EEPROM 存储容量大，可多次擦除后重新对它进行编程而写入新的内容，使用十分方便。尤其是厂家为用户提供了单独的擦除器、编程器或插在各种微型机上的编程卡，大大方便了用户。因此，这种类型的只读存储器得到了极其广泛的应用。在这里只介绍 EPROM、EEPROM 和闪存。

1）EPROM：可擦除的可编程 ROM。

EPROM 诞生于 20 世纪 70 年代，由于其读写都需要专门的设备，使用十分不便，而且读写速度较慢，被闪存取而代之也就在情理之中了。

这种存储器利用编程器写入后，信息可长久保持。当其内容需要变更时，可利用擦除器将其所存储信息擦除，使各单元内容复原为 FFH，再根据需要利用 EPROM 编程器编程，因此这种芯片可反复使用。EPROM 的结构如图 2-15 所示，可编程部分是一个 MOS 型晶体管，晶体管有一个绝缘体包围的"浮栅"，负电荷在源极和漏极之间形成一个隧道，较大的正电压在栅极使负电荷移出隧道进入栅极形成逻辑 0；擦除——紫外线在栅极表面的照射使负电荷从栅极回到隧道保持逻辑 1。EPROM 有一个紫外线可以通过的石英窗，通过该石英窗对 EPROM 擦除和写入数据。

2）EEPROM：电可擦除的可编程 ROM。

EEPROM 具有以下特点：

① 电可编程和擦除（Programmed and Erased Electronically）。
- 使用电压比正常的高
- 能单个字进行擦除和编程

② 较好的写入能力（Better Write Ability）。
- 通过内部电路提供较高电压，能在系统内编程。

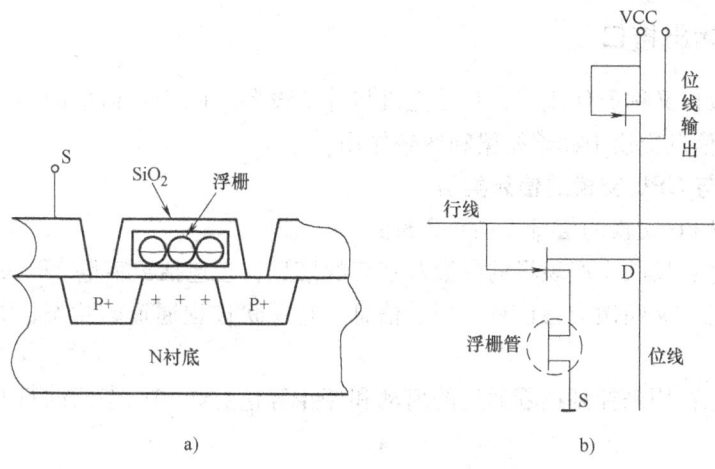

图 2-15 只读存储器单元内部结构

- 由于写入需经过擦除和编程两个步骤，因此写入较慢。
- 可重复擦除和编程数万次。

③ 存储永久性和 EPROM 相近（大约 10 年）。

④ 比 EPROM 方便得多，但更贵。

3）闪存。闪存与 EPROM 的读写同样基于隧道效应，内部构造也十分相似，仅仅因为绝缘层厚度上的差异，便导致了性能上的巨大差异。闪存是从 EPROM 和 EEPROM 发展而来的非挥发性存储集成电路，其主要特点是工作速度快、单元面积小、集成度高、可靠性好、可重复擦写 10 万次以上，数据可靠保持超过 10 年。闪存从结构上大体上可以分为 AND、NAND、NOR 和 DINOR 等几种，现在市场上两种主要的闪存结构是 NOR 和 NAND 结构。

Intel 于 1988 年首先开发出 NOR 闪存技术，彻底改变了原先由 EPROM 和 EEPROM 一统天下的局面。紧接着，1989 年，东芝公司发布了 NAND 闪存结构，强调降低每比特的成本，有更高的性能，并且像磁盘一样可以通过接口轻松升级。

NOR 闪存以及 NAND 闪存都是采用浮栅器件，在写入之前必须先行擦除。浮栅器件也是利用电场的效应来控制源极与漏极之间的通断，栅极的电流消耗极小，不同的是场效应晶体管为单栅极结构，而闪存为双栅极结构，即在栅极与硅衬底之间增加了一个浮置栅极。NOR 闪存的读速度比 NAND 闪存稍快一些，NAND 闪存的写入速度比 NOR 闪存快很多。表 2-1 是 NOR 闪存与 NAND 闪存的性能比较。

表 2-1 NOR 闪存与 NAND 闪存的性能比较

NOR 闪存	接口时序同 SRAM，易使用	读取速度较快	擦除速度慢，以 64～128KB 的块为单位	写入速度慢（因为一般要先擦除）	随机存取速度较快，支持 XIP（eXecute In Place，片内运行），适用于代码存储。在嵌入式系统中，常用于存放引导程序、根文件系统等	单元密度较低，单片容量较小
NAND 闪存	地址/数据线复用，数据位较窄	读取速度慢	擦除速度快，以 8～32KB 的块为单位	写入速度快	顺序读取速度较快，随机存取速度慢，适用于数据存储（如大容量的多媒体应用）。在嵌入式系统中，常用于存放用户文件系统等	单元密度高，单片容量较大

2.2.3 输入/输出接口

输入/输出接口又称 I/O 接口,它是主机与外围设备之间交互信息的连接口,在主机和外围设备之间的信息交换中起着桥梁和纽带作用。

1. I/O 接口与 CPU 交换的信息类型

I/O 接口与 CPU 交换的信息类型有 3 种:

1)数据信息:反映生产现场的参数及状态的信息,它包括数字量、开关量和模拟量。

2)状态信息:又叫做应答信息、握手信息,它反映过程通道的状态,如准备就绪信号等。

3)控制信息:用来控制过程通道的启动和停止等信息,如三态门的打开和关闭、触发器的启动等。

在 I/O 通道中,必须设置一个与 CPU 联系的接口电路,以传送数据信息、状态信息和控制信息。

2. I/O 接口的编址方式

由于计算机系统一般都有多个过程 I/O 通道,因此需对每一个 I/O 通道安排地址。I/O 接口的编址方式有两种:

(1) I/O 接口与存储器统一编址方式

这种编址方式又称存储器映像方式,它从存储器空间划出一部分地址空间给过程通道,把过程通道的端口当作存储单元一样进行访问,对 I/O 端口进行输入输出操作跟对存储单元进行读写操作方式相同,只是地址不同。所有访问内存的指令同样都可用于访问 I/O 端口。采用这种方式的 CPU 有 Intel8031 和 Intel80196 系列单片机等。统一编址的最大优点是无需专门的 I/O 指令,从而简化了指令系统的设计,并能省去相应的 I/O 操作的对外引线;而且,CPU 可直接对 I/O 数据进行算术和逻辑运算,指令丰富。统一编址的不足之处在于 I/O 端口地址占用了一部分存储器空间;另外,访问内存的指令长度一般比专用的 I/O 指令长,因而取指周期较长,又多占了指令字节。

(2) I/O 接口与存储器独立编址方式

这种编址方式将过程通道的端口地址单独编址,有自己独立的过程通道地址空间,而不占用存储器地址空间。在 I/O 地址空间中,每一个通道的端口有一个唯一对应的过程通道的端口地址。这种独立编址方式要求 CPU 有专用的 I/O 指令(IN 及 OUT 指令)用于 CPU 与过程通道端口之间的数据传输。地址总线配合存储器操作信号实现存储器的访问控制,地址总线与 I/O 操作信号配合则可访问过程通道。实现这种编址方式的 CPU 分别有存储器访问和 I/O 访问的指令及相应的控制信号。典型的微处理器 Z80 和 80X86 具有这种功能。

2.3 嵌入式系统软件基础知识

2.3.1 嵌入式系统软件的特点

嵌入式系统软件按照层次可分为板级支持包(BSP)、系统软件和应用软件。BSP 是指直接和硬件打交道的程序，具体地讲，是对处理器的共有寄存器和外设寄存器进行操作的程序，如系统启动代码、硬件初始化代码、设备驱动程序、操作系统中的硬件抽象层等。系统软件主要包括操作系统、文件系统、图形用户接口等部分，主要用于提供标准编程接口、屏蔽底层硬件特性、降低应用程序开发难度、缩短应用程序开发周期。应用软件是针对特定应用领域，基于某一固定的硬件平台，用来达到用户预期目标的计算机软件。由于用户任务功能的复杂性和可靠性要求，有些应用软件需要特定操作系统的支持。

嵌入式系统软件具有以下特点：

1）嵌入式系统软件具有独特的实用性。嵌入式系统软件是为嵌入式系统服务的，这就要求它与外部硬件和设备联系紧密。嵌入式系统以应用为中心，嵌入式系统软件是应用系统，它根据应用需求定向开发，其开发面向产业、面向市场，需要特定的行业经验。每种嵌入式系统软件都有自己独特的应用环境和实用价值。

2）嵌入式系统软件应有灵活的适用性。嵌入式系统软件通常可以认为是一种模块化软件，它应该能非常方便灵活的运用到各种嵌入式系统中，而不能破坏或更改原有的系统特性和功能。嵌入式系统软件要使用灵活，应尽量优化配置，减小对系统的整体继承性，升级更换灵活方便。

3）程序代码精简。由于嵌入式系统本身的应用特点，有体积、存储空间、成本、功耗等要求限制，嵌入式系统软件和大型机上的软件相比，具有代码精简、代码量少、执行效率高等特点。

2.3.2 嵌入式系统软件的体系结构

本节将讨论4种软件结构，从最简单的、几乎没有提供对于响应时间和优先级进行控制的结构开始，逐渐过渡到以结构复杂度增加为代价从而提供更强大控制功能的系统。这4种结构分别是轮转（Round-Robin）结构、带中断的轮转结构、函数队列调度（Function-Queue Scheduling）结构和实时操作系统（Real Time Operating System）结构。

1. 轮转结构

图2-16中的代码是轮转结构的原型，这是能想象得到的、最简单的一种结构。该结构中不存在中断，主循环只是简单地依次检查每一个I/O设备，并且为需要服务的设备提供服务。

```
void main()
{
    while(TRUE)
    {
        if(//I/O 设备 A 需要服务)
        {
            //处理 I/O 设备 A 的相关操作
        }
        if(//I/O 设备 B 需要服务)
        {
            //处理 I/O 设备 B 的相关操作
        }
        ...
    }
}
```

图2-16 轮转结构

轮转结构是一种非常简单的结构。它没有中断，没有共享数据，无需考虑延迟时间，这些特点使得该结构成为所有可能的结构中最具有吸引力的一种，因此对于能用该结构成功解决问题的系统来说，这种结构是首选。

但是，相对于其他结构而言，轮转结构只有一个优势，即简单；而它的很多缺点使它在很多系统中都不能适用：

1）如果一个设备需要比微处理器在最坏情况下完成一个循环的时间更短的响应时间，那么这个系统将无法工作。例如，设备 Z 必须在 7ms 内获得服务，而设备 A 和设备 B 的执行各需要 5ms，那么处理器就不能很及时地响应设备 Z。

2）即使所要求的响应时间不是绝对的截止时间，当有冗长的处理时系统也会工作得不好。例如，若任何一种设备的处理时间都需要 3s，这对于一个循环执行的系统来说是无法忍受的。

3）这种结构很脆弱。即使能够设法提高系统的性能，从而因为处理循环的速度足够快而使微处理器满足了所有的需要，但是一旦增加一个额外的设备或者提出一个新的中断请求，就可能让一切都崩溃。

基于这些缺点，轮转结构可能仅仅适用于非常简单的装置，如数字手表和微波炉等。

2. 带中断的轮转结构

图 2-17 描述了一个复杂的结构，称之为带中断的轮转结构。在这种结构中，中断程序处理硬件特别紧急的需求，然后设置标志，主循环轮询这些标志，然后根据这些需求进行后续的处理。

```
BOOL fDeviceA = FALSE;
BOOL fDeviceB = FALSE;
...
BOOL fDeviceZ = FALSE;
void interrupt vHandleDeviceA ( void )
{
    fDeviceA = TRUE;
}
void interrupt vHandleDeviceB ( void )
{
    fDeviceB = TRUE;
}
```

```
void main ( )
{
    while ( TRUE )
    {
        if ( fDeviceA )
        {
            fDeviceA = FALSE;
        }
        if ( fDeviceB )
        {
            fDeviceB = FALSE;
        }
        ...
        if ( fDeviceZ )
        {
            fDeviceZ = FALSE;
        }
    }
}
```

图 2-17　带中断的轮转结构

与轮转结构相比，这种结构可对优先级进行更多的控制。中断程序可以获得很快的响应，因为硬件的中断信号会使位处理器停止正在 main 函数中执行的任何操作，而转去执行中断程序。实质上，中断程序中的所有操作都拥有比主程序代码更高的优先级，并且一些系统的硬件中断优先级是可以配置的，因此可以根据中断优先级不同来确定任务的执行顺序。图 2-18 描述了在轮转结构和带中断的轮转机构之间，对优先级进行控制的差异比较，这种差异正是带中断的轮转结构相对于轮转结构的主要优势。需要注意的是中断程序与主程序中的数据共享问题，当正在执行的主程序正在处理共享数据时，被中断程序中断，进而处理中断程序，在中断程序中有可能又对共享数据进行了相应的操作，从而导致回到主程序时，共享数据的值已经发生了改变，导致意想不到的结果。像这种情况，需要考虑共享数据的处理问题。

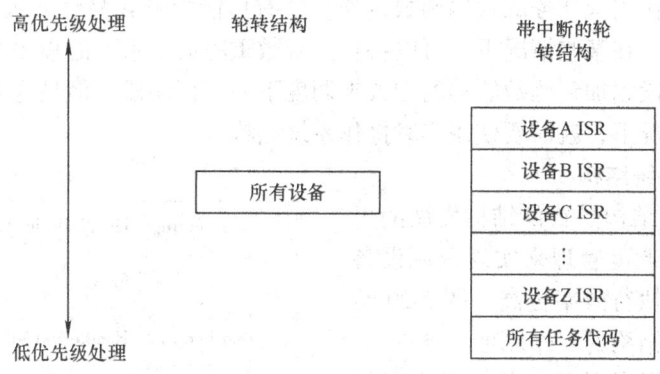

图 2-18　轮转结构中的中断优先级别

带有中断的轮转结构的主要缺点是所有任务代码以同样的优先级来执行。假如所有设备的中断都发出中断信号，如果按照顺序，执行到最后设备时需要等待的时间是前面所有设备执行时间的总和，这也是系统的最坏响应时间。

3. 函数队列调度结构

图 2-19 给出了另一个更加复杂的结构，即函数队列调度结构。在这种结构中，中断程序在一个函数指针中添加一个函数指针，以供 main 函数调用，主程序仅需从该队列中读取相应的指针并调用相关的函数。

这种结构的优点在于，该结构没有规定 main 必须按照中断程序的发生顺序来调用函数，main 可以根据任何可以达到目标的优先级方案来调用函数，这样任何需要更快响应的任务代码都可以被更早执行。为了做到这一点，只需要在对函数指针进行排队的程序中对代码进行一点技巧性设计。

在函数队列调度结构中，对于最高优先级的任务代码函数来说，最坏的响应时间等于最长的任务代码执行时间（同样，需要加上恰巧发生的任何一个中断程序的执行时间）。

```
void interrupt vHandleDeviceA (void)
{
    //将 functionA 放入函数指针队列中
}
void interrupt vHandleDeviceB (void)
{
    //将 functionB 放入函数指针队列中
}
void main ()
{
    while (TRUE)
    {
        while (//函数指针队列为空)
        ...
        //调用队列中另一个函数
    }
}
void functionA ()
{}
void functionB ()
{}
```

图 2-19　函数队列调度结构

当最高优先级的设备发生中断时，系统刚刚开始执行最长的任务代码函数，此时就发生了最坏的情况。所以就响应来说，这种结构绝对优于带有中断的轮转结构。后者在前边讨论过，其响应时间是其他所有处理程序时间的总和，为了获得这种较好的时间响应，需要付出一定的代价，除了代码的复杂性以外，具有较低优先级任务代码的函数可能会有更差的响应。在带有中断的轮转结构中，每当 main 执行循环的时候，所有的任务代码都有机会被执行。而在函数队列调度结构中，如果中断程序太频繁地调用较高优先级函数，以至于占用了微处理器的所有可用时间，较低优先级函数就有可能永远不能执行。

尽管函数队列调度结构降低了高优先级任务代码的最坏响应时间，它可能还是不够好，因为只要某个较低优先级任务的代码函数过长，就有可能影响较高优先级函数的响应时间。为了解决这个问题，在某些情况下，可以将长的函数重写成一系列的程序段，每个程序段是通过将下一个程序段添加到函数队列的方式来调度下一个程序段，但是这样会增加处理的复杂程度。在这种情况下，就需要使用实时操作系统结构。

4. 实时操作系统结构

实时操作系统结构是软件结构发展的更高阶段，通过任务调度管理来实现资源设备合理使用，使系统执行效率更高。图 2-20 给出了实时操作系统结构的工作原理。

和前面讨论的其他结构一样，在实时操作系统结构中，中断程序可以处理大多数的紧急情况。在中断程序中通过信号量或消息等形式发出通知任务的信号，该信号是"需要任务代码来完成工作"的请求。这种结构和以前那些结构的不同之处在于：

1）中断程序和任务代码之间的信息交互是通过消息事件来发送给实时操作系统处理的，而并不需要使用共享变量来达到这个目标。

2）在代码中并没有用循环来决定下一步要做什么。实时操作系统内部的代码根据相应的调度策略来决定什么任务代码函数可以运行。

```
void interrupt vHandleDeviceA ( void )
{
    //设置信号 X
}
void interrupt vHandleDeviceB ( void )
{
    //设置信号 Y
}
void Task1 ( )
{
    while ( TRUE )
    {
    }
}
void Task2 ( )
{
    while ( TRUE )
    {
    }
}
```

图 2-20 实时操作系统结构

3）实时操作系统可以根据任务执行的紧迫程度将任务进行优先级分配，实时操作系统可以将一个正在执行的低优先级任务程序挂起，以便运行另一个高优先级任务程序。

其中，前两点主要针对编程的方便性，将程序代码按照任务的相对独立性进行任务划分；而最后一点的实质是，使用实时操作系统结构的系统不仅可以控制任务代码的响应时间，还可以控制中断程序的响应时间。在图 2-20 中，如果 Task1 是最高优先级的任务代码，那么当中断程序的对 vHandlDeviceA 设置信号 X 时，实时操作系统将会立即运行 Task1。如果此时 Task2 正在运行中，实时操作系统就会挂起 Task2 并且代之运行 Task1。所以，最高优先级任务代码的最坏响应时间是 0（当然需要加上中断处理程序的执行时间）。图 2-21 描述的是一个实时操作系统结构中的优先级层次。

这种调度机制的一个副作用是，即使改变代码，系统的响应时间仍将会是相对稳定的。在轮转机构和函数队列调度结构中，一个任务代码函数的响应时间，取决于包括低优先级任务子程序在内的各个任务代码子程序的长度。当改变任意一个子程序的时候，就有可能改变

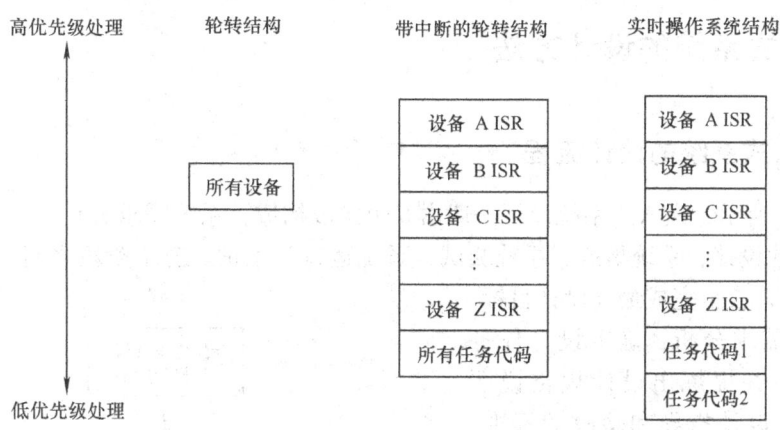

图 2-21 几种结构中的优先级别比较

了整个系统的响应时间。而在实时操作系统结构中，对于较低优先级函数的改变通常不会影响较高优先级函数的响应时间。

实时操作系统结构的主要缺点是操作系统本身需要一定的处理时间，如果以牺牲少许吞吐量为代价的话，系统是可以获得好一点的响应性能的。

表 2-2 是几种不同软件结构的特点比较，当要为嵌入式系统选择一种软件结构时，一般按照以下原则进行：

1）选择可以满足响应时间需求的最简单的结构。即使没有选择一个复杂的软件结构，仅仅是编写嵌入式系统软件就很复杂了。

2）如果系统对于响应时间的要求很高，使得一个实时操作系统成为必需的，那就应该使用实时操作系统结构。大多数商业系统都提供相应的工具集，方便编程人员对应用程序的开发和调试。

3）如果对一个系统有意义的话，可以将这几种结构结合起来使用。

表 2-2 不同软件结构的特点

结构种类	是否允许优先级	任务代码的最坏响应时间	代码改变时响应时间的稳定性	简单性
轮转结构	不允许	所有任务代码执行时间的总和	差	很简单
带中断的轮转结构	中断程序有优先级次序，那么所有任务代码在同一个优先级上	所有任务代码的执行时间总和（加上中断程序的执行时间）	中断程序的响应时间稳定性好；任务代码的响应时间稳定性差	必须处理中断程序和任务代码的共享数据
函数队列调度结构	中断程序有优先级次序，那么所有任务代码也有优先级次序	最长函数的执行时间（加上中断程序的执行时间）	相对较好	必须处理共享数据，并且需要编写函数队列代码
实时操作系统结构	中断程序有优先级次序，那么所有任务代码也有优先级次序	0（加上中断程序的执行时间）	很好	最复杂（尽管多数复杂部分是在操作系统内部）

2.4 嵌入式系统的设计方法

2.4.1 嵌入式系统的设计流程

如图 2-22 所示，嵌入式系统设计一般由 6 个阶段构成：系统需求分析、体系结构设计、硬件/软件协同设计、系统集成、系统测试、系统运行与维护。各个阶段之间往往需要不断的反复和修改，直至完成最终设计目标。

1）系统需求分析：确定设计任务和设计目标，并提炼出设计规格说明书，作为正式设计指导和验收的标准。系统的需求一般分功能性需求和非功能性需求两方面。功能性需求是系统的基本功能，如输入输出信号、操作方式等；非功能需求包括系统性能、成本、功耗、体积、质量等因素。

2）体系结构设计：描述系统如何实现所述的功能和非功能需求，包括对硬件、软件和执行装置的功能划分以及系统的软件、硬件选型等。一个好的体系结构是设计成功与否的关键。

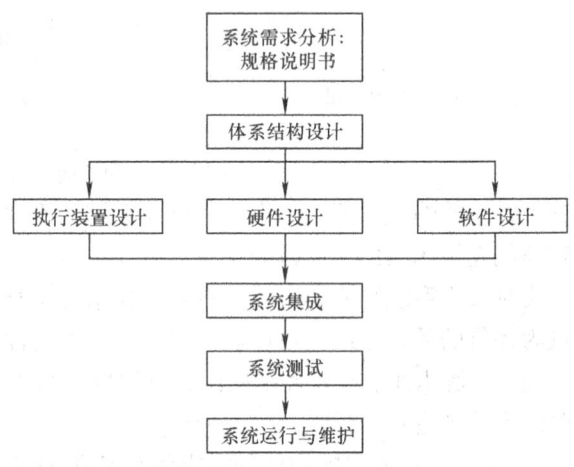

图 2-22 嵌入式系统的设计流程

3）硬件/软件协同设计：基于体系结构，对系统的软件、硬件进行详细设计。为了缩短产品开发周期，设计往往是并行的。应该说，嵌入式系统设计的工作大部分都集中在软件设计上，采用面向对象技术、软件组件技术、模块化设计是现代软件工程经常采用的方法。

4）系统集成：把系统的软件、硬件和执行装置集成在一起，进行调试，发现并改进单元设计过程中的错误。

5）系统测试：对设计好的系统进行测试，看其是否满足规格说明书中给定的功能要求。

6）系统运行与维护：系统运行是指经过测试的系统产品交予用户正常使用，而系统维护是对产品运行过程中出现的问题进行处理，是系统开发者对产品的一种技术支持。

针对系统的不同的复杂程度，目前有一些常用的系统设计方法，如瀑布设计方法、自顶向下的设计方法、自下向上的设计方法、螺旋设计方法、逐步细化设计方法和并行设计方法等，根据设计对象复杂程度不同，可以灵活选择不同的系统设计方法。

2.4.2 嵌入式系统的硬件/软件协同设计技术

传统的嵌入式系统设计方法如图 2-23 所示，硬件和软件分为两个独立的部分，由硬件工程师和软件工程师按照拟定的设计流程分别完成。这种设计方法只能改善硬件/软件各自的性能，而有限的设计空间不可能对系统做出较好的性能综合优化。20 世纪 90 年代初，国外有些学者提出"这种传统的设计方法，只是早期计算机技术落后的产物，它不能求出适合于某个专用系统的最佳计算机应用系统的解"。因为，从理论上来说，每一个应用系统，都存在一个适合于该系统的硬件、软件功能的最佳组合。如何从应用系统需求出发，依据一定的指导原则和分配算法对硬件/软件功能进行分析及合理的划分，从而使系统的整体性能、运行时间、能量耗损、存储能量达到最佳状态，已成为硬件/软件协同设计的重要研究内容之一。

应用系统的多样性和复杂性，使硬件/软件的功能划分、资源调度与分配、系统优化、系统综合、模拟仿真存在许多需要研究解决的问题，因而使国际上这个领域的研究日益活跃。

系统协同设计与传统设计相比有两个显著的区别：

1）描述硬件和软件使用统一的表示形式。

2）硬件/软件划分可以选择多种方案，直到满足要求。

显然，这种设计方法对于具体的应用系统而言，容易获得满足综合性能指标的最佳解决方案。传统方法虽然也可改进硬件、软件性能，

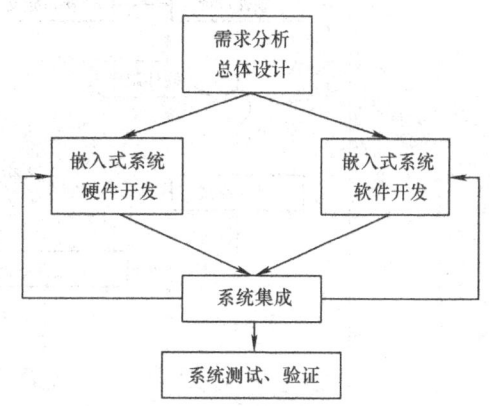

图2-23 传统的嵌入式系统设计方法

但由于这种改进是各自独立进行的，不一定能使系统综合性能达到最佳。

传统的嵌入式系统开发采用的是软件开发与硬件开发分离的方式，其过程可描述如下：

1）系统需求分析。

2）软硬件分别设计、开发。

3）系统集成：软硬件集成。

4）集成测试。

5）若系统正确，则结束，否则继续进行。

6）若出现错误，需要对软、硬件分别进行验证和修改。

7）返回3），继续进行集成测试。

虽然在系统设计的初始阶段考虑了软、硬件的接口问题，但由于软、硬件分别开发，各自部分的修改和缺陷很容易导致系统集成时出现错误。由于设计方法的限制，这些错误不但难于定位，而且更重要的是，对它们的修改往往涉及整个软件结构或硬件配置的改动。显然，这是灾难性的。

为避免上述问题，一种新的开发方法应运而生——硬件/软件协同设计方法。一个典型的硬件/软件协同设计过程如图2-24所示。首先，应用独立于任何硬件和软件的功能性规格方法对系统进行描述，采用的方法包括有限状态机（FSM）、统一化的规格语言（CSP、VHDL）或其他基于图形的表示工具，其作用是对硬件/软件统一表示，便于功能的划分和综合；然后，在此基础上对硬件/软件进行划分，即对硬件/软件的功能模块进行分配。但是，这种功能分配不是随意的，而是从系统的功能要求和限制条件出发，依据算法进行的。完成硬件/软件功能划分之后，需要对划分结果做出评估，方法之一是性能评估，另一种方法是对硬件、软件综合之后的系统依据指令级评价参数做出评估。如果评估结果不满足要求，说明划分方案选择不合理，需要重新划分硬件/软件模块，重复以上过程直到系统获得

一个满意的硬件/软件实现为止。

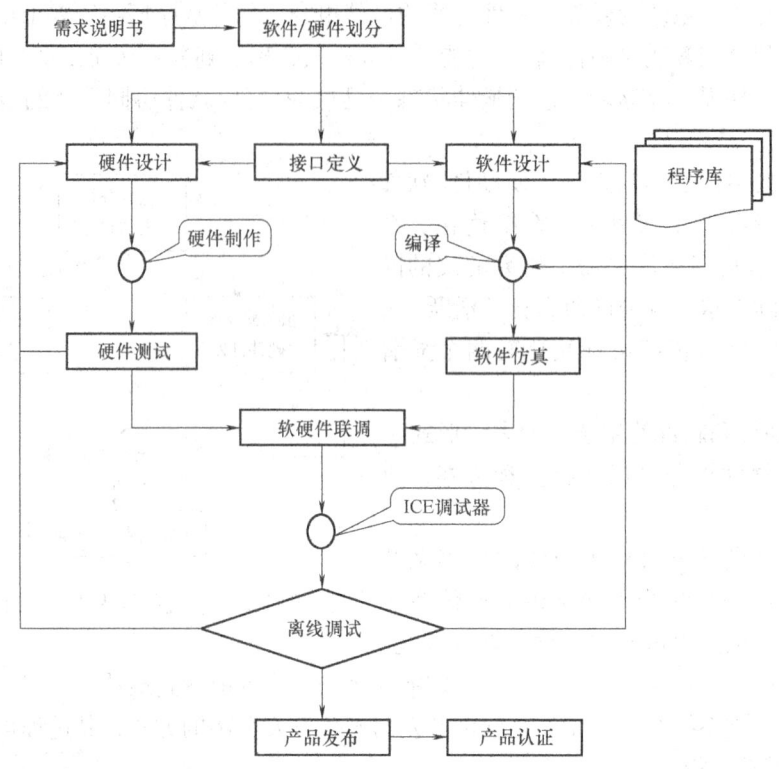

图 2-24 嵌入式系统硬件/软件协同设计方法

硬件/软件协同设计过程可归纳为：

1）系统需求分析。
2）硬件/软件系统协同设计。
3）软硬件实现。
4）软件仿真、硬件测试。
5）软件/硬件协同调试和验证。

这种方法的特点：在协同设计（Co-design）、协同测试（Co-test）和协同验证（Co-verification）上，充分考虑了软硬件的关系，并在设计的每个层次上给以测试验证，使得尽早发现和解决问题，避免灾难性错误的出现。

2.4.3 嵌入式系统的可重构设计技术

1. 可重构定义

在软件或硬件系统中，如果可以利用可重用的资源，经过重构或重组使之实现不同功能的系统，以适应不同应用的要求，则称这种系统是可重构的。重构与重组是可重构系统改变其功能的两种方式。可重用的资源是可重构的物质基础。利用可重构技术，能在只增加少量硬件资源的情况下，使系统同时具有软件实现和硬件实现的优点。

可重构的目的有两点：①扩展系统的功能，使之能适应不同应用的要求。②为了节省软硬件的开发费用，尽可能使用已有的资源来构造新的系统。可重构技术可以解决系统与应用要求不匹配的问题,所以,可重构可以按解决不同问题的层次分成4类:电路级可重构、指令级可重构、结构级可重构和软件级可重构。

处理系统可重构性问题,最重要的是了解在什么时候会产生这个问题:重构可以发生在设计阶段、运用阶段、两个执行阶段之间或执行过程中。这些时间段的每一个都定义了一种独特的可重构系统类别。如果按重构发生的时间划分,可重构技术又可分为静态可重构(Static Reconfiguration)和动态可重构(Dynamic Reconfiguration)。如果重构发生在系统运行前,则称为静态可重构,如图2-25a所示。如果在系统运行时可以重构,即系统本身可以根据不同条件改变自身功能,则称为动态可重构,如图2-25b所示。

对于时序变化的数字逻辑系统,其时序逻辑的发生不是通过调用芯片内不同区域、不同逻辑资源组合而成的,而是通过对具有专门缓存逻辑资源的现场可编程门阵列(FPGA)进行局部或全局的芯片逻辑的动态重构而快速实现的。动态系统结构的FPGA在外部逻辑的控制下,通过缓存逻辑对芯片逻辑进行全局或局部的快速修改。就动态重构实现范围的不同,又可以分为全局重构和局部重构。

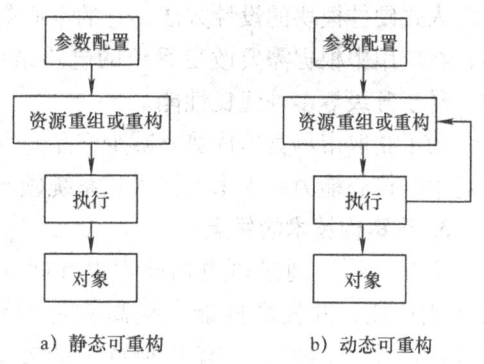

图2-25 系统重构过程

1) 全局重构:对重构器件或系统进行全部的重新配置。在配置过程中,计算的中间结果必须取出存放在额外的存储区,直到新的配置功能全部下载完为止。重构前后电路相互独立,没有关联。

2) 局部重构:对重构器件或系统的局部重新配置,与此同时,其余局部的工作状态不受影响。局部重构对减小重构的范围和单元数目,大大缩短重构时间,占有相当的优势。

目前,已有的可重构系统中都分别包含了可重构逻辑资源和固定逻辑资源。固定逻辑资源是指器件或系统中不能被重构的部分。

2. 可重构技术的发展

最早的可重构计算系统甚至比数字计算机的出现还早。在数字逻辑电路出现之前,科学与工程计算大都是在可编程模拟计算机上完成的:大量的运算放大器、比较器、乘法器和无源元件通过一块插线板和接插线连接起来。通过这些元件的连接,使用者便可以实现一种网络,该网络的所有节点电压遵从一组微分方程。这样,模拟计算机就变成了一种微分方程求解器,并具有可重构性。

随着这个时代的结束,模拟计算机开始与继电器组结合,以后又与数字计算机结合,形成了混合计算时代。这些计算设备可以在执行序列之间进行自我重构,实现了另一类重构性的早期形态。

可重构性真正向灵活流畅迈出的第一步是嵌入式数字计算机的出现。系统特性由RAM中的软件来定义,实现起来非常简单方便。在安装时甚至是工作时,通过改变系统的操作来响应数据改变的过程实际上只是加载不同应用程序的过程。这种做法还可以用于诸如紧密连接的计算机网络,其网络拓扑可适应数据流的改变,甚至计算机也可以根据应用要求的改变来相应改变其指令集。

在基于 SRAM 的大型 FPGA 出现以后,才第一次对目前大多数人所谈论的可重构计算展开研究。通过对器件所拥有的逻辑单元与互连结构进行改变,可以创建出适合芯片要求的任意逻辑网表。研究人员很快选定这种器件(即 FPGA),并开始实验时间配置的可重构性:创建用于特殊算法的硬线连接数字网络。

近年来,可重构技术在嵌入式应用领域发展迅速,主要集中在 FPGA 的应用上,使实时电路重构成为研究热点;也出现了在 DSP 上利用软件重构技术提高数据处理性能的应用。可重构技术的发展使过去传统意义上硬件和软件的界线变得模糊,让硬件系统软件化,改变了嵌入式硬件模块的设计方法。它的本质就是利用可编程器件可多次重复配置逻辑状态的特性,在应用中根据需要改变系统的电路结构,从而使系统具有灵活、简洁、硬件资源可复用、易于升级等多种优良性能。

为了获取市场竞争优势,减少产品开发周期,提高嵌入式系统的可移植性和互用性,增强竞争的核心能力,未来的嵌入式系统领域将采用可重构技术来设计软硬件系统。

3. 可重构技术的优点

实验证明,通过可重构技术设计嵌入式软硬件系统,可以实现可重构性,降低硬件尺寸或功耗,并提高性能,提高软件的可重用性。通常这两种优点相伴而生,不会单独存在。实际应用中,有几种特定的方法可以实现可重构的这些优点,硬件复用是其中最简单的一种。如果可以通过使用几种不同的非重叠操作模式实现对系统的组织,那么通过对可编程结构进行配置使之运行于一种模式,停止后重新配置使之运行于另一模式,这样可以减少硬件。

另一方面,可重构性可以实现结构的简化。通常,如果对特殊的算法和特殊的数据集都能实现逻辑优化,就可以大大减小面积或代码空间,并提升性能。因此,可重构技术的主要优点有:

1)可根据应用需求动态地配置或重组相应软硬件资源,实现特定的功能。
2)提高系统的扩展性和灵活性,拓宽了系统应用范围。
3)提高系统软件/硬件的可重用性,降低开发成本,减少产品开发时间。
4)能为特定的应用领域提供灵活高效的解决方案,便于系统的升级和错误修复。
5)可以降低系统功耗,在生产规模小时具有较高的性能价格比。

习 题 2

1. 从硬件系统来看,嵌入式系统由哪几部分组成?
2. 从软件系统来看,嵌入式系统由哪几部分组成?
3. 嵌入式处理器按体系结构分为哪几类?
4. 半导体存储器分为哪几种?说明它们的特点及用途。
5. 嵌入式软件体系结构有哪几种类型,优缺点如何?
6. 嵌入式系统产品开发一般包括哪几个阶段?每一个阶段的主要工作有哪些?
7. 嵌入式系统主要由软件和硬件两大部分组成,其中有的功能既可以用软件实现,又可以用硬件实现,那么软件和硬件的划分一般有哪些原则?举出几个同一个功能既可以用软件实现,又可以用硬件实现的例子。

大 作 业 1

选择一个嵌入式系统产品（如手机、PDA、工业控制产品、智能家用电器等），利用本章学过的知识，假设你是系统的总设计师，那么你认为应该如何运作这个产品的开发，直到把产品从实验室推向市场。

提示：题目较大，嵌入式系统开发包括需求分析、设计、实现、测试等方面。在实现方面，不必把产品开发出来（即不必设计电路图，不必编写程序代码，只需概括地写出软件硬件需要完成的工作即可）。

第3章 嵌入式系统平台的构建

嵌入式系统平台主要包括嵌入式系统的硬件平台和软件平台。要构建一个嵌入式系统平台首先要分析该系统需要实现的功能、系统的性能要求、成本、功耗以及开发周期等需求，然后根据这些需求构建平台。嵌入式系统平台的构建主要体现在处理器和操作系统的选择上。

3.1 嵌入式系统硬件平台

典型嵌入式系统硬件平台主要由以下几部分组成，如图3-1所示。

1. 核心板

核心板也称最小系统。嵌入式系统和单片机系统一样，核心板主要由处理器、时钟、复位、电源、存储器等部分组成，是实现嵌入式系统正常运行的基本单位。

2. 扩展板

扩展板主要由嵌入式系统的外设及接口组成，按照功能可分为：

1）人机交互外设，如键盘、显示设备、触摸屏等。

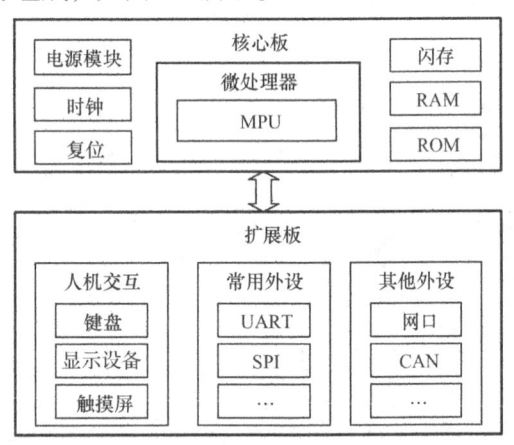

图3-1 典型嵌入式系统硬件平台的结构

2）常用外设及接口，以及一些常用的外围设备，如 UART（异步串行通信接口）、SPI（串行外围设备接口）、I²C（接口集成电路）、A/D 等。

3）其他专用设备，如网络控制器、CAN 控制器、红外接口等。

按处理器集成与否可分为：

1）CPU 集成外设。此类外设在芯片生产时已经集成到处理器上，不需要用户扩展。

2）扩展外设。该类外设是用户需要的，但处理器上没有集成，需要用户自己在硬件设计时通过处理器接口进行扩展。

3.1.1 嵌入式处理器的分类

嵌入式处理器是嵌入式系统的核心，是控制、辅助系统运行的硬件单元。嵌入式处理器范围极其广阔，从目前仍在大规模应用的 8 位单片机，到受到广泛青睐的 32 位、64 位嵌入式 CPU，以及未来发展方向之一的多核处理器，都属于嵌入式处理器。

目前，世界上具有嵌入式功能特点的处理器已经超过 1000 种，流行体系结构包括微控制器（MCU）、MPU 等 30 多个系列。鉴于嵌入式系统广阔的发展前景，很多半导体制造商都大规模生产嵌入式处理器，并且自主设计处理器也已经成为了未来嵌入式领域的一大趋势。其中，从单片机、DSP 到 FPGA 有着各式各样的品种，从以前的单核向多核方向发展，并且速度越来越快，性能越来越强，价格也越来越低。

根据其现状，嵌入式处理器可以分成下面几类：

1. 嵌入式微控制器

嵌入式微控制器的典型代表是单片机，从 20 世纪 70 年代末单片机出现到今天，虽然已经经过了这么多年，但这种 8 位的电子器件目前在嵌入式设备中仍然有着极其广泛的应用。单片机芯片内部集成了 ROM/EPROM、RAM、总线、总线逻辑、定时/计数器、看门狗（Watch Dog）、I/O、串行口、脉宽调制输出、A/D、D/A、Flash RAM、EEPROM 等各种必要功能和外设。和嵌入式微处理器相比，微控制器的最大特点是单片化，体积大大减小，从而使功耗和成本下降、可靠性提高。微控制器是目前嵌入式系统工业的主流。微控制器的片上外设资源一般比较丰富，适合于控制，因此称为微控制器。

由于微控制器价格低廉，功能优良，所以拥有的品种和数量最多，比较有代表性的包括 8051、MCS-251、MCS-96/196/296、P51XA、C166/167、68K 系列以及 MCU 8XC930/931、C540、C541，并且有支持 I^2C、CAN-Bus、LCD（液晶显示屏）的众多专用和兼容系列微控制器。目前，微控制器占嵌入式系统约 70% 的市场份额。近来，ATMEL 出产的 AVR 单片机由于其集成了 FPGA 等器件，所以具有很高的性价比，势必将推动单片机获得更高的发展。

2. 嵌入式 DSP

DSP（Digital Signal Processor）是专门用于信号处理方面的处理器，其在系统结构和指令算法方面进行了特殊设计，具有很高的编译效率和指令执行速度。在数字滤波、FFT、谱分析等各种仪器上，DSP 获得了大规模的应用。

DSP 的理论算法在 20 世纪 70 年代就已经出现，但是由于专门的 DSP 还未出现，所以这种理论算法只能通过微处理器等由分立器件实现。微处理器较低的处理速度无法满足 DSP 的算法要求，其应用领域仅仅局限于一些尖端的高科技领域。随着大规模集成电路技术的发展，1982 年世界上诞生了首枚 DSP 芯片，其运算速度比微处理器快了几十倍，在语音合成和编码解码器中得到了广泛应用。至 80 年代中期，随着 CMOS 技术的进步与发展，第二代基于 CMOS 工艺的 DSP 芯片应运而生，其存储容量和运算速度都得到成倍提高，成为语音处理、图像硬件处理技术的基础。到 80 年代后期，DSP 的运算速度进一步提高，应用领域也从上述范围扩大到了通信和计算机方面。90 年代后，DSP 发展到了第五代产品，集成度更高，使用范围也更加广阔。

目前，最为广泛应用的 DSP 是 TI 的 TMS320C2000/C5000 系列，另外如 Intel 的 MCS-296 和 Siemens 的 TriCore 也有各自的应用范围。

3. 嵌入式微处理器

嵌入式微处理器是由通用计算机中的 CPU 演变而来的，它的特征是具有 32 位以上的处理器，具有较高的性能，当然其价格也相应较高。但与计算机处理器不同的是，在实际嵌入式应用中，只保留和嵌入式应用紧密相关的功能硬件，去除其他的冗余功能部分，这样就以最低的功耗和资源实现嵌入式应用的特殊要求。和工业控制计算机相比，嵌入式微处理器具有体积小、重量轻、成本低、可靠性高的优点。

目前，主要的嵌入式处理器类型有 Am186/88、386EX、SC-400、PowerPC、68000、MIPS、ARM、StrongARM 系列等。

4. 多核处理器

除了上述的处理器以外,供应商们为了提供更高性能,无可避免地要面对功耗挑战,寻找处理器新的设计方案。目前,随着市场的发展,单纯通过提高时钟速率提升性能的方式,将带来极大的功耗问题。为此,各厂商正努力以新的方式寻求突破,当前市场主流的方法即采取多核处理器(Chip Multiprocessors,CMP)架构,多核处理器也越来越多地被应用到嵌入式领域,特别是手持终端设备,如3G手机、PDA等。

多核处理器主要具有以下几个显著的优点:

1)控制逻辑简单:相对超标量微处理器结构和超长指令字结构而言,单芯片多处理器结构的控制逻辑复杂性要明显低很多。相应的单芯片多处理器的硬件实现必然要简单得多。

2)高主频:由于单芯片多处理器结构的控制逻辑相对简单,包含极少的全局信号,因此线延迟对其影响比较小,在同等工艺条件下,单芯片多处理器的硬件实现能获得比超标量微处理器和超长指令字微处理器更高的工作频率。

3)低通信延迟:由于多个处理器集成在一块芯片上,且采用共享高速缓存或者内存的方式,多线程的通信延迟会明显降低,这也对存储系统提出了更高的要求。

4)低功耗:通过动态调节电压/频率、负载优化分布等,可有效降低多核处理器的功耗。

5)设计和验证周期短:微处理器厂商一般采用现有的成熟单核处理器作为处理器核心,从而可缩短设计和验证周期,节省研发成本。

多核处理器主要包括两类:同构多核处理器和异构多核处理器。同构多核处理器是集成多个相同的处理器核在一个芯片上,这种处理器能很好地实现一个任务在不同处理器核上的并行执行。而异构多核处理器是集成不同构架的处理器到一块芯片上,用于满足不同应用的需要,可以实现多个任务在不同处理器核上的并行处理。

在嵌入式系统中,异构多核处理器比同构多核处理器应用更为广泛,异构多核处理器可以集成微处理器、微控制器和数字信号处理器中的多核构架为一体,满足应用的需求,如TI的OMAP系列、达芬奇系列、IBM的Cell系列处理器等。

5. 嵌入式SoC

SoC是追求产品系统最大包容的集成器件,是目前嵌入式应用领域的热门话题之一。SoC最大的特点是成功实现了软硬件无缝结合,直接在处理器片内嵌入操作系统的代码模块。而且SoC具有极高的综合性,在一个硅片内部运用VHDL等硬件描述语言,实现一个复杂的系统。用户不需要再像传统的系统设计一样,绘制庞大复杂的电路板,一点点连接焊制,只需要使用精确的语言,综合时序设计直接在器件库中调用各种通用处理器的标准,然后通过仿真之后就可以直接交付芯片厂商进行生产。由于绝大部分系统构件都是在系统内部,整个系统就特别简洁,不仅减小了系统的体积和功耗,而且提高了系统的可靠性,提高了设计生产效率。

当前,嵌入式处理器市场的趋势之一,就是高集成度的SoC芯片。SoC处理器由可设计重用的IP核组成,IP核是具有复杂系统功能的、能够独立出售的VLSI块,采用深亚微米以上工艺技术设计完成。SoC中可集成控制处理器内核(如ARM内核)、计算用DSP内核(如CEVA内核)、存储器核或其复合IP核,同时具备接口等多种功能。

由于SoC往往是专用的,所以大部分都不为用户所知,比较典型的SoC产品是Philips

公司的 Smart XA；也有少数通用系列，如 Siemens 公司的 TriCore，Motorola 公司的 M-Core，某些 ARM 系列器件，Echelon 公司和 Motorola 公司联合研制的 Neuron 芯片等。

正是由于 SoC 易于集成的特点，多核处理器的 SoC 化也是 SoC 的发展方向之一。预计不久的将来，一些大的芯片公司将通过推出成熟的、能占领多数市场的 SoC 芯片，一举击退竞争者。SoC 芯片也在声音、图像、影视、网络及系统逻辑等应用领域中发挥着重要作用。

3.1.2 常见的嵌入式处理器

嵌入式微处理器有许多流行的处理器核，芯片生产厂家一般都基于这些处理器核生产不同型号的芯片。当前主流的几种嵌入式处理器核如下。

1. ARM/StrongARM

ARM（Advanced RISC Machines）公司是全球领先的 16 位/32 位 RISC 微处理器知识产权设计供应商。ARM 公司通过转让高性能、低成本、低功耗的 RISC 微处理器、外围和系统芯片设计技术给合作伙伴，使他们能用这些技术来生产各具特色的芯片。ARM 已成为移动通信、手持设备、多媒体数字消费嵌入式解决方案的 RISC 标准。ARM 处理器有三大特点：小体积、低功耗、低成本而高性能；16 位/32 位双指令集；全球众多的合作伙伴。

ARM 处理器目前有 6 个系列产品：ARM7、ARM9、ARM9E、ARM10E、SecurCore 及最新的 ARM11 系列。其中，ARM7 是低功耗的 32 位核，最适合应用于对价位和功耗敏感的产品，它又分为应用于实时环境的 ARM7TDMI、ARM7TDMI-S，以及适用于开放平台的 ARM720T 和适用于 DSP 运算及支持 Java 的 ARM7EJ 等。

ARM7TDMI 处理器是 ARM7 处理器系列成员之一，是目前应用最广的 32 位高性能嵌入式 RISC 处理器。下面以 ARM7TDMI 为例，介绍 ARM 芯片的性能特性。

（1）指令流水线

ARM7TDMI 使用流水线以提高处理器指令的流动速度。流水线允许几个操作同时进行，以及处理和存储系统连续操作。

ARM7TDMI 使用 3 级流水线，因此，指令的执行分为 3 个阶段——取指、译码和执行。

当正常操作时，在执行一条指令期间，其后续的一个指令进行译码，且第 3 条指令从存储器中取指。

（2）存储器访问

ARM7TDMI 核是冯·诺依曼体系结构，使用单一 32 位数据总线传送指令和数据。只有加载、存储和交换指令可以访问存储器中的数据。数据可以是 8 位（字节）、16 位（半字）和 32 位（字）。字必须是 4B 边界对准，半字必须是 2B 边界对准。

（3）存储器接口

ARM7TDMI 的存储器接口被设计成在使用存储器最少的情况下实现其潜能。速度的关键控制信号是流水作业的，以允许在标准低功耗逻辑下实现系统控制功能。这些控制信号方便了支持快速突发（Burst）访问模式的片内和片外存储器的开发。

ARM7TDMI 有 4 种存储周期的基本类型：空闲周期、非顺序周期、顺序周期和协处理器寄存器传送周期。

（4）嵌入式 ICE-RT 逻辑

嵌入式 ICE-RT 逻辑为 ARM7TDMI 核提供了集成的在片仿真器（In-Circuit Emulator）支

持,可以使用嵌入式 ICE-RT 逻辑来编写断点或观察断点出现的条件。

嵌入式 ICE-RT 逻辑包含调试通信通道（Debug Communications Channel，DCC）。DCC 用于在目标和宿主调试器之间传送信息。嵌入式 ICE-RT 逻辑通过 JTAG（Joint Test Action Group）测试访问口进行控制。

AM7TDMI 有两个指令集：32 位 ARM 指令集和 16 位 THUMB 指令集。

基于 ARM 处理器核的典型产品如下：

1）Intel 公司的 StrongARM 的系列：SA110、SA1100、SA1101、SA1110、SA1111。

2）Cirrus Logic 公司的 ARM 系列：EP7209、EP7211、EP7212、EP7312、EP9312、PS7500PE。

3）Samsung 公司的 ARM 系列：S3C44B0、S3C2400、S3C4510。

4）Aplio 公司的 ARM 系列：Aplio/TRIO。

5）LinkUp Systems 公司的 ARM 系列：L7200、L7205。

6）NETsilicon 公司的 ARM 系列：NET + ARM。

7）Triscend Corporation ARM 的产品：A7。

2. MIPS

MIPS 是 Microprocessor without Interlocked Pipeline Stages（没有互锁管线阶段的微处理器）的缩写，是一种处理器内核标准，它是由 MIPS 技术公司开发的。MIPS 技术公司是一家设计制造高性能、高档次及嵌入式 32 位和 64 位处理器的厂商，在 RISC 处理器方面占有重要地位。

MIPS 公司设计 RISC 处理器始于 20 世纪 80 年代初；1986 年推出 R2000 处理器；1988 年推出 R3000 处理器；1991 年推出第一款 64 位商用微处理器 R4000 之后，又陆续推出 R8000（于 1994 年）、R10000（于 1996 年）和 R12000（于 1997 年）等型号。之后，MIPS 公司的战略发生变化，把重点放在了嵌入式系统。1999 年，MIPS 公司发布 MIPS 32 和 MIPS 64 架构标准，为未来 MIPS 处理器的开发奠定了基础。新的架构集成了原来所有的 MIPS 指令集，并且增加了许多更强大的功能。MIPS 公司陆续开发了高性能、低功耗的 32 位处理器内核（Core）MIPS32 4Kc 与高性能 64 位处理器内核 MIPS64 5Kc。2000 年，MIPS 公司发布了针对 MIPS32 4Kc 的新版本以及未来 64 位 MIPS 64 20Kc 处理器内核。

为了使用户更加方便地应用 MIPS 处理器，MIPS 公司推出了一套集成的开发工具，称为 MIPS IDF（Integrated Development Framework），特别适用于嵌入式系统的开发。

MIPS 技术公司既开发 MPS 处理器结构，又自己生产基于 MPS 的 32 位/64 位芯片。

MIPS 技术公司 32 位的嵌入式处理器 MIPS 32™ 体系的特性如下：

1）与 MIPS I ™ 和 MIPS II ™ 指令集体系（ISA）完全兼容。

2）增强的状态传送及数据预取指令。

3）标准的 DSP 操作：乘（MUL）、乘加（MADD）及 Countleading 0/1s（CLZ/O）。

4）优先的高速缓存 Load/Control 操作。

5）向上与 MIPS64™ 体系兼容。

6）稳定的 3 操作数 Load/Store RISC 指令体系（3 寄存器，或 2 寄存器 + 立即数）。

7）32 个 32 位的通用寄存器（GPR）；2 个乘/除寄存器（HI 和 LO）。

8）可选的浮点数支持：32 个单精度 32 位或者 16 个双精度 64 位浮点数寄存器（FPR）、

浮点状态代码寄存器。

9）可选的存储器管理单元（MMU）：TLB 或 BAT 地址翻译机制、可编程的页面大小。

10）可选的高速缓存：可选择指令缓存和数据缓存大小，数据缓存可选择 Write-back 或 Write-through 方式，支持虚拟地址或物理地址方式。

11）增强的 JTAG（EJTAG）提供不受干扰（Non-intrusive）的调试支持。

基于这些特性，MIPS 芯片被广泛应用于以下环境：

1）MIPS32™ 及其兼容处理器定位于高性能、低功耗的 SoC 等嵌入式应用。

2）便携式计算系统：手持计算机、PDA、信息电器、数字信息管理系统。

3）便携式通信设备：便携式电话（Cellar Phone）、3G 手持设备、智能电话（Smart Phone）、可视电话（Screen Phone）。

4）数字消费产品：数字相机（Digital Cameras）、机顶盒（STB）、游戏平台（Game Platform）、DVD 播放器。

5）办公自动化设备：打印机、复印机、扫描仪、多功能外设。

6）工业控制：仓库存储系统、自动化系统、导航系统（GPS）、图形系统、精细终端（POS、ATM、E-Cash）。

3. PowerPC

PowerPC 是由 IBM、Motorola 和 Apple 联合开发的高性能 32 位和 64 位 RISC 微处理器系列。PowerPC 架构的特点是可伸缩性好，方便灵活。PowerPC 处理器品种很多，既有通用的处理器，又有嵌入式控制器和内核，应用范围非常广泛，从高端的工作站、服务器到桌面计算机系统，从消费类电子产品到大型通信设备等。

目前，PowerPC 独立微处理器与嵌入式微处理器的主频为 5～700MHz 不等，它们的能量消耗、大小、整合程度、价格差异悬殊，主要产品模块有主频为 350～700MHz 的 PowerPC 750CX 和 750CXe 以及主频为 400MHz 的 PowerPC 440GP 等。嵌入式的 PowerPC 405（主频最高为 266MHz）和 PowerPC 440（主频最高为 550MHz）处理器内核可以用于各种集成的 SoC 设备上，在电信、金融和其他许多行业具有广泛的应用。

基于 PowerPC 架构的处理器有：

（1）IBM PowerPC

IBM 公司开发的 PowerPC 405GP 是一个集成 10/100Mbit/s 以太网控制器、串行和并行端口、内存控制器以及其他外设的高性能嵌入式处理器。

PowerPC 405GP 嵌入式处理器的特性：

1）PowerPC 405GP 是一个专门应用于网络设备的高性能嵌入式处理器，包括有线通信、数据存储以及其他计算机设备。

2）扩展了 PowerPC 处理器家族的可伸缩性。

3）应用软件源代码兼容所有其他的 PowerPC 处理器。

4）利用最高可达 133MHz 外频的 64 位 CoreConnect 总线体系结构，提供高性能、相应时间短的嵌入式芯片。

5）提供了具有创新意义的 CodePack 的代码压缩，极大地改进了指令代码密度，减少了系统整体成本。

6）PowerPC 405GP 的蓝色逻辑上层结构为要求低功耗的嵌入式处理器提供了理想的解

决方案，其可重复使用的核心、灵活的高性能总线结构、可定制 SoC 设计等特性极大地缩短了产品从设计到上市的时间。

（2）Motorola PowerPC——MPC823e（龙珠系列）

MPC823e 微处理器是一个高度综合的 SoC 设备，它结合了 PowerPC 405GP 微处理器核心的功能、通信处理器和单硅成分内的显示控制器。这个设备可以在大量的电子应用中使用，特别是在低能源、便携式、图像捕捉和个人通信设备方面。

MPC823e 微处理器使用带有大量数据和指令高速缓存的双处理器结构设计方法，使用通用 RISC 整数处理器和特殊 32 位标量 RISC 通信处理器模块来提供高性能。为了通信的需要，其外设的设计独特，可以为高速数字通信、成像、用户接口的增加和其他 I/O 的支持提供嵌入式信号处理功能。

4. x86

x86 系列处理器是我们最熟悉的了，它起源于 Intel 架构的 8080，再发展出 286、386、486，直到现在的 Pentium4、Athlon 和 AMD 的 64 位处理器 Hammer。从嵌入式市场来看，486DX 是当时和 ARM、68K、MIPS 和 SuperH 齐名的五大嵌入式处理器之一，8080 是第一款主流的处理器。今天的 Pentium 和当初的 8080 使用相同的指令集，这有利也有弊，利是可以保持兼容性，至少十年前写的程序在现在的机器上还能运行；弊端是限制了 CPU 性能的提高。

基于 x86 处理器核的嵌入式微处理器有：

（1）Geode SP1SC10

Geode SP1SC10 具有非妥协网络访问、硬件 MPEG-2 音频和视频解码器、TV 解码器、Modem、10M/100M 以太网、各种固化通信和外设接口。这使得 Geode SP1SC10 成为快速开发数字电缆和卫星机顶盒、交互式电视的理想平台。它的两个 IEEE1394 端口允许连接数字摄像机和数字 VCR 之类的设备。

（2）STPC 高度集成的 x86 SoC

STPC 高度集成的（SoC）系列与 x86PC 兼容，它的 3 个新产品是建立在 $0.25\mu m$ 技术上的，该技术允许它们提供高度集成、低功耗和低成本的解决方案。每个 STPC 设备针对不同类型的应用：

STPC Elite——不带显示器的"服务器产品引擎"，其典型的应用预计是带有存储器的网络、防火墙、Web 服务器、传真服务器、打印服务器、家庭网关、路由器、PBX 等。

STPC Consumer-II——使用 TV 或监控器来实现显示和视频性能的产品的"TV 产品引擎"，其典型的应用预计是 Web 盒、可访问 Web 的 TV 和 TV 机顶盒、Web DVD 等。

STPC Atlas——带有 CRT 或 TFT LCD 显示的产品和终端的"网络产品/终端引擎"，其典型的应用预计是 Internet 终端、瘦客户机终端、Web 电话、Web PDA、汽车导航设备和娱乐系统。

3 种产品的共同特点：

1）64 位，133MHz，与 x86 CPU 兼容。

2）8KB 缓存。

3）64 位 SDRAM 内存控制器，传输速率最高为 720Mbit/s。

4）与 PC 兼容的 DMA（直接存储器存取）、中断和定时控制器。

5）ISA 和 PCI 总线控制器。
6）增强型 IDE 总线控制器。
7）JTAG 调试接口。

5. 68K/ColdFire

Motorola 68000（68K）是出现得比较早的一款嵌入式处理器，68K 采用的是 CISC 结构，与现在的 PC 指令集保持了二进制兼容。CISC 结构是 PC 中 CPU 常用的，Intel、AMD、VIA 都采用了 CISC 结构，只有 Apple 计算机中的 PowerPC 使用了 RISC 结构。最初使用 CISC 结构是有道理的，因为 CISC 指令数量少，执行效率更高，而且当时的 CPU 时钟频率不同，没有牵涉到现在的超标量和超流水线的问题。RISC 是精简指令集，每条指令长度都一样，有利于简化译码结构，减少处理器的晶体管数量，这对于嵌入式处理器来说是很重要的。

68K 最初曾用在 Apple 2 上，比 Intel 的 8088 还要早。SUN 也把这款处理器用于其最早的工作站。现在 68K 芯片已经完全应用于嵌入式系统了，1992 年 68K 系列芯片的销售量达到 2000 万片，几乎是当时市场上所有其他嵌入式微处理器（包括 ARM、MIPS、PowerPC 等）销量的总和。

1994 年，Motorola 公司推出了基于 RISC 结构的 68K/ColdFire 系列微处理器。目前，基于该结构的嵌入式微处理器主要有 MCF5272，它基于第二代 ColdFire V2 核心，在 66MHz 下操作速度为 63 Dhrystone 2.1 MIPS，是迄今最高的 V2 性能。

与所有 ColdFire 产品一样，MCF5272 系统结构提供了优秀的编码密度，同时达到了出色的系统性能水平。由于 MCP5272 共用 68K 的编程模式，并为通信外围设备组的需要提供了更高性能选择，因此它是 68K 系列产品的重要补充。

3.2 嵌入式软件平台

嵌入式软件平台一般是指以嵌入式操作系统为核心的系统软件，主要包括：嵌入式操作系统内核、文件系统、图形用户接口、网络管理等部分。下面针对嵌入式系统软件平台中的一些常见的文件系统、图形用户接口和嵌入式操作系统进行简单介绍。

3.2.1 嵌入式文件系统

操作系统中负责管理和存储文件信息的软件机构称为文件管理系统，简称文件系统。文件系统由三部分组成：与文件管理有关的软件、被管理的文件以及实施文件管理所需的数据结构。从系统角度来看，文件系统是对文件存储器空间进行组织和分配，负责文件的存储并对存入的文件进行保护和检索的系统。具体地说，它负责为用户建立文件，存入、读出、修改、转储文件，控制文件的存取，当用户不再使用时撤销文件等。

不同的文件系统类型有不同的特点，因而根据存储设备的硬件特性、系统需求等有不同的应用场合。在嵌入式应用中，主要的存储设备为 RAM（DRAM 和 SDRAM）和 ROM（常采用闪存），常用的基于存储设备的文件系统类型包括 FAT、JFFS2、YAFFS、CRAMFS、ROMFS、RAMDISK、RAMFS/TMPFS 等。下面就存储器类型相关的文件系统进行分类介绍。

1. 基于闪存的文件系统

闪存作为嵌入式系统的主要存储媒介，有其自身的特性。闪存的写入操作只能把对应位置的 1 修改为 0，而不能把 0 修改为 1（擦除闪存就是把对应存储块的内容恢复为 1），因此，一般情况下，向闪存写入内容时，需要先擦除对应的存储区间，这种擦除是以块（Block）为单位进行的。闪存的擦写次数是有限的。

闪存主要有 NOR 和 NAND 两种技术（见第 2 章存储器部分），NAND 闪存还有特殊的硬件接口和读写时序。因此，必须针对闪存的硬件特性设计符合应用要求的文件系统。传统的文件系统如 EXT2、EXT3 等，用作闪存的文件系统会有诸多弊端。

一块闪存芯片可以被划分为多个分区，各分区可以采用不同的文件系统；两块闪存芯片也可以合并为一个分区使用，采用一个文件系统。即文件系统是针对于存储器分区而言的，而非存储芯片。

（1）FAT

FAT（File allocation table，文件分配表）是一个应用了几十年的商业化软件产品，其 MS-DOS 文件系统技术成熟、结构简单、系统资源开销小，易于在嵌入式系统的硬件平台上实现。它不用于表示引导区、文件目录表的信息，也不真正存储文件内容，只反映磁盘空间当前的使用情况，是这个文件系统的核心。文件在磁盘的分布情况是以簇链的方式记录在 FAT 中，每个文件都有自己的存储簇，可以是连续的也可以是不连续的，通过 FAT 表来实现其完整性。在嵌入式系统中主要有 uCFS、EFSL、MiniFAT 等几种 FAT 文件系统。

uCFS：主要针对多任务下的应用，最新版本兼容 FAT12/16/32，并支持高速缓存管理。单从效率上考虑，此文件系统并不能获得优势，但是对于多任务环境下，应该是能可靠稳定地工作。uCFS 文件系统可以用在 μC/OS-Ⅱ、Linux 等操作系统中。

EFSL：在 sourceforge.net 上开源的一个项目，兼容 FAT12/16/32，同时支持多设备及多文件操作。每个设备的驱动程序，只需要提供扇区写和扇区读两个函数即可。

MiniFAT：此文件系统只支持 FAT12/16，提供了比较完整的文件操作函数，支持多设备和多文件，也支持高速缓存管理；有较高的效率；不支持长文件名的读取，所有的文件都严格要求是 DOS8.3 格式的短文件名。该文件系统代码清晰，可以通过自行扩展来支持 FAT32 及长文件名。

FAT 文件系统主要用在以 NAND 闪存为存储体的消费类电子产品上，如在 MP3、电子词典等上，都用得很广泛。

（2）JFFS2

JFFS2 的全名为 Journalling Flash File System Version 2（闪存日志型文件系统第 2 版），JFFS 最早是由瑞典 Axis Communications 公司基于 Linux2.0 的内核为嵌入式系统开发的文件系统。JFFS2 是 RedHat 公司基于 JFFS 开发的闪存文件系统，最初是针对 RedHat 公司的嵌入式产品 eCos 开发的嵌入式文件系统，所以 JFFS2 也可以用在 Linux、μCLinux 中。

JFFS2 作为一种日志结构的文件系统，它的文件由一长串节点组成，每个节点包含文件的部分信息。垃圾收集技术是 JFFS2 的重要部分，其原理是当需要增添新内容时，就在节点链表的末端添加新的节点、存储新的内容；若要修改文件的某部分，JFFS2 将该部分标记为废弃，并在节点链表末端添加修改后的内容。JFFS2 如此不断地在闪存上添加新的内容，当闪存上的存储空间用完时，系统就回收标记为废弃的空间，该过程就称为垃圾收集。

JFFS2 与其他的存储设备存储方案相比，JFFS2 并不准备提供让传统文件系统也可以使用此类设备的转换层。它只会直接在内存技术设备（Memory Technology Device，MTD）上实现日志结构的文件系统。JFFS2 会在安装的时候，扫描 MTD 的日志内容，并在 RAM 中重新建立文件系统结构本身。

除了提供具有断电可靠性的日志结构文件系统，JFFS2 还会在它管理的 MTD 上实现"损耗平衡"和"数据压缩"等特性。

JFFS2 主要用于 NOR 闪存，基于 MTD 驱动层，特点是：可读写的、支持数据压缩的、基于哈希表的日志型文件系统，并提供了崩溃/掉电安全保护和"写平衡"支持等。其缺点主要是当文件系统已满或接近满时，因为垃圾收集的关系而使 JFFS2 的运行速度大大放慢。

JFFSx 不适用于 NAND 闪存，主要是因为 NAND 闪存的容量一般较大，这样导致 JFFS 为维护日志节点所占用的内存空间迅速增大。另外，JFFSx 在挂载时需要扫描整个闪存的内容，以找出所有的日志节点，建立文件结构，对于大容量的 NAND 闪存，这种方式会耗费大量时间。

（3）YAFFS：Yet Another Flash File System

YAFFS/YAFFS2 是专为嵌入式系统使用 NAND 闪存而设计的一种日志型文件系统。与 JFFS2 相比，它减少了一些功能（例如不支持数据压缩），所以速度更快，挂载时间很短，对内存的占用较小。另外，它还是跨平台的文件系统，除了 Linux 和 eCos，还支持 WinCE、pSOS 和 ThreadX 等。

YAFFS/YAFFS2 自带 NAND 芯片的驱动，并且为嵌入式系统提供了直接访问文件系统的 API，用户可以不使用 Linux 中的 MTD 与 VFS，直接对文件系统操作。当然，YAFFS 也可与 MTD 驱动程序配合使用。

YAFFS 与 YAFFS2 的主要区别在于，前者仅支持小页（512B）NAND 闪存，后者则可支持大页（2KB）NAND 闪存。同时，YAFFS 2 在内存空间占用、垃圾回收速度、读/写速度等方面均有大幅提升。

（4）CRAMFS：Compressed RAM File System

CRAMFS 是 Linux 的创始人 Linus Torvalds 参与开发的一种可压缩只读文件系统。它也基于 MTD 驱动程序。

在 CRAMFS 中，每一页（4KB）被单独压缩，可以随机页访问，其压缩比高达 2:1，为嵌入式系统节省大量的闪存存储空间，使系统可通过更低容量的闪存存储相同的文件，从而降低系统成本。

CRAMFS 以压缩方式存储，在运行时解压缩，所以不支持应用程序以片内运行（eXecute In Place，XIP）方式运行，所有的应用程序要复制到 RAM 里去运行，但这并不代表它比 RAMFS 需求的 RAM 空间要大一点。因为 CRAMFS 是采用分页压缩的方式存放档案，在读取档案时，不会一下子就耗用过多的内存空间，只针对目前实际读取的部分分配内存，尚没有读取的部分不分配内存空间。当读取的档案不在内存时，CRAMFS 自动计算压缩后的资料所存的位置，再即时解压缩到 RAM 中。

另外，它的速度快、效率高，其只读的特点有利于保护文件系统免受破坏，提高了系统的可靠性。

由于以上特性，CRAMFS 在嵌入式系统中应用广泛。

但是它的只读属性同时又是它的一大缺陷，使得用户无法对其内容对进扩充。

CRAMFS 映像通常放在闪存中，但是也能放在别的文件系统里，使用 loopback 设备可以把它安装在别的文件系统里。

（5）ROMFS

传统型的 ROMFS 是最常使用的一种文件系统，它是一种简单的、紧凑的、只读的文件系统，不支持动态擦写保存，只按顺序存放数据，因而支持应用程序以 XIP 方式运行，在系统运行时，节省 RAM 空间。μCLinux 系统通常采用 ROMFS。

其他文件系统：FAT/FAT32 也可用于实际嵌入式系统的扩展存储器（例如 PDA，Smartphone，数码相机等的 SD 卡），这主要是为了更好地与最流行的 Windows 桌面操作系统相兼容。EXT2 也可以作为嵌入式 Linux 的文件系统，不过将它用于闪存会有诸多弊端。

2. 基于 RAM 的文件系统

（1）RAMDISK

RAMDISK 是将一部分固定大小的内存当作分区来使用的。它并非一个实际的文件系统，而是一种将实际的文件系统装入内存的机制，并且可以作为根文件系统，将一些经常被访问而又不会更改的文件（如只读的根文件系统）通过 RAMDISK 放在内存中，可以明显地提高系统的性能。

（2）RAMFS/TMPFS

RAMFS 是 Linus Torvalds 开发的一种基于内存的文件系统，工作于虚拟文件系统（VFS）层，不能格式化，但可以创建多个，在创建时可以指定其最大能使用的内存大小。（实际上，VFS 本质上可看成一种内存文件系统，它统一了文件在内核中的表示方式，并对磁盘文件系统进行缓冲。）

RAMFS/TMPFS 把所有的文件都放在 RAM 中，所以读/写操作发生在 RAM 中，可以用 RAMFS/TMPFS 来存储一些临时性或经常要修改的数据，例如/TMP 和/VAR 目录，这样既避免了对闪存的读写损耗，也提高了数据读写速度。

RAMFS/TMPFS 相对于传统 RAMDISK 的不同之处主要在于：不能格式化，文件系统大小可随所含文件内容大小变化。

TMPFS 的一个缺点是当系统重新引导时会丢失所有数据。

3. NFS

网络文件系统（Network File System，NFS）是由 Sun 开发并发展起来的一项在不同机器、不同操作系统之间通过网络共享文件的技术。在嵌入式 Linux 系统的开发调试阶段，可以利用该技术在主机上建立基于 NFS 的根文件系统，挂载到嵌入式设备，可以很方便地修改根文件系统的内容。

从上面文件系统的特点及应用可以看出，在选择嵌入式文件系统时，需要从文件系统的功用、存储设备的类型以及操作系统类型等几方面进行考虑。

3.2.2　嵌入式图形用户接口

图形用户接口采用了图形化的操作界面，用非常容易识别的各种图标将系统的各项功能、应用程序和文件直观、逼真地表示出来。用户可通过鼠标、菜单和对话框来完成对应程序和文件的操作。图形用户接口元素包括窗口、图标、菜单和对话框,图形用户接口元素的基本操作包括菜单操作、窗口操作和对话框操作等。因此,图形用户接口给用户与设备间的信息交互带来了极大的方便。对一个优秀的应用程序来说,良好的图形用户接口是必不可少的。缺少良好的图形用户接口,将会给用户理解和使用应用程序带来很多不便。

由于嵌入式系统中硬件条件的限制,在嵌入式系统中使用庞大的 X Window 不太适合,这需要一个高性能、轻量级的图形用户接口系统。一般来说,适合于嵌入式系统的图形用户接口应该具有下面的一些特点:

1)体积小,占用较少的闪存和 RAM。安装图形用户接口系统的时候应可以根据实际的需求对图形用户接口系统进行方便的裁剪和精简,以减少安装所需要的存储空间;在系统运行的时候应占用尽可能少的 RAM。

2)耗用系统资源尤其是 CPU 的资源较少,在硬件性能受限的条件下能达到相对较快的系统响应速度;同时,减小 CPU 的功耗,以达到节电的效果。

3)系统独立,能适用于不同的硬件。

因此,在软件平台构建时,需要根据系统的具体需要选择相应的图形用户接口组件,目前常见的面向嵌入式的图形用户接口系统主要有 Qt Embedded、MicroWindows、Tiny X 以及国内的 MiniGUI 等。

1. MicroWindows

MicroWindows 是一个基于典型客户/服务器体系结构的图形用户接口系统,其主要特色在于提供了类似 X Window 的客户/服务器体系结构并提供了相对完善的图形功能。MicroWindows 能够在没有任何操作系统或其他图形系统的支持下运行,它能对裸显示设备进行直接操作。这样,MicroWindows 就显得十分小巧,便于移植到各种硬件和软件系统上。然而,MicroWindows 项目的进展一直很慢,目前已基本停滞。另外,它的图形引擎中也存在不少低效算法。2005 年 1 月,由于其名字与微软的 Windows 商标相冲突,MicroWindows 更名为 Nano-X Window,但之后也不再有新的版本发布。

2. Tiny X

Tiny X 实际上是 XFree86 Project 的一部分,由 SUSE 公司所赞助,由 XFree86 Project 的核心成员之一 Keith Packard 开发,其目标是可以在小内存或几乎无内存的情况下良好运行。目前,Tiny X 是 XFree86 自带的编译模式之一,只要通过修改编译选项,就能编译生成 Tiny X。Tiny X 在 XFree86 的基础上精简了不少东西,在 x86 CPU 中体积可以减小到 1MB 以下,以适用于嵌入式环境之中。Tiny X 的最大优点在于可以方便地移植桌面版本的基于 X 的软件到嵌入式系统中。不过,这个优点有时也会变成缺点,因为从桌面版本移植过去的软件相对于嵌入式环境来说,一般体积都过大,需要一定的简化,这种简化有时还不如开发新的程序来得方便。

3. MiniGUI

MiniGUI 是原清华大学教师魏永明先生所主持开发的一个自由软件项目,旨在为基于 Linux 的实时嵌入式系统提供一个轻量级的图形用户界面支持系统。MiniGUI 于 1999 年初遵循 GPL 条款发布了第一个版本,目前在国内已广泛应用于手持信息终端、机顶盒、工业控制系统及工业仪表、便携式多媒体播放机、查询终端等产品和领域,可在 Linux/μCLinux、VxWorks、μC/OS-Ⅱ、pSOS、ThreadX、Nucleus 等操作系统以及 Win32 平台上运行,并能支持 Intel x86、ARM（ARM7/ARM9/StrongARM/xScale）、PowerPC、MIPS、M68K（Dragon-Ball/ColdFire）等硬件平台。MiniGUI 的开发建立在比较成熟的图形引擎（如 Svgalib 和 LibGGI）之上，主要着重于窗口系统、图形接口的开发，面向中、低端的嵌入式产品市场。另外，由于 MiniGUI 是中国人自己开发的 GUI 系统，它对于中文的支持非常好。

4. Qt Embedded

Qt Embedded 是 TrollTech 发布的面向嵌入式系统的 Qt 版本。与桌面版本 Qt/X11 不同的是，Qt Embedded 直接取代了 X Server 及 X Library 等角色，仅采用 Framebuffer 作为底层图形接口，从而大大减少了系统开销。因为，Qt 是 KDE 等项目使用的 GUI 支持库，所以有许多基于 Qt 的 X Window 程序可以非常方便地移植到 Qt/E 版本上。Qt Embedded 延续了 Qt 在 X 上的强大功能，但相对消耗系统资源也比较多（与 MiniGUI 等相比），多用于手持式高端信息产品。

3.2.3 常用嵌入式操作系统

以前在嵌入式系统中通常都是使用 8 位处理器——单片机，包括 51 单片机、PIC 等处理器，程序有的是用汇编语言写的，有的是用 C 语言写的，程序基本没有底层和应用层之分，也根本不使用操作系统。这样的系统最后在应用发生变更的时候带来的问题就是：硬件和软件扩展都感觉非常不便，驱动程序、文件系统都没办法加载，以至于很多的功能没有办法去完善，一旦程序需要修改，就需要把所有代码重新编译等问题。还好，它及时地跟上了技术的发展，很快开始选用 32 位 ARM 处理器，也渐渐地引入了操作系统，并且开始搭建基于 ARM 处理器的开发平台。这样的平台建立之后，给系统的软件、硬件升级带来了很大的便利；而且，在一个平台上进行适当地裁剪之后可以在不同的应用上进行快速开发，这使得后来的开发效率有了很大的提高。

目前，嵌入式系统应用领域的一个发展倾向是采用实时多任务操作系统（RTOS）。应该说，RTOS 的应用是与应用复杂化直接相关的。过去，一个单片机应用程序所控制的外设和履行的任务不多，采取一个主循环和几个顺序调用的用户程序模块即可满足要求。现在，单片机芯片本身的性能也有很大程度的提高，可以适应复杂化这一要求，问题还在于软件上。随着应用的复杂化，一个嵌入式控制器系统可能要同时控制、监视很多外设，要求有实时响应能力，需要处理很多任务，而且各个任务之间也许会有多种信息需要相互传递，如果仍采用原来的程序设计方法可能会存在以下问题：

1) 中断可能得不到及时响应，处理时间过长，这对于一些控制场合是不允许的，对于网络通信方面则会降低系统整体的信息流量。

2) 系统任务多，要考虑的各种可能也多，各种资源如调度不当就会发生死锁，降低软件可靠性，程序编写任务量成指数级增加。

因此，RTOS 的应用成为嵌入式系统的另一个基本要求。ARM 芯片获得了许多实时操作系统供应商的支持，常见的嵌入式系统有 Linux、μCLinux、WinCE、PalmOS、eCos、μC/OS-II、VxWorks、pSOS、Nucleus、QNX 等。

下面对可以在 ARM 处理器上运行的常用操作系统做一个简单介绍。在具体平台上的操作系统选择要根据系统的应用及设计成本等因素综合考虑。

1. VxWorks

VxWorks 是 Wind River System 公司开发的具有工业领导地位的高性能 RTOS 内核，具有先进的网络功能。VxWorks 的开放式结构和对工业标准的支持，使得开发人员易于设计高效的嵌入式系统，并可以很小的工作量移植到其他不同的处理器上。其主要特点如下：

1）可裁剪微内核结构。
2）高效的任务管理能力（多任务——具有 256 个优先级）。
3）具有优先级排队和循环调度能力。
4）支持快速的、确定性的上下文切换。
5）灵活的任务间通信机制，支持 3 种信号灯（二进制、计数、有优先级继承特性的互斥信号灯）。
6）具有消息队列（Mcssage Queue）。
7）具有套接字（Socket）。
8）具有共享内存技术。
9）支持信号（Signals）。
10）微秒级的中断处理能力。
11）支持 POSIX 1003.1b 实时扩展标准。
12）支持多种物理介质及标准、完整的 TCP/IP 网络协议。
13）灵活的引导方式（支持从 ROM、U 盘、软盘、硬盘或网络中引导）。
14）支持多处理器并行处理。
15）快速灵活的 I/O 系统管理能力。
16）支持 MS-DOS 和 RT-11 等多种文件系统，支持本地盘、U 盘、CD-ROM 的使用。
17）完全符合 ANSI C 标准。

VxWorks 的板级支持包（BSP）包含了开发人员需要在特定的目标机上运行 VxWorks 所需要的一切支持：支持特定目标机的软件接口驱动程序等，以及从主机通过网络引导 VxWorks 的 Boot Rom。WindRiver 提供支持不同厂商的 200 多种商业体系结构和目标板的 BSP。另外，WindRiver 还提供一个 BSP 移植包，帮助用户移植 VxWorks 到客户化硬件板上。VxWorks 是一个商用操作系统，用户需要购买 License。

2. QNX

QNX 是由 QNX 软件系统有限公司开发的一套 RTOS，它是一个实时的、可扩展的操作系统，部分遵循了 POSIX（Portable Operating System Interface of UNIX，基于 UNIX 操作系统的可移植操作系统接口）相关标准，可以提供一个很小的微内核及一些可选择的配合进程。其内核仅提供 4 种服务：进程调度、进程间通信、底层网络通信和中断处理。其进程在独立的空间中运行，所有其他操作系统服务都实现为协作的用户进程，因此 QNX 内核非常小巧，大约几千字节，而且运行速度极快。这个灵活的结构可以使用户根据实际的需求，将系统配置为微小的嵌入式系统或者包括几百个处理器的超级虚拟机系统。

目前 QNX 的市场占有量不是很大，大家对它的熟悉程度也不够，而且 QNX 对于图形用户接口系统的支持不是很好。因而，如果选用 QNX 系统的话，需要一个熟悉过程；而且对于图形用户接口显示的驱动或者移植工作量会比较大。

3. Palm OS

3Com 公司的 Palm OS 在 PDA 市场上占有很大的份额，它有开放的操作系统 API 接口，开发商可以根据需要自行开发所需要的应用程序。目前，大约有 3500 个应用程序可以在 Palm OS 上运行，这使得 Palm OS 的功能得以不断增多。这些软件包括计算器、各种游戏、电子宠物、GIS（地理信息）等。

4. Windows CE

Microsoft Windows CE 是从整体上为有限资源的平台设计的多线程、完整优先权、多任务的操作系统。它的模块化设计允许它对从 PDA 到专用的工业控制器用户的电子设备进行定制，操作系统的基本内核至少需要 200KB。现在 Microsoft 又推出了针对移动应用的 Windows Mobile 操作系统。Windows Mobile 是微软进军移动设备领域的重大品牌调整，它包括 Pocket PC、Smartphone 及 Media Centers 三大平台体系，面向个人移动电子消费市场。凭借 Microsoft 在 Windows 领域内的垄断地位，Windows Mobile 从一诞生起就占据了很多优势，众多的 Windows 开发者可以在熟悉的环境下进行各种应用的开发。

5. Linux

自由免费软件 Linux 的出现对目前商用嵌入式操作系统带来了冲击。Linux 有一些吸引人的优势，它可以移植到多个有不同结构的 CPU 和硬件平台上，具有很好的稳定性和各种性能的升级能力，而且开发更容易。

由于嵌入式系统越来越追求数字化、网络化和智能化，因此原来在某些设备或领域中占主导地位的软件系统越来越难以为继，因为要达到上述要求，整个系统必须是开放的且提供标准的 API，并且能够方便地与众多第三方的软硬件沟通。

在这些方面，Linux 有着得天独厚的优势：

1）Linux 是开放源码的，不存在黑箱技术，遍布全球的众多 Linux 爱好者又是 Linux 开发的强大技术后盾。

2）Linux 的内核小、功能强大、运行稳定、系统健壮、效率高。

3）Linux 是一种开放源码的操作系统，易于定制剪裁，在价格上极具竞争力。

4）Linux 不仅支持 x86 CPU，还可以支持其他数十种 CPU 芯片。

5）有大量的且不断增加的开发工具，这些工具为嵌入式系统的开发提供了良好的开发环境。

6）Linux 沿用了 UNIX 的发展方式，遵循国际标准，可以方便地获得众多第三方软硬件厂商的支持。

7）Linux 内核的结构在网络方向是非常完整的，它提供了对十兆、百兆、千兆以太网，无线网络、令牌网、光纤网、卫星等多种联网方式的全面支持。

正是由于上述这些优点，Linux 不仅被广泛应用于嵌入式系统中，还是许多自主研发操作系统的基础，如我国的红旗 Linux。

6. μCLinux

μCLinux 开始于 Linux 2.0 的一个分支，它被设计用来应用于微控制领域。和 Linux 相比，μCLinux 最大的特征是没有 MMU（内存管理单元模块）。它很适合那些没有 MMU 的处理器，如 ARM7TDMI 等。这种没有 MMU 的处理器在嵌入式领域中应用得相当普遍。同标准的 Linux 相比，由于 μCLinux 上运行的绝大多数用户程序并不需要多任务。另外，针对 μCLinux 内核的二进制代码和源代码都经过了重新编写，以紧缩和裁剪基本的代码，这就使得 μCLinux 的内核同标准的 Linux 内核相比非常小，但它仍能保持 Linux 操作系统常用的

API、小于 512KB 的内核和相关的工具。该操作系统所有的代码加起来小于 900KB。

μCLinux 有完整的 TCP/IP 协议栈，同时对其他多种网络协议都提供支持，这些网络协议都在 μCLinux 上得到了很好的实现。μCLinux 可以称为是一个针对嵌入式系统的优秀网络操作系统。μCLinux 所支持的文件系统很多，其中包括了最常用的 NFS、EXT2（第二扩展文件系统，它是 Linux 文件系统的标准）、MS-DOS 及 FAT16/32、CramFS、JFFS2、RamFS 等。

7. μC/OS-Ⅱ

源码开放（C 语言代码）的免费嵌入式系统 μC/OS-Ⅱ 简单易学，提供了嵌入式系统的基本功能，其核心代码短小精悍，如果针对硬件进行优化，还可以获得更高的执行效率。当然，μC/OS-Ⅱ 相对于商用嵌入式系统来说还是相对简单。μC/OS-Ⅱ 的特点主要包括：公开源代码、可移植性很强（采用 ANSI C 编写）、可固化、可裁剪、占先式、多任务、系统服务、中断管理、稳定性与可靠性都很强。

μC/OS-Ⅱ 已经被移植到以下许多 CPU 上：ARM 系列处理器，Intel 公司的 8051、80×86 等系列，Motorola 公司的 PowerPC、68K、68HC11 等系列。μC/OS-Ⅱ 的移植相对于其他操作系统的移植要简单一些，μC/OS-Ⅱ 上通用的图形系统是 MicroWindows。

8. Nuclues

Nucleus 操作系统是由 Accelerated Technology Inc 开发的。Nucleus PLUS 是为实时嵌入式应用而设计的一个抢先式多任务操作系统内核，其 95% 的代码是用 ANSI C 写成的，因此，非常便于移植并能够支持大多数类型的处理器。从实现角度来看，Nucleus PLUS 是一组 C 语言函数库，应用程序代码与核心函数库连接在一起，生成一个目标代码，下载到目标板的 RAM 中或直接烧录到目标板的 ROM 中执行。在典型的目标环境中，Nucleus PLUS 的核心代码区一般不超过 20KB。Nucleus PLUS 的采用了软件组件的方法，每个组件具有单一而明确的目的，通常由几个 C 语言及汇编语言模块构成，提供清晰的外部接口，对组件的引用就是通过这些接口完成的。除了少数一些特殊情况外，不允许从外部对组件内的全局进行访问。由于采用了软件组件的方法，Nucleus PLUS 的各个组件都非常易于替换和复用。Nucleus PLUS 的组件包括任务控制、内存管理、任务间通信、任务的同步与互斥、中断管理、定时器及 I/O 驱动等。

现在，Nucleus 也被移植到 x86、ARM 系列、MIPS 系列、PowerPC 系列、ColdFire、TI DSP、StrongARM、H8/300H、SH1/2/3、V8xx、Tricore、Mcore、Panasonic MN10200、Tricore 等处理器上。Nucleus 对于图形用户接口的支持不像 Linux、μC/OS-Ⅱ 那么方便，所以 Nucleus 大部分应用在不含图形系统的应用中。

除了上述国外知名的嵌入式操作系统外，国内也有不少自主开发的嵌入式操作系统，如 Hopen OS、EEOS 等。

Hopen OS 是由凯思集团自主研制的实时操作系统，由一个很小的内核及一些可以根据需要定制的系统模块组成，核心 Hopen Kernel 一般为 10KB 左右，占空间小，具有多任务、多线程的系统特性。

EEOS 是由中科院计算所组织开发的、开放源码的实时操作系统，支持 p-Java，小型化，也可以重用 Linux 的驱动和其他模块，目前已经发展成一个较为完善、稳定、可靠的嵌入式操作系统平台了。

3.3 基于 S3C44B0X + μC/OS-II 的嵌入式系统平台的构建

3.3.1 软、硬件平台的选择

嵌入式系统开发是一个软、硬件协同设计开发的过程，嵌入式开发平台是以 CPU 为开发的硬件平台，以开发工具或相关软件为集成开发环境，以嵌入式操作系统及各种中间件、驱动程序为软件平台搭建的嵌入式系统。其中，硬件平台和软件平台是其核心。

1. 硬件平台的选择

针对各种嵌入式应用的需求，各半导体厂商都投入了很大的精力研发和生产相应的处理器及协处理器芯片。用于嵌入式系统的微处理器必须高度集成、低功耗、低成本。针对每一类应用来说，可选择的处理器都是多种多样的。

与 PC 市场不同的是，没有一种微处理器或微处理器公司可以主导嵌入式系统，仅以 32 位的处理器而言，就有 100 种以上嵌入式微处理器。由于嵌入式系统设计的差异性极大，因此没有一种微处理器能适用于所有的应用，同样适合于某一应用的微处理器也是多样化的。

嵌入式开发的硬件平台的选择主要是嵌入式处理器的选择。在一个系统中使用什么样的嵌入式处理器内核主要取决于应用的领域、用户的需求、成本问题、开发的难易程度等因素。

确定了使用哪种嵌入式处理器内核以后，然后结合实际情况，考虑系统外围设备的需求情况，选择一款合适的处理器。下面列出了通常考虑系统外围设备的思路：

1）总线的需求。
2）有没有 UART。
3）是否需要 USB 总线。
4）有没有以太网接口。
5）系统内部是否需要 I^2C 总线、SPI 总线。
6）音频 D/A 连接的 IIS 总线。
7）外设接口。
8）系统是否需要 A/D 或者 D/A 转换器。
9）系统是否需要 I/O 控制接口。

在硬件平台的选择上，可以选择 S3C44B0X 作为处理器，主要从以下几方面进行考虑：

（1）处理速度快

ARM 是 RISC 结构的处理器，而且 ARM 内部集成了多级流水线，如 ARM7 中使用 3 级流水线；ARM9 中使用 5 级流水线，大大增加了处理速度。

（2）超低功耗

各种档次的 ARM 的功耗都是同档次其他嵌入式处理器中较低的，处理器的散热问题不用考虑，低电压，微电流供电，这些都无疑为便携式设备最理想的选择。

（3）应用前景广泛

因为 ARM 公司不是生产处理器的，它专门为 IC 制造商提供各种处理器的解决方案。所以，前述的各种处理器中，ARM 的使用最广，同时应用前景广阔，开发资源丰富，有利于缩短产品的研发周期。

（4）价格低廉

在各种嵌入式处理器中，ARM 的价格适中，而且使用量大，比较容易购买。

2. 软件平台的选择

软件平台的选择主要集中在嵌入式操作系统的选择上。操作系统的目的是为了隐藏底层硬件的差异性，向其上运行的应用程序提供统一的调用接口。应用程序通过这些接口实现对硬件的使用和控制，而不必考虑不同硬件的不同操作方式。这样，软件设计人员就不必关心硬件的操作细节，能够专注于擅长的领域进行开发。

操作系统主要完成三项任务：内存管理、多任务管理和外围设备管理。这三项机制提供给应用程序设计者许多良好的特性。但是，操作系统在嵌入式系统中并非必备，小型系统可能并不需要操作系统，但是复杂的大型嵌入式系统通常会使用操作系统来进行有效的管理。

在设计信息电器、数字医疗设备等嵌入式产品时，嵌入式操作系统的选择至关重要。一般而言，在选择嵌入式操作系统时，可以遵循以下原则：

（1）市场进入时间

制定产品时间表与选择操作系统有关系，实际产品和一般演示是不同的。目前，Windows 程序员可能是人力资源最丰富的。现成资源最多的可能也就是 WinCE，使用 WinCE 能够很快进入市场。因为 WinCE + x86 做产品实际上是在做减法，去掉你不要的功能，能很快出产品，但伴随的可能是成本高，核心竞争力差。而某些高效的操作系统可能由于编程人员缺乏，或由于这方面的技术积累不够，影响开发进度。

（2）可移植性

当进行嵌入式软件开发时，可移植性是要重点考虑的问题。良好的软件移植性应该比较好，可以在不同平台、不同系统上运行，跟操作系统无关。软件的通用性和软件的性能通常是矛盾的，即通用以损失某些特定情况下的优化性能为代价。很难想像，开发一个嵌入式浏览器而仅能在某一特定环境下应用。反过来说，当产品与平台和操作系统紧密结合时，往往产品的特色就蕴含其中。

（3）可利用资源

产品开发不同于学术课题研究，它是以快速、低成本、高质量地推出适合用户需求的产品为目的的。集中精力研发出产品的特色，其他功能尽量由操作系统附加或采用第三方产品，因此操作系统的可利用资源对于选型是一个重要参考条件。Linux 和 WinCE 都有大量的资源可以利用，这是它们被看好的重要原因。其他有些实时操作系统由于比较封闭，开发时可以利用的资源比较少，因此多数功能需要自己独立开发，从而影响开发进度。近来的市场需求显示，越来越多的嵌入式系统，均要求提供全功能的 Web 浏览器，而这要求有一个高性能、高可靠性的 GUI 的支持。

（4）系统定制能力

信息产品不同于传统 PC，用户的需求是千差万别的，硬件平台也都不一样，所以对系统的定制能力提出了要求。因此，要分析产品是否对系统底层有改动的需求，这种改动是否伴随着产品特色。在这方面，Linux 由于其源代码开放的天生魅力，在定制能力方面具有优势。随着 WinCE3.0 源码的开放，以及微软在嵌入式领域力度的加强，WinCE 的定制能力会有所提升。

（5）成本

成本是所有产品不得不考虑的问题。操作系统的选择会对成本有什么影响呢？Linux 免费，WinCE 等商业系统需要支付许可证使用费，但这都不是问题的答案。成本是需要综合权衡以后进行考虑的——选择某一系统可能会对其他一系列的因素产生影响，如对硬件设备的选型、人员投入以及公司管理和与其他合作伙伴的共同开发之间的沟通等许多方面的影响。

（6）中文支持

国内产品需要对中文的支持。由于操作系统多数是采用西文方式，是否支持双字节编码方式，是否遵循 GBK、GB18030 等各种国家标准，是否支持中文输入与处理，是否提供第三方中文输入接口，都是针对国内用户的嵌入式产品必须考虑的重要因素。

（7）开发工具的支持

许多嵌入式操作系统提供专门的开发工具，通过这些工具可以方便地配置该操作系统的任务、事件、通信等内容，然后生成 C 语言代码框架。这样，可以在不熟悉操作系统的情况下，提高应用程序的开发效率。因此，操作系统应用程序开发工具的支持也是选择操作系统的重要因素之一。

本书选择 μC/OS-II 来介绍操作系统的应用设计，与其他实时操作系统相比，μC/OS-II 有自己的特点：

（1）结构简单

μC/OS-II 采用 C 语言和汇编语言，其中绝大部分用 C 语言，结构非常简洁。

（2）容易移植

μC/OS-II 的可移植性非常好，很容易被移植到各种微处理器上，在移植过程中需要做少量的工作即可。

（3）适于学习

μC/OS-II 具备了实时操作系统的全部性能，非常适合初次接触嵌入式技术的初学者和工作人员用来学习嵌入式技术。

3.3.2 硬件平台的结构

嵌入式系统主要由嵌入式处理器、相关支撑硬件和嵌入式软件系统构成，是集软硬件于一体的可独立工作的系统。为了方便嵌入式系统的开发，目前一般采用的方式是先使用评估板进行开发，当在评估板上开发、运行、调试成功之后，再根据相应的硬件，剪裁掉再开发过程中需要而一般应用中不需要的硬件，最后做成产品印刷电路板（PCB）。

一般的开发平台都需要提供 ARM 处理器、存储芯片及其他的外围硬件等设备。在软件方面提供系统的开发平台和下载工具，还有驻留在硬件上的 Boot Loader 工具。有些开发平台使用嵌入式操作系统，有些开发平台不使用嵌入式操作系统，但其带有 ADS 开发工具。通过评估板，开发者可以熟悉 ARM 的体系结构和软件工具，并进行进一步的 ARM 体系结构下嵌入式系统的开发。

嵌入式系统硬件平台的结构主要分为两大部分：一部分为系统核心板，为基于 ARM 处理器的最小系统，包括嵌入式 ARM 处理器及必需的闪存、SDRAM、电源等最基本部分，通过表贴封装的双排插针将各信号线及控制线引出；另一部分为系统扩展板，系统总线扩展引出数据总线、地址总线和必需的控制总线，便于用户根据自身的特定需求，扩展外围电路，提供了用于完成各个不同功能的功能模块。这样，只需要设计不同的扩展板即可实现不同的系统功能，节约了开发成本并提高了平台的灵活性。

常用的嵌入式外围设备则有存储设备、通信设备和显示设备三类。相关支撑硬件包括显示卡、存储介质（ROM 和 RAM 等）、通信设备、IC 卡或信用卡的读取设备等。嵌入式系统有别于一般的计算机处理系统，它不具备像硬盘那样大容量的存储介质，而大多数使用的是闪存作为存储介质。嵌入式系统硬件的结构如图 3-2 所示。

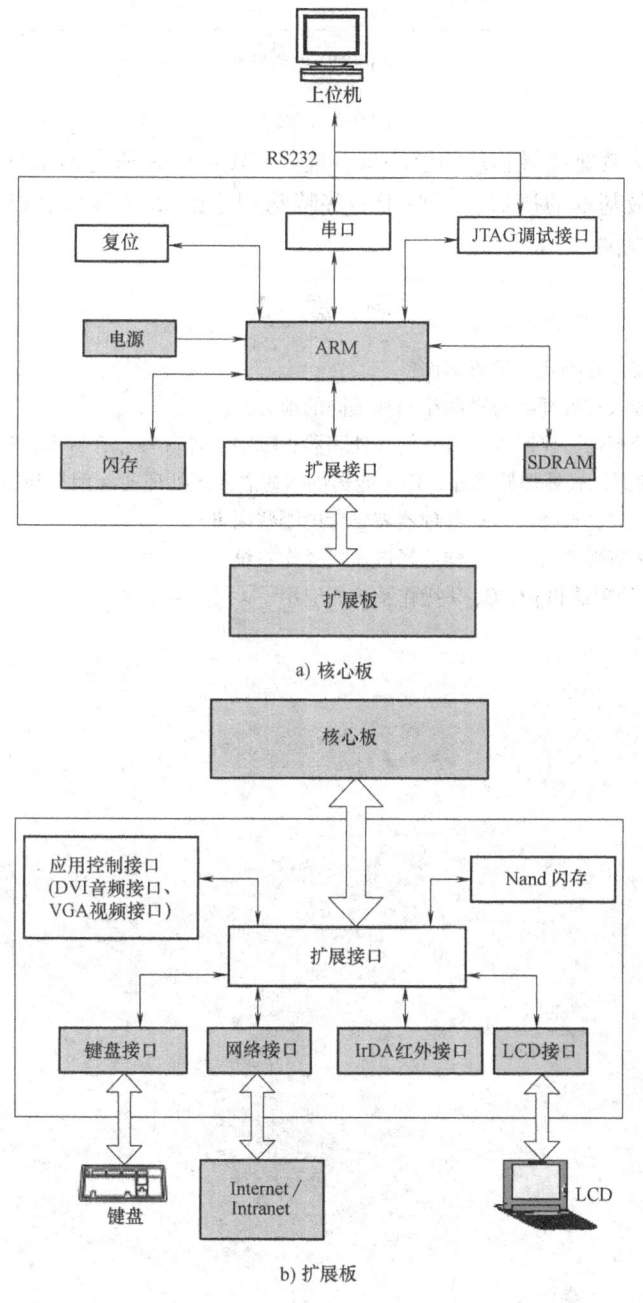

图 3-2　ARM 嵌入式硬件平台

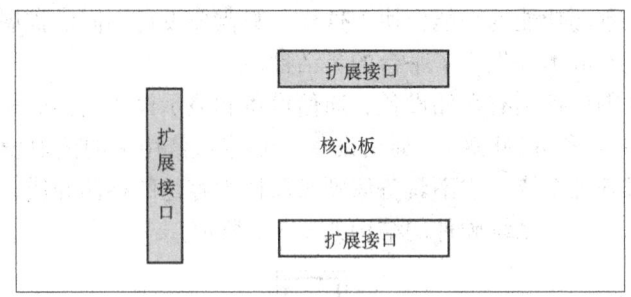

c）扩展板接口布局图

图 3-2 （续）

基于 S3C44B0X 微处理器芯片的核心板，能将 S3C44B0X 所有的 I/O 接口全部引出，在核心板上面只提供最基本的接口。而对于一些特殊用途的 USB 接口、以太网接口、LCD 接口，以扩展板形式提供。

习 题 3

1. 嵌入式系统的硬件有哪几个组成部件？
2. 通用处理器与嵌入式处理器有哪些相同和不同的地方？
3. 常用的嵌入式处理器、控制器、数字信号处理器有哪些？各自有什么特点，通常适用于哪些方面的应用？除了书上介绍的嵌入式处理器之外，你还能提供哪些嵌入式处理器（型号和制造商）？
4. 设计嵌入式系统时，选择嵌入式处理器需要考虑哪些因素？
5. 嵌入式操作系统有哪些特点，怎样选择嵌入式操作系统？
6. 举例说明 ARM 处理器和 μC/OS-II 操作系统的应用。

第4章 ARM 嵌入式处理器的体系结构

到目前为止，ARM 处理器及技术的应用几乎已经深入到各个领域。

1) 工业控制领域：作为 32 位的 RISC 架构，基于 ARM 核的微控制器芯片不但占据了高端微控制器市场的大部分市场份额，同时也逐渐向低端微控制器应用领域扩展。ARM 微控制器的低功耗、高性价比，向传统的 8 位、16 位微控制器提出了挑战。

2) 无线通信领域：目前已有超过 85% 的无线通信设备采用了 ARM 技术，ARM 处理器以其高性能和低成本，在该领域的地位日益巩固。

3) 网络应用：随着宽带技术的推广，采用 ARM 技术的 ADSL 芯片正逐步获得竞争优势。此外，ARM 处理器在语音及视频处理上进行了优化，并获得广泛支持，也对 DSP 的应用领域提出了挑战。

4) 消费类电子产品：ARM 技术在目前流行的数字音频播放器、数字机顶盒和游戏机中得到广泛采用。

5) 成像和安全产品：现在流行的数码相机和打印机中绝大部分采用 ARM 技术。手机中的 32 位 SM 智能卡也采用了 ARM 技术。

除此以外，ARM 处理器及技术还应用到许多不同的领域，并会在将来取得更加广泛的应用。采用 RISC 架构的 ARM 处理器一般具有如下特点：

1) 体积小、低功耗、低成本、高性能。
2) 支持 Thumb（16 位）、ARM（32 位）双指令集。
3) 大量使用寄存器，指令执行速度更快。
4) 大多数数据操作都在寄存器中完成。
5) 寻址方式灵活简单，执行效率高。
6) 指令长度固定。

4.1 ARM 处理器的体系结构

本书中介绍的嵌入式系统设计都是围绕着 ARM 处理器展开的，涵盖了 ARM 系统设计的硬件和软件部分，所以在这里对 ARM 处理器做一下简单描述。ARM 是 Advanced RISC Machines 的缩写，顾名思义，ARM 处理器自然也是一种典型的精简指令集处理器。ARM 处理器的核心技术来自于英国的一家 IC 软核设计公司——ARM 公司。

ARM 公司是为数不多的以嵌入式处理器 IP Core 设计起家而获得巨大成功的 IP Core 设计公司，自 20 世纪 90 年代成立以来，它在 32 位 RISC CPU 开发领域不断取得突破，其结构已经从 V1 发展到 V6，主频最高也已经达到 1GHz。ARM 公司将其 IP Core 出售给各大半导体制造商，加上其设计的 IP Core 具有功耗低、成本低等显著优点，因此获得众多半导体厂家和整机厂商的大力支持。它在 32 位嵌入式应用领域获得了巨大的成功，目前已经占有 75% 以上的 32 位嵌入式产品市场。现在设计、生产 ARM 芯片的国际大公司已经超过 50 多家,国内的很多知名企业包括中兴通信、华为通信、上海华虹、复旦微电子、杰得微电子等公司也都已经购买了 ARM 公司的 IP Core 用于通信专用芯片的设计。所以,对于一名有志于在嵌入式领域发展的电子专业学生或一名优秀的电子工程师来说,熟悉和了解 ARM 处理器是很有必要的。

4.1.1 ARM 处理器概述

ARM 处理器当前主要有 6 个系列产品:ARM7、ARM9、ARM9E、ARM10E、SecurCore 及最新的 ARM11 系列。进一步的产品则来自于 ARM 公司的合作伙伴,如 Intel 公司的 StrongARM 和 XScale 微体系结构等,不过 Intel 公司已经于 2006 年将该架构出售给 Marvell Technology Group Ltd 了。

ARM 公司还把 ARM IP Core 提供给其他芯片设计公司用于设计 ARM + DSP、ARM + FPGA 等 SoC 结构的芯片,现在用得比较多的(如 TI 公司的 OMAP,达芬奇系列)大部分是含有 ARM + DSP 双核处理器的产品。Actel 公司的带 M7 标识的 ProASIC3E 系列芯片则是 FPGA + ARM7 的 SoC 系统芯片。这些多功能 IC 的发展也拓宽了 ARM 处理器的应用范围。

ARM 公司除获得了以上半导体厂家的大力支持外,同时也获得了许多实时操作系统供应商的支持,比较知名的操作系统有 Windows CE、Linux、Plam OS、Symbian OS、pSOS、VxWorks、Nucleus、EPOC、μC/OS 等。对于开发工程师来说,这些实时操作系统公司针对 ARM 处理器所提供的 BSP 对于迅速开始 ARM 平台上的开发至关重要。

在 ARM 处理器内核中有多个功能模块可供生产厂商根据不同用户的不同要求来配置生产。这些模块分别用 T、D、M、I、E、J、S 等来表示,这些模块一般从处理器的内核版本上可以区分出来。

T:表示支持 Thumb 指令,说明该内核可从 16 位 Thumb 指令集扩充到 32 位 ARM 指令集。

D:表示支持 Debug,说明该内核中放置了用于调试的结构,通常它为一个边界扫描链,可使 CPU 进入调试模式,从而方便地进行断点设置、单步调试。

M:表示 Multiplier,说明处理器内部带有 8 位乘法器。

I:表示 Embedded ICE Logic,有用于实现断点观测及变量观测的逻辑电路部分,其中的 TAP 控制器可接入到边界扫描链。

除了以上一些特性外,ARM 处理器内核中还有一些处理器内核带 EJ-S 模块。

E:表示 DSP Enhancement,即增加了前导零处理和饱和运算等一些常用的 DSP 运算指令,极大地改善音频、视频处理程序的性能。

J:表示 Jazelle DBX(Direct Bytecode eXecution),这是 ARM 公司推出的 Java 加速解决方案。Jazelle 不是一个简单的加速硬件,它是融入于处理器流水线之中的一项专门针对 Java 指令执行的硬件功能,使得 CPU 可以直接接收一部分 Java 指令,并加以译码执行。

通过这里的介绍,读者可以试着分析一下 ARM926EJ 的具体含义。

4.1.2 ARM 内核的种类

带有 ARM 内核的处理器大概有千种以上,这里不做介绍。下面主要对各类 ARM 处理器的几个重要内核版本做一个简要介绍。

1. ARM7 处理器

ARM7 处理器采用了 ARMV4T（冯·诺依曼）体系结构，这种体系结构将程序指令存储器和数据存储器合并在一起。其主要特点就是程序和数据共用一个存储空间，程序指令存储地址和数据存储地址指向同一个存储器的不同物理位置，采用单一的地址及数据总线，程序指令和数据的宽度相同。这样，处理器在执行指令时，必须先从存储器中取出指令进行译码，再取操作数执行运算。总体来说，ARM7 处理器具有三级流水、空间统一的指令与数据高速缓存、平均功耗为 0.6mW/MHz、时钟频率为 66MHz、每条指令平均执行 1.9 个时钟周期等特性。其中的 ARM710、ARM720 和 ARM740 为内带高速缓存的 ARM 核。ARM7 指令集同 Thumb 指令集扩展组合在一起，可以减少内存容量和系统成本。同时，它还利用嵌入式 ICE 调试技术来简化系统设计，并用一个 DSP 增强扩展来改进性能。ARM7 体系结构是小型、快速、低能耗、集成式的 RISC 内核结构，其产品的典型用途是数字蜂窝电话和硬盘驱动器等，目前主流的 ARM7 内核是 ARM7TDMI、ARM7TDMI-S、ARM7EJ-S、ARM720T。现在市场上用得最多的 ARM7 处理器有 Samsung 公司的 S3C44BOX 与 S3C4510 处理器、Atmel 公司的 AT91FR40162 系列处理器、Cirrus 公司的 EP73xx 系列等。以前很多手机基带部分采用 ARM7 作为应用处理器，还有很多的通信模块（如 CDMA 模块、GPRS 模块和 GPS 模块）中都含有 ARM7 处理器。

2. ARM9、ARM9E 处理器

ARM9 处理器采用 ARMV4T（哈佛）体系结构，这种体系结构是一种将程序指令存储和数据存储分开的存储器结构，是一种并行体系结构。其主要特点是程序和数据存储在不同的存储空间中，即程序存储器和数据存储器。它们是两个相互独立的存储器，每个存储器独立编址、独立访问。与两个存储器相对应的是系统中的 4 套总线，即程序的数据总线和地址总线，数据的数据总线和地址总线。这种分离的程序总线和数据总线可允许在一个机器周期内同时获取指令字和操作数，从而提高了执行速度，使数据的吞吐量提高了一倍。又由于程序和数据存储器在两个分开的物理空间中，因而取指和执行能完全重叠。ARM9 处理器采用五级流水处理及分离的高速缓存结构，平均功耗为 0.7mW/MHz，时钟频率为 120～200MHz，每条指令平均执行 1.5 个时钟周期。与 ARM7 处理器系列相似，其中的 ARM920、ARM940 和 ARM9E 处理器均为含有高速缓存的 CPU 核，性能为 132MIPS（时钟频率为 120MHz，供电电压为 3.3V）或 220MIPS（时钟频率为 200MHz）。ARM9 处理器同时也配备 Thumb 指令扩展、调试和 Harvard 总线，在生产工艺相同的情况下，性能是 ARM7TDMI 处理器的两倍之多，常用于无线设备、仪器仪表、联网设备、机顶盒设备、高端打印机及数码相机应用中。ARM9E 内核是在 ARM9 内核的基础上增加了紧密耦合存储器（TCM）及 DSP 部分。目前，主流的 ARM9 内核是 ARM920T、ARM922T、ARM940，相关的处理器芯片有 Samsung 公司的 S3C2510、Cirrus 公司的 EP93xx 系列等。主流的 ARM9E 内核是 ARM926EJ-S、ARM946E-S、ARM966E-S 等。目前市场上常见的 PDA，比如 PocketPC 中一般都是用 ARM9 处理器，其中以 Samsung 公司的 S3C2410 处理器居多。

3. ARM10 处理器

ARM10 采用 ARMV5T 结构，六级流水处理，指令与数据分离的高速缓存结构。平均功耗为 1000mW，时钟频率为 300MHz，每条指令平均执行 1.2 个周期，其中 ARM1020 为带高速缓存的版本。ARM10TDMI：与所有 ARM 核在二进制级代码兼容，内带高速 32×16MAC，

预留 DSP 协处理器接口，其中的 VFP10（矢量浮点单元）为七级流水结构。ARM1020T：ARM10TDMI+32K Caches+MMU 结构，300MHz 时钟，功耗为 1W（2.0V 供电）或 600mW（1.5V 供电），指令高速缓存和数据高速缓存分别为 32KB，宽度为 64 位，能够支持多种商用操作系统，适用于下一代高性能手持式因特网设备及数字式消费类应用。

ARM10E 系列处理器具有高性能、低功耗的特点，由于采用了新的体系结构，与同等的 ARM9 器件相比较，在同样的时钟频率下，性能提高了近 50%，同时，ARM10E 系列处理器采用了两种先进的节能方式，使其功耗极低。ARM10E 系列处理器的主要特点如下：

1) 支持 DSP 指令集，适合于需要高速数字信号处理的场合。
2) 六级整数流水线，指令执行效率更高。
3) 支持 32 位 ARM 指令集和 16 位 Thumb 指令集。
4) 支持 32 位的高速 AMBA 总线接口。
5) 支持 VFP10 浮点处理协处理器。
6) 全性能的 MMU，支持 Windows CE、Linux、Palm OS 等多种主流嵌入式操作系统。
7) 支持数据高速缓存和指令高速缓存，具有更高的指令和数据处理能力。
8) 主频最高可达 400MIPS。
9) 内嵌并行读/写操作部件。

ARM10E 系列处理器主要应用于下一代无线设备、数字消费品、成像设备、工业控制、通信和信息系统等领域。ARM10E 系列处理器包含 ARM1020E、ARM1022E 和 ARM1026EJ-S 三种类型，以适用于不同的应用场合。

4. SecurCore 处理器

SecurCore 系列处理器提供了基于高性能的 32 位 RISC 技术的安全解决方案，该系列处理器具有体积小、功耗低、代码密度大和性能高等特点。另外最为特别的就是，该系列处理器提供了安全解决方案的支持：采用软内核技术，以提供最大限度的灵活性，以及防止外部对其进行扫描探测；提供面向智能卡的和低成本的存储保护单元（MPU），可以灵活地集成用户自己的安全特性和其他的协处理器。目前，该系列处理器有 SC100、SC110、SC200、SC210 四种产品。

5. StrongARM 处理器

StrongARM 处理器采用 ARMV4T 的五级流水体系结构。目前，它有 SA110、SA1100、SA1110 等三个版本。另外，Intel 公司的基于 ARMV5TE 体系结构的 XScale PXA27x 系列处理器，与 StrongARM 处理器相比增加了 I/D 高速缓存，并且加入了部分 DSP 功能，更适合于移动多媒体应用。目前市场上大部分智能手机的核心处理器就是 XScale 系列处理器。

6. ARM11 处理器

ARM11 处理器系列可以在使用 130nm 代工厂技术、小至 2.2mm^2 芯片面积和低至 0.24mW/MHz 的前提下达到高达 500MHz 的性能表现。ARM11 处理器系列以众多消费产品市场为目标，推出了许多新的技术，包括针对媒体处理的 SIMD，用以提高安全性能的 TrustZone 技术，智能能源管理（IEM），以及需要非常高的、可升级的超过 2600 Dhrystone 2.1 MIPS 性能的系统多处理技术。主要的 ARM11 处理器有 ARM1136JF-S、ARM1156T2F-S、ARM1176JZF-S、ARM11 MCORE 等多种。

上面对几个 ARM 处理器内核作了简单的介绍。可以注意到，随着处理器内核技术的发展，处理器的速度越来越快，其主要得益于 ARM 流水线的技术发展。这里对各类 ARM 处理器内核的流水线作一下对比，如图 4-1 所示。

ARM7	预取 (Fetch)	译码 (Decode)	执行 (Exec)					
ARM9	预取 (Fetch)	译码 (Decode)	执行 (Exec)	访问 (Memory)	回写 (Write)			
ARM10	预取 (Fetch)	发射 (Issue)	译码 (Decode)	执行 (Exec)	访问 (Memory)	回写 (Write)		
ARM11	预取 (Fetch)	预取 (Fetch)	发射 (Issue)	译码 (Decode)	转换 (Snny)	执行 (Exec)	访问 (Memory)	回写 (Write)

图 4-1　ARM 处理器内核的流水线

另外，按照市场应用，ARM 处理器内核大体可以分为 Embedded Core、Application Core、Secure Core 3 个部分，如表 4-1 所示。

表 4-1　ARM 处理器内核的分类

处理器内核分类	具体的处理器 IP 核	应用市场
Embedded Core	ARM7TDMI、ARM946E-S、ARM926EJ-S	无线、网络应用、汽车电子
Application Core	ARM926EJ-S、ARM1026EJ-S、ARM11	消费类市场、多媒体数码产品
Secure Core	SC110、SC110、SC200、SC210	智能卡、身份识别

前面描述了 ARM 处理器的各种体系结构，接下来简单回顾一下 ARM 处理器的工作模式、处理器内部的寄存器及异常中断处理等机制。

4.2　ARM 处理器的工作模式

这里介绍的是 ARM 处理器的工作模式、通用寄存器、异常中断和存储系统设计等。这些是从事 ARM 处理器开发的基本知识，尤其对于 BSP 的开发，甚至 Boot Loader（引导装入程序）及操作系统的移植来说都是至关重要的。如果对 ARM 处理器的基础知识比较熟悉的话，可以直接跳过这一小节。

4.2.1　ARM 和 Thumb 状态

ARM 体系结构在 V4T 及其以上版本定义了称为 Thumb 指令集的 16 位指令集。Thumb 指令集的功能是 32 位 ARM 指令集的功能子集。Thumb 指令集在性能和代码大小之间提供了出色的折中。

正在执行 Thumb 指令集的处理器是工作在 Thumb 状态下的。同样，正在执行 ARM 指令集的处理器是工作在 ARM 状态下的。ARM 状态下的处理器不能执行 Thumb 指令，在 Thumb 状态下的处理器也不能执行 ARM 指令，必须确保处理器不接受对当前状态来说为错误指令集的指令。而且，每个指令集都包括切换处理器状态的指令。ARM 处理器总是在 ARM 状态下开始执行代码。ARM 处理器支持 7 种处理器模式，这取决于体系结构版本。

4.2.2 ARM 处理器模式

ARM 处理器共有 7 种处理器模式，如表 4-2 所示。

表 4-2 ARM 处理器模式

处理器模式	描述
用户模式（User，usr）	正常程序执行的模式
快速中断模式（FIQ，fiq）	用于高速数据传输和通道处理
外部中断模式（IRQ，irq）	用户通常的中断使用
特权模式（Supervisor，svc）	供操作系统使用的一种保护模式
数据访问中止模式（Abort，abt）	用于虚拟存储及存储保护
未定义指令中止模式（Undefined，und）	用于支持通过软件仿真硬件的协处理器
系统模式（System，sys）	用于运行特权级的操作系统任务

除了用户模式以外，其他 6 种处理器模式可以称为特权模式，在这些模式下，程序可以访问所有的系统资源，也可以任意地进行处理器模式的切换。其中，除了系统模式外的其他 5 种特权模式又称为异常模式。处理器模式可以通过软件来切换，在一些操作系统中，只有运行在内核态的程序才有可能更改处理器模式，用户态的程序是不能访问受操作系统保护的系统资源的，更不能直接进行处理器模式的切换。当需要处理器模式切换的时候，用户态的程序可以中断，内核态的中断处理程序开始响应并做出处理。

以上 7 种模式对应了系统中的中断向量表，这在移植操作系统的时候很重要。系统中所有的调度都是围绕着中断向量表展开的，在不用操作系统的系统中也就是通常所谓的裸机系统程序中，对于中断向量表的处理也很关键。这个向量表一般加载在 CPU 复位执行的开始地址的一段空间。Boot Loader 的移植中需要考虑这些问题，而一旦 Boot Loader 移植成功，运行起来以后，开发人员就不需要再考虑这个问题了。

4.2.3 ARM 寄存器介绍

在移植操作系统的时候，尤其是在移植 Boot Loader 的时候，必须了解 ARM 处理器的寄存器。在 Boot Loader 里有一段很重要的处理器初始化程序是用 ARM 汇编语言写的，有几个关键参数需要传递，关于这些参数在后面介绍 Boot Loader 时会有详细的描述。

ARM 处理器含有 37 个寄存器，这些寄存器包括以下两类寄存器。

1）31 个通用寄存器：包括程序计数器（PC）等，这些寄存器都是 32 位寄存器。

2）6 个状态寄存器：状态寄存器也是 32 位的寄存器，但是只使用了其中的 12 位。

1. 通用寄存器

在 ARM 处理器的 7 种模式下都有一组对应的寄存器组。在任意时刻，可见的寄存器组包括 15 个通用寄存器 R0~R14、一个或两个状态寄存器和程序计数器。在所有的寄存器中，有些是各种模式下共用的同一个物理寄存器，有些是各种模式自己独立拥有的物理寄存器。各种模式下的寄存器如图 4-2 所示。

系统和用户	快速中断	超级用户	中止	中断	未定义
R0	R0	R0	R0	R0	R0
R1	R1	R1	R1	R1	R1
R2	R2	R2	R2	R2	R2
R3	R3	R3	R3	R3	R3
R4	R4	R4	R4	R4	R4
R5	R5	R5	R5	R5	R5
R6	R6	R6	R6	R6	R6
R7	R7	R7	R7	R7	R7
R8	R8_fiq	R8	R8	R8	R8
R9	R9_fiq	R9	R9	R9	R9
R10	R10_fiq	R10	R10	R10	R10
R11	R11_fiq	R11	R11	R11	R11
R12	R12_fiq	R12	R12	R12	R12
R13（SP）	R13_fiq	R13_svc	R13_abt	R13_irq	R13_und
R14（LR）	R14_fiq	R14_svc	R14_abt	R14_irq	R14_und
R15（PC）	R15（PC）	R15（PC）	R15（PC）	R15（PC）	R15（PC）
CPSR	CPSR	CPSR	CPSR	CPSR	CPSR
	SPSR_fiq	SPSR_svc	SPSR_abt	SPSR_irq	SPSR_und

图 4-2 各种模式下的寄存器

通用寄存器通常又可以分为下面 3 类。

1）未备份寄存器：包括 R0～R7。
2）备份寄存器：包括 R8～R14。
3）程序计数器：R15。

（1）未备份寄存器 R0～R7

对于每个未备份寄存器来说，在所有的处理器模式下指的都是同一个物理寄存器。在异常中断造成处理器模式切换时，由于不同的处理器模式使用相同的物理寄存器，可能造成寄存器中数据被破坏。未备份寄存器没有被系统用于特别的用途，任何可采用通用寄存器的应用场合都可以使用未备份寄存器。

（2）备份寄存器 R8～R14

备份寄存器中的每个寄存器对应于两个不同的物理寄存器。例如，当使用快速中断模式下的寄存器时，寄存器 R8 和 R9 分别记作 R8_fiq 和 R9_fiq；当使用用户模式下的寄存器时，寄存器 R8 和 R9 分别记作 R8_usr 和 R9_usr 等。在这两种情况下使用的是不同的物理寄存器，系统没有将这几个寄存器用于任何的特殊用途。中断处理非常简单，仅仅使用寄存器 R8～R14 时，FIQ 处理程序可以不必执行保存和恢复中断现场的指令，从而可以使中断处理过程很迅速。

对于备份寄存器 R13、R14 来说，每个寄存器对应于 6 个不同的物理寄存器，其中的一个是用户模式和系统模式共用的，另外的 5 个则对应于其他 5 种处理器模式，可以采用下面的方法来标识：

R13_mode

其中，mode 是 usr、svc、abt、und、irq 和 fiq 中的一种。

R13 通常用作堆栈指针。每一种模式都拥有自己的物理 R13。程序初始化 R13，使其指向该模式专用的栈地址。当进入该模式时，可以将需要使用的寄存器保存在 R13 所指的栈中，当退出该模式时，将保存在 R13 所指的栈中的寄存器值弹出。这样就实现了程序的现场保护。

寄存器 R14 又被称为连接寄存器（LR），在 ARM 处理器中有下面两种特殊用途：

1）每一种处理器模式在自己的物理 R14 中存放当前子程序的返回地址。当通过 BL 或者 BLX 指令调用子程序时，R14 被设置成该子程序的返回地址。在子程序中，当把 R14 的值复制到程序计数器中时，就实现了子程序返回。具体的汇编调用方式是：MOV PC，LR 或 BX LR。

2）当发生异常中断的时候，该模式下的特定物理 R14 被设置成该异常模式将要返回的地址。

（3）程序计数器（PC）R15

由于 ARM 处理器采用的是流水线机制，当正确地读取了 PC 值时，该值为当前指令地址值加 8 字节。也就是说，对于 ARM 指令来说，PC 指向当前指令的下两条指令的地址，由于 ARM 指令是字对齐的，PC 值的第 0 位和第 1 位总是为 0。

当成功地向 PC 写入一个地址数值时，程序将跳转到该地址执行。

在 ARM 系统进行代码级调试时对于 R13、R14 及 PC 的跟踪很重要，可以用来分析系统堆栈及 PC 指针值的变化等。

2. 状态寄存器

当前程序状态寄存器（CPSR）可以在任何处理器模式下被访问。每一种模式下都有一个专用的物理状态寄存器，称为备份程序状态寄存器（SPSR）。当特定的异常中断发生时，这个寄存器用于存放当前程序状态寄存器的内容。在异常退出时，可以用 SPSR 中保存的值来恢复 CPSR。CPSR 的具体格式如表 4-3 所示。

表 4-3 CPSR 的具体格式

31	30	29	28	27	26	7	6	5	4	3	2	1	0
N	Z	C	V	Q	DNMLRAZ	I	F	T	M4	M3	M2	M1	M0

（1）条件标志位

N（Negative）、Z（Zero）、C（Carry）及 V（oVerflow）统称为条件标志位。大部分的 ARM 指令可以依据 CPSR 中的这些标志位来选择性地执行。各条件标志位的具体含义如表 4-4 所示。

（2）Q 标志位

在 ARM v5 的 E 系列处理器中，CPSR 的 bit［27］称为 Q 标志位，主要用于指示增强的 DSP 指令是否发生了溢出。同样地，SPSR 的 bit［27］也称为 Q 标志位，用于在异常中断发生时保存和恢复 CPSR 中的 Q 标志位。

表 4-4 各条件标志位的具体含义

标志位	含义
N	本位设置成当前指令运算结果的 bit [31] 的值 当两个补码表示的有符号整数运算时，N=1 表示运算的结果为负数，N=0 表示结果为正数或 0
Z	Z=1 表示运算结果是 0，Z=0 表示运算结果不是 0 对于 CMP 指令，Z=1 表示进行比较的两个数大小相等
C	在加法指令中（包括比较指令 CMN），结果产生进位了，则 C=1，表示无符号数运算发生上溢出；其他情况下 C=0 在减法指令中（包括比较指令 CMP），结果产生借位了，则 C=0，表示无符号数运算发生下溢出；其他情况下 C=1 对于包含移位操作的非加/减法运算指令，C 中包含最后一次被溢出的位的数值；对于其他非加/减法运算指令，C 位的值通常不受影响
V	对于加/减法运算指令，当操作数和运算结果为二进制的补码表示的带符号数时，V=1 表示符号位溢出，其他的指令通常不影响 V 位

(3) CPSR 中的控制位

CPSR 的低 8 位 I、F、T 及 M [4:0] 统称为控制位，当异常中断发生时这些位发生变化。在特权级的处理器模式下，软件可以修改这些控制位。

1) I 中断禁止位：当 I=1 时，禁止 IRQ 中断；当 F=1 时，禁止 FIQ 中断。

通常，一旦进入中断服务程序（ISR）可以通过置位 I 和 F 来禁止中断，但是在本中断服务程序退出前必须恢复原来 I、F 位的值。

2) T 控制位：用来控制指令执行的状态，即说明本指令是 ARM 指令还是 Thumb 指令。对于不同版本的 ARM 处理器，T 控制位的含义是有些不同的。对于 ARMV3 及更低的版本和 ARMV4 的非 T 系列版本的处理器，没有 ARM 和 Thumb 指令的切换，所以 T 始终为 0。

对于 ARMV4 及更高版本的 T 系列处理器，T 控制位含义如下：当 T=0，表示执行 ARM 指令；当 T=1，表示执行 Thumb 指令。

对于 ARMV5 及更高的版本的非 T 系列处理器，T 控制位的含义如下：当 T=0，表示执行 ARM 指令；当 T=1，表示强制下一条执行的指令产生未定义指令中断。

3) M 控制位：控制位 M [4:0] 称为处理器模式标识位，其具体说明如表 4-5 所示。

表 4-5 处理器模式标识位

M [4:0]	处理器模式	可访问的寄存器
10000	User	PC，R14~R0，CPSR
10001	FIQ	PC，R14_fiq~R8_fiq，R7~R0，CPSR，SPSR_fiq
10010	IRQ	PC，R14_irq~R13_irq，R12~R0，CPSR，SPSR_irq
10011	Supervisor	PC，R14_svc~R13_svc，R12~R0，CPSR，SPSR_svc
10111	Abort	PC，R14_abt~R13_abt，R12~R0，CPSR，SPSR_abt
11011	Undefined	PC，R14_und~R13_und，R12~R0，CPSR，SPSR_und
11111	System	PC，R14~R0，CPSR（ARM v4 及更高版本）

CPSR 的其他位用于将来 ARM 版本的扩展，程序可以先不操作这些位。

4.3 ARM 中断处理

4.3.1 中断基础知识

中断是从一个硬件信号开始的。大多数的 I/O 芯片，比如驱动串口或网络接口的 I/O 芯片，都需要注意某些事件的发生。例如，当一个串口芯片收到来自串口的字符时，串口芯片需要处理器把该字符从串口中存储该字符的位置读到内存的某个地方。类似地，当串口芯片传送完一个字符后，它需要微处理器给它发送下一个需要传送的字符。这些外设芯片需要通过某种方式来主动告诉微处理器芯片的这些操作已经完成，这就是中断引脚。微处理器提供了外设芯片连接的中断引脚，把这些引脚和外设芯片上的中断引脚连接起来，通过相应的配置，外设芯片就可以发送中断信号给微处理器。但是，微处理器要处理器外设的中断请求时，还需要在微处理上运行由用户编写的相应的中断处理程序（Interrupt Handler）或中断服务程序（Interrupt Service Routine），负责处理中断请求信号产生后的一些事情。

当微处理器检测到某个中断请求引脚上有信号时，微处理器就会停止当前的指令执行顺序，把下一条要执行的指令地址压入堆栈中，马上跳转到中断服务程序。例如，串口芯片从串口收到字符后，串口芯片向微处理器发出中断请求信号，此时中断程序就把串口芯片中的字符读到内存中。当然，中断服务程序还要处理一些零碎的事情，如重启微处理器中的中断，以便于微处理器能检测到下一个中断信号。

下面针对与中断相关的一些基础知识进行介绍。

1. 程序控制方式与中断处理方式（外设请求方式）的比较

（1）速度

1）程序控制方式：由于程序控制方式完全采用软件的方式对外设接口进行控制，所以它的硬件操作只是普通的端口读写，并无特别之处。硬件的速度指标由总线传输速度、端口响应速度共同决定。

对于这种外设控制方式，速度指标的关键在于软件。

2）中断处理方式：中断处理方式本身所作的原子操作解释和程序控制方式是一致的，只不过因为加入了中断请求和响应机制，对状态端口的读取变成了在中断响应过程中对中断号的读取，对状态端口的判断变成了对中断入口地址的确定。

从本质上来说，中断处理方式和程序控制方式本身的速度指标一致，没有大的差别。

（2）可靠性

1）程序控制方式：由于硬件不支持中断方式，因此操作系统把 CPU 控制权交给应用程序后，只要应用程序不交还 CPU 控制权，操作系统就始终不能恢复对 CPU 的控制（无定时中断）。应用程序与操作系统都是软件模块，操作系统属于核心模块，它们之间存在交接 CPU 控制权的关系。正是由于这样的关系，一旦使用对外设的程序控制方式时，应用程序出现死锁，则操作系统永远无法恢复对系统的控制。应用程序的故障通过外设控制方式波及到作为核心模块的操作系统，因此，根据关联可靠性指标的计算可知，程序控制方式的关联可靠性指标很低。

2）中断处理方式：由于提供定时中断，操作系统可以在应用程序当前时间片结束后通过中断服务程序重新获得对 CPU 的控制权。应用程序的故障不会波及到操作系统，因此，中断处理方式的关联可靠性指标高。

（3）可扩展性

1）程序控制方式：由于所有应用程序中都包含对端口的操作，一旦硬件接口的设计发生变化，则所有应用程序都必须进行修改，这会使修改费用升高多倍。因此，程序控制方式会使相关硬件模块的局部修改指标相对较低。

2）中断处理方式：应用程序不直接操作端口，对端口的操作是由中断服务程序来完成的。如果某个硬件接口的设计发生了变化，只需要修改它相关的中断服务程序即可。因此，中断处理方式使得相关硬件模块的局部修改指标较高。

（4）生命期

程序控制方式在早期的计算机系统中能够满足应用需求；但是随着外部设备种类的增多、速度差异的加大，这种方式逐渐成为系统性能提高的障碍。它的生命期只限于早期计算机阶段，因为当时外部设备少，且都是低速设备，到 8 位机出现以后，这种外设控制方式（体系结构）被淘汰。

中断处理方式能够协调 CPU 与外设间的速度差异，能够协调各种外设间的速度差异，提高系统的工作效率（速度指标），使应用程序与外设操作基本脱离开来，降低了程序的设备相关性（关联可靠性指标、局部修改指标）。目前，虽然某些快速设备相互间的通信没有通过 CPU，也没有使用中断处理方式，但是对于慢速设备、设备故障的处理来说，中断处理方式仍然是最有效的。无论将来计算机系统中的元件怎样变化，只要存在慢速设备与快速 CPU 之间的矛盾，使用中断处理方式都是适合的。即便不使用中断服务程序，中断的概念也会保持很久。在短时期内，计算机系统还无法在所有领域离开人工交互操作，人的操作速度一定比机器的处理速度慢，因此慢速设备将仍然保持存在（但这不是慢速设备存在的惟一原因）。正因为存在这样的需求，中断处理方式具有较长的生命期。

2. 中断处理中应注意的问题

中断处理方式和程序控制方式不一样，在中断执行完成后需要恢复被中断的程序，因此在中断处理时需要对现场进行保护。下面针对中断中需要关心的几个关键部分进行说明。

（1）保存上下文和恢复上下文

在中断处理器的前后需要对处理器被中断中止的现场进行保护和恢复，通常称为压栈和出栈。由于每个处理器有一套用于记录、处理数据和状态的寄存器，在程序切换时，需要将新程序段的相应状态和数据导入，那么，先前在寄存器中的数据就会被新的数据所覆盖。如果先前的程序没有执行完成，需要中断返回后继续执行，就需要将当前将要被覆盖的所有数据保护起来，便于中断返回后继续使用。因此，保护现场的目的就是将当前程序处理的数据、程序执行被中断的位置、工作状态等保存起来，以便于中断返回后能继续正常执行。

每个处理器中公用寄存器的个数和种类是不相同的，因此，每个处理器中用于中断上下文保护和恢复的寄存器也不一样，如 ARM 芯片中的 R0～R15、CPSR、SPSR。通常，寄存器的内容是保存在堆栈空间的。在上下文的保存和恢复中，特别要注意的是压栈和出栈的个数和顺序问题；压栈和出栈必须按照"先进后出"的顺序；压入和推出的数据个数必须一致。

(2)数据共享问题

在使用中断中都会遇到这样一个问题:中断程序可能会与用户所写的其他任务代码通信。通常来讲,要保证微处理器的实时性和中断的及时响应,必须要求中断服务程序所占时间尽可能短,如果把微处理器所做的工作全部放到中断程序中去做既不可能也不合算,因此,中断程序需要通知任务代码来做后续工作处理。在这种情况下,中断程序和任务代码就必须共享一个或多个变量来实现它们之间的通信。

图 4-3 所示的代码段给出了开始使用中断时遇到的经典数据共享问题。假定图 4-3 用于两个温度的比较,这段代码监控两个应该相等的温度,如果它们不相等了,就表示反应堆出了故障。在代码中,main 函数是一个无限循环,它的功能是确保两个温度相等。中断程序 ReadTemperatures 会周期性地被执行:当一个或两个温度发生变化时,温度传感器会发出中断请求;计数器每隔几毫秒会向微处理器发出中断请求去执行中断程序,中断程序读取新的温度值。这样设计的目的是为了保证两个温度一旦不相同,系统能即时发出警报。

```
static int iTemperatures [2];
void interrupt vReadTemperatures (void)
{
    iTemperatures [0] = //从硬件中读出温度值
    iTemperatures [1] = //从硬件中读出温度值
}
void main ()
{
    int iTemp0, iTemp1;
    while (TURE) {
        iTemp0 = iTemperatures [0];
        iTemp1 = iTemperatures [1];
        if (iTemp0! = iTemp1)
            //发出警报
}
```

图 4-3 经典的数据共享问题

事实上,这个程序可能会发生误报警。当温度以相同的值同时变化时,假定数据 iTemperatures 在某个时刻的温度值为 73,现假设微处理器执行完下面这行代码:

iTemp0 = iTemperatures [0];

此时,中断发生了,而这个时候两个温度值都变成了 74。中断服务程序会把数组 iTemperatures 中的元素值都改成 74。当中断服务程序执行完后,微处理器会继续执行下面这行代码:

iTemp1 = iTemperatures [1];

既然现在数组中的元素值为 74,iTemp1 也被赋值为 74。当微处理器执行下一行比较 iTemp0 和 iTemp1 的代码时,虽然两个温度采样值相等,但是由于比较的两个变量 iTemp0 和 iTemp1 值不一样,系统照样会发出报警。

如果去掉中间变量 iTemp0 和 iTemp1,直接用数组 iTemperatures 的两个元素来进行比较,又会发生什么问题呢?

下面来分析一下比较语句的汇编代码。尽管微处理器通常不会中断单条汇编语言指令,但是并不等于每条 C 语言语句等同于一条汇编指令。如图 4-4 所示，比较语句经编译器编译后被分解成 4 条汇编指令执行，在这 4 条语句的任何一个位置都有可能产生中断。如果中断发生在 iTemperatures［0］和 iTemperatures［1］赋值的两条语句之间时，就会发生前面相同的情况。

```
...
MOVE R1,（iTemperature［0］）
MOVE R2,（iTemperature［1］）
SUBTRACT R1，R2
JCOND ZERO, TEMPRATURES_OK
...
//发出警报
...
TEMPRATURES_OK：
```

图 4-4　等同于图 4-3 的汇编代码

要解决前面发生的数据共享问题，方法是在任务代码使用共享数据时禁止中断。例如，假定 disable 函数禁止中断，enable 函数允许中断，图 4-5 就没有数据共享问题。

```
static int iTemperatures［2］;
void interrupt vReadTemperatures（void）
{
  iTemperatures［0］=//从硬件中读出温度值
  iTemperatures［1］=//从硬件中读出温度值
}
void main（）
{
  int iTemp0, iTemp1;
  while（TURE）{
    disable（）;
    iTemp0 = iTemperatures［0］;
    iTemp1 = iTemperatures［1］;
    enable（）;
    if（iTemp0！= iTemp1）
      //发出警报
```

```
...
DI
MOV R1,（iTemperature［0］）
MOV R2,（iTemperature［1］）
EI
SUBTRACT R1，R2
JCOND ZERO, TEMPRAT URES_OK
...
//发出警报
...
TEMPRATURES_OK：
...
```

图 4-5　禁止中断来解决图 4-3 中的数据共享问题

虽然硬件能收到中断信号，但微处理器在中断被禁止期间并不会相应中断，跳转到中断服务程序中，因此，不会产生数据共享带来的问题；但禁止中断的同时会造成中断延迟问题。

3. 原子的和临界区

程序中不能被中断的部分代码成为原子的。对数据共享问题的更精确的看法是：中断程序、任务代码共享数据和使用共享数据的任务代码不是原子的。只要在任务代码使用共享数据时禁止中断，就可以保证那些代码是原子的，这样，数据共享问题就得到了解决。

有时候,任务是用"原子的"这个概念并不是指程序不可中断,而是指不能被任何可能扰乱正在使用数据的操作所中断。从数据共享问题的观点看,这两个定义实际上是一致的。要解决数据共享问题,核反应堆程序只需要在读温度时禁止中断就可以了。如果其他的中断改变了一些数据(如每天的时间、水压、流压等),任务代码在处理温度时,这些数据的改变都不会产生问题。

把必须是"原子的"以保证系统正常运转的指令的集合定义为临界区。

4. 中断延迟时间

所谓中断延迟时间是指系统响应一个中断所需要花费的时间,即一个系统对中断的响应速度的快慢,它主要取决于以下 4 个因素:

1)中断被禁止的最长时间。
2)任一个优先级更高的中断的中断服务程序执行时间。
3)处理器停止当前任务、保存必要的信息以及执行中断程序中的指令所需要花费的时间。
4)从中断程序保存上下文到完成一次响应所需要的时间。

5. 中断的一些常见问题

1)在中断发生时,微处理器怎么知道去哪里执行中断服务程序呢?

不同的微处理器处理这个问题会有所不同,这些可以在微处理器的用户手册中找到答案。一些微处理器假定中断服务程序在固定的位置。例如,一个 I/O 芯片往 Intel8051 的第一个中断请求引脚上发出了信号,8051 就假定中断服务程序在地址 0x0003 处,从而保证中断服务程序从地址 0x0003 处开始执行。还有一些微处理器采取更复杂的办法,比较典型的就是在内存中的某个位置存放一张表,该表的内容是中断程序的地址,即中断向量,因此该表称为中断向量表。当某个中断产生时,微处理器就会在中断向量表中查找到中断服务程序的地址。三星的 44B0X 和 2410 芯片采用中断服务程序放在固定位置的方法,在以 0 地址开始的 32 个字节中依次为复位(Reset)、数据中止(Data Abort)、快速中断请求(FIQ)、中断请求(IRQ)、预取指令中断(Prefetch Abort)、软件中断(SWI)、未定义指令(Undefined Instruction)、中断入口地址,该地址存放的是中断服务程序的地址。

2)使用中断向量表的微处理器怎么知道中断向量表在哪里呢?

这同样会跟微处理器有关。在一些微处理器中,中断向量表总是在同一个位置,比如 Intel 的 80186,其中断向量表总是在地址 0x00000 处。还有一些微处理器,会通过一些方法把中断向量表的地址提供给用户程序。

3)一条指令在执行过程中,微处理器能被中断吗?

通常这是不行的。在绝大多数情况下,微处理器会在执行完当前指令以后才跳转到中断程序。最普遍的一种例外情况是那些移动大量数据的单条指令。有些处理器存在移动上千字节数据的单条指令,该指令在传送完一个字节或一个字时就能被中断,直到中断服务程序返回,该指令又从被打断的地方开始继续传送数据。

4)如果两个中断同时产生,为处理器会优先执行哪一个中断服务程序呢?

几乎所有的微处理器都会给每个中断信号分配一个优先级,微处理器的中断仲裁器根据中断优先级的高低来选择哪个中断先执行。有些微处理器的中断优先级是可以配置的。

5)一个中断请求信号能够中断另外一个中断服务程序吗?

对大多数微处理器而言，这是可以的。对于一个微处理器，这是默认行为；还有一些微处理器，必须要在中断程序中加入一条或两条指令才能允许中断嵌套。例如，在 x86 系列的处理器中，处理器一进入中断程序就会自动关闭所有的中断，因此，要想允许中断嵌套，中断服务程序必须重新打开中断。其他一些处理器不需要这样做，中断嵌套会自动发生。无论哪种情况，只能是高优先级中断去中断低优先级中断。

6）在中断被禁止的时候发生中断请求会怎么样？

在绝大数情况下，微处理器会记下发出请求的中断，等到允许中断的时候就会跳转去执行中断程序。如果中断被禁止时有多个中断发出请求信号，微处理器会在中断允许时按优先级顺序响应这些中断。因此，中断并没有被真正地禁止，而是被推迟了。

7）可以用 C 语言写中断程序吗？

通常是可以的。大多数用在嵌入式系统上的编译器都会识别一个非标准的关键字，这个关键字可以告诉编译器某个函数是一个中断程序。例如在 CodeWarrior 编译器中：

void Interrupt HandleTimerIRQ（ ）
{
　…
}

编译器会在函数 HandleTimerIRQ 前后自动加上保存和恢复上下文的代码。如果使用的微处理器是那种需要在终端程序末加上一条汇编语句 RETURN 的话，编译器就会在末尾自动加上 RETURN。如果编译器不具备这个功能，也可以先用汇编语言编写上下文保存和恢复的代码，在保存和恢复的中间的代码采用 C 语言来实现，即在汇编语言中调用 C 代码。

4.3.2　ARM 处理器的中断类型

中断对于任何一个单片机都是至关重要的。ARM 处理器提供 7 种可以使正常指令中止执行的异常情况：数据中止、快速中断请求、中断请求、预取指令中止、软件中断、复位及未定义指令。ARM 处理器把中断定义为一类特殊的异常，实际上这些异常都可以看成中断来处理。

在 ARM 处理器中，异常处理用于负责处理错误、中断和其他由外部系统触发的事件。在 ARM 的文档中，使用术语 Exception 来描述异常。Exception 主要从处理器被动接受异常的角度出发来描述，而 Interrupt 带有向处理器主动申请的色彩。在本文中，对"异常"和"中断"不作严格区分，都是指请求处理器打断正常的程序执行流程，进入特定程序循环的一种机制。

ARM 处理器一共有 7 种类型的异常，按优先级从高到低排列如下：

- Reset
- Data Abort
- FIQ
- IRQ
- Prefetch Abort
- SWI
- Undefined Instruction

中断分为两种类型，第一类是由外设引起的，即 IRQ 和 FIQ；第二类是一条引发中断的特殊指令 SWI。两种中断都会挂起正常的程序执行。

异常是需要中止指令正常执行的任何情形，包括 ARM 处理器内核产生复位、取指或存储器访问失败、遇到未定义指令、执行了软件中断指令或者出现了个外部中断等。异常处理就是处理这些异常情况的方法。大多数异常都对应一个软件的异常处理程序——一个在异常发生时执行的软件程序。

每种异常都导致内核进入一种特定的模式，如表 4-6 所示。每个处理器模式都有一组各自的分组寄存器，处理器模式决定了哪些寄存器是活动的以及对 CPSR 的完全读/写访问。同时，通过编程改变 CPSR，可以进入任何 ARM 处理器模式。用户和系统模式，不能通过异常进入，只能通过修改 CPSR 进入。

表 4-6 ARM 处理器的异常及其模式

异 常	模 式	目 的
快速中断请求	FIQ	快速中断请求处理
中断请求	IRQ	中断请求处理
SWI 和复位	SVC	操作系统的受保护模式
预取指中止和数据中止	abort	虚存或存储器保护处理
未定义指令	undefined	软件模拟硬件协处理器

中断是由 ARM 处理器外设引起的一种特殊异常。IRQ 用于处理器响应外设中断，如 WDT、定时器、UART、I^2C、SPI、RTC（实时时钟）、A/D 转换器等。FIQ 一般是为单独的中断源保留的。IRQ 可以被 FIQ 所中断，但 IRQ 不能中断 FIQ。为了使 FIQ 更快，所以这种模式有更多的影子寄存器。FIQ 不能调用 SWI。FIQ 还必须禁用中断。

每个外设都有一条中断线连接到向量中断控制器。外设功能的中断源，一般有 WDT、定时器、UART、I^2C、SPI、RTC、A/D 等，可以通过寄存器设置这些中断的优先级。ARM 处理器的中断处理需要注意以下几个问题。

1）首先就是知道 ARM 状态下的通用寄存器和程序计数器（见图 4-2），带阴影的就是相应模式下的私有寄存器。就是说，程序一般运行在系统和用户模式下，使用的是系统和用户模式下的通用寄存器，当有异常发生时，比如 FIQ，那么系统将切换到 FIQ 模式下，相应的就会采用 FIQ 模式下的寄存器，其中带阴影的就是只在 FIQ 模式下才会用到的寄存器。

2）在模式切换的过程中，要保护系统和用户模式下的通用寄存器状态，以便在异常处理完成之后程序能正常返回。因为 FIQ 模式下 R8～R14 为其私有寄存器，所以切换的过程中，系统和用户模式下的通用寄存器 R8～R14 就不用保护了，所以减少了对寄存器存取的需要，从而可以快速进行 FIQ 处理，故称为 FIQ。

3）异常处理的动作。怎样触发异常并通知处理器是由相应的硬件来自动完成。

4.3.3 ARM 处理器对异常的响应

ARM 处理器对异常的响应过程是从中断向量表开始的。一般来说，ARM 处理器的中断向量表地址是放在从 0 开始的 32 个字节内，如表 4-7 所示。

表 4-7 ARM 处理器的异常中断向量及其优先级

地　　址	异常中断类型	入口时处理器的操作模式	优先级
0x00000000	复位	超级用户	0
0x00000004	未定义指令	未定义	6
0x00000008	软件中断	超级用户	5
0x0000000c	中止（预取指）	中止	4
0x00000010	中止（数据）	中止	1
0x00000014	保留	保留	
0x00000018	IRQ	IRQ	3
0x0000001c	FIQ	FIQ	2

对一个中断的操作过程包括进入中断、中断执行和中断返回。

当一个异常出现以后，ARM 处理器在进入异常处理程序之前会执行以下几步操作（这些是中断发生时，处理器硬件自动处理的）：

1）将下一条指令的地址存入相应连接寄存器（LR），以便程序在处理异常返回时能从正确的位置重新开始执行。若异常是从 ARM 状态进入，LR 中保存的是下一条指令的地址（当前 PC + 4 或 PC + 8，与异常的类型有关），如表 4-8 所示。

表 4-8 ARM 处理器进入/退出异常时的 PC、LR 值

异常或入口	返回指令	中断执行之前的状态		备注
BL	MOV PC, R14	PC + 4	PC + 2	
SWI	MOVS PC, R14_svc	PC + 4	PC + 2	此处 PC 为 BL、SWI、未定义的取指或预取指中止指令的地址
未定义指令	MOVS PC, R14_und	PC + 4	PC + 2	
预取指中止	SUBS PC, R14_abt, #4	PC + 4	PC + 4	
FIQ	SUBS PC, R14_fiq, #4	PC + 4	PC + 4	此处 PC 为被 FIQ、IRQ 抢占而没有被执行的指令的地址
IRQ	SUBS PC, R14_irq, #4	PC + 4	PC + 4	
数据中止	SUBS PC, R14_abt, #4	PC + 8	PC + 8	此处 PC 为产生数据中止的装载或保存指令的地址
复位	—	—	—	R14_svc 中的值不可预知

若异常是从 Thumb 状态进入，则在 LR 中保存当前 PC 的偏移量，这样，异常处理程序就不需要确定异常是从何种状态进入的。例如：在软件中断异常 SWI，指令 MOV PC, R14_svc 总是返回到下一条指令，不管 SWI 是在 ARM 状态执行，还是在 Thumb 状态执行。

2）将 CPSR 复制到相应的 SPSR 中。

3）根据异常类型，强制设置 CPSR 的运行模式位。

4）强制 PC 从相关的异常向量地址取下一条指令执行，从而跳转到相应的异常处理程序处。

如果异常发生时，处理器处于 Thumb 状态，则当异常向量地址加载入 PC 时，处理器自动切换到 ARM 状态。

如以前介绍异常向量表时所提到过的，每一个异常发生时，总是从异常向量表开始起跳的，最简单的一种情况是：

向量表里面的每一条指令直接跳向对应的异常处理函数。其中，FIQ_Handler（）可以直接从地址 0x1C 处开始，省下一条跳转指令。但是，当执行跳转的时候有两个问题需要讨论，即跳转范围和异常分支。

当发生 IRQ 中断时：

1) 模式进入到 IRQ 模式，处理器自动完成以下动作：

a) 将原来执行程序的下一条指令地址保存到 LR 中，就是将 R14 保存到 R14_irq 里面。

b) 复制 CPSR 到 SPSR_irq。

c) 改变 CPSR 模式位的值，改到 IRQ 模式。

d) 改变 PC 值，将其指向异常处理向量所指的下一条指令。

2) PC 跳到 0x00000018 处运行，因为这是 IRQ 的中断入口地址。

3) 通过 0x00000018：LDR PC, IRQ_ADDR 跳转到相应的中断服务程序。这里就有确定哪个是中断源的问题了。每个中断源都会有自己的中断服务程序。

4) 得到中断源有硬件实现和软件处理两种方式，比如 LPC21XX 就是利用硬件方式。为了利用向量中断控制器的优点，对 IRQ 中断向量入口处代码做了修改，变成

0x00000018：LDR PC, [PC, #0xff0]

这条指令从内存映射地址 0xfffff030 处获得数据装载到 PC，这样就能够直接从硬件中获得中断源，减少了中断延迟。三星的 S3C44B0 需要用软件确定中断源，因此要建立中断向量表。

5) 得到中断源，调用相应的中断服务程序执行。

异常处理完毕之后，ARM 处理器会执行以下几步操作从异常返回：

1) 将 LR（R14_irq）的值减去相应的偏移量后送到 PC 中。

SUBS PC, LR_irq, #4

2) 将 SPSR（SPSR_irq）复制回 CPSR 中。

3) 若在进入异常处理时设置了中断禁止位，要在此清除。

当异常中断发生时，PC 所指的位置对于各种不同的异常中断是不同的；同样，返回地址对于各种不同的异常中断也是不同的。例外的是，复位异常中断处理程序不需要返回，因为整个应用系统是从复位异常中断处理程序开始执行的。

4.3.4　ARM 系统的中断编程机制

ARM 编程，特别是系统初始化代码的编写中，通常需要实现中断的响应、解析跳转和返回等操作，以便支持上层应用程序的开发，而这往往是困扰初学者的一个难题。中断处理的编程实现需要深入了解 ARM 内核和处理器本身的中断特征，从而设计一种快速简便的中断处理机制。需要说明的是，具体的上层高级语言编写的中断服务函数不在本节的讨论范围之内。

如前所述，ARM 系统一般采用 IRQ 异常中断来帮助外设向 CPU 请求服务。ARM 系统可接受 32 个异常中断源，同时也构成了一个 IRQ 中断向量表，在该表中可以放置自己编写的对应中断源的中断服务程序入口地址。自己编写中断向量表的具体步骤是：

1) 在 ARM 系统初始化程序中设置 IRQ 异常中断解析程序的入口地址，这可通过两条微指令来实现：

LDR   PC,   IRQ_Addr
IRQ_Addr   DCD   INT_IRQ

上面代码中的 INT_IRQ 是该系统中 IRQ 解析程序的入口地址。只要有一个 IRQ 中断请求，系统就会自动的跳转到 IRQ 异常中断解析程序。

2）编写 IRQ 中断解析程序。如前所述，ARM 处理器响应中断的时候，总是从固定的地址开始的，而在高级语言环境下开发中断服务程序时，无法控制固定地址开始的跳转流程。为了使得上层应用程序与硬件中断跳转联系起来，需要编写一段中间的服务程序来进行连接。这样的服务程序常被称作中断解析程序，通常用 ARM 汇编指令编写。IRQ 中断解析程序要做的工作主要是：将相关工作寄存器中的数据压栈保存；查寄存器 INT OFFSET 找出对应的中断源，根据 IRQ 中断向量表将该中断源对应的中断服务程序的入口地址装入 PC 中执行。每个异常中断对应一个 4 字节的空间，正好放置一条跳转指令或者向 PC 寄存器赋值的数据访问指令。图 4-6 给出一种常用的中断跳转流程。

3）编写对应中断源的中断服务程序，其流程图如图 4-7 所示。其中，中断现场保存的工作是：在 System 模式下，关闭中断，将中断返回地址压栈。在中断返回前的工作是：在 IRQ 模式下，开中断，从堆栈中取出返回地址和中断之前相关工作寄存器中的内容，重新执行主程序。中断服务的工作是具体实现外部设备向 CPU 请求的中断服务。

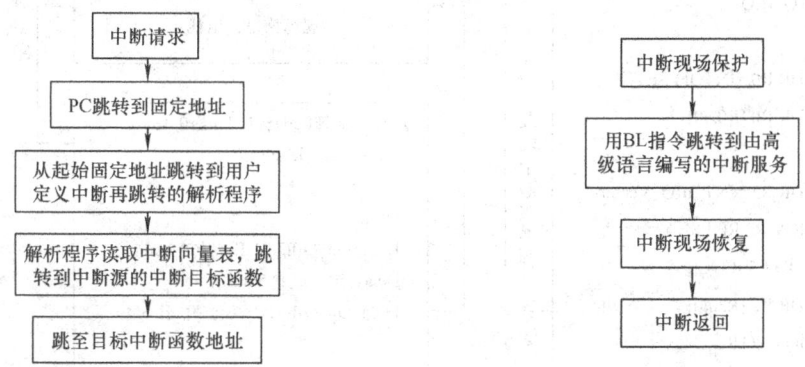

图 4-6 中断跳转流程   图 4-7 中断服务程序流程图

基于上述三个步骤，总结出 ARM 系统中断编程机制，如图 4-8 所示。

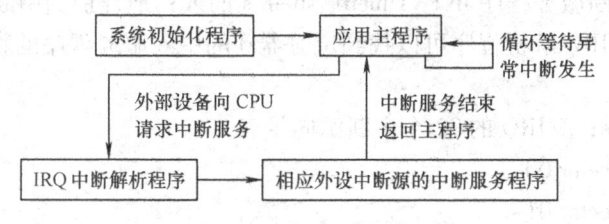

图 4-8 ARM 系统中断编程机制

4.3.5 S3C44B0X 中断编程的应用实例

图 4-8 所示的中断编程机制可以很好地实现 ARM 系统中任何外设向 CPU 请求的服务。下面通过一个实例讨论这种中断编程机制：S3C44B0X 中提供了 6 个 16 位定时器（Timer0、

Timer1、Timer2、Timer3、Timer4 和 Timer5）。现利用定时器 Timer0 计数，计数完毕后产生中断，向 CPU 请求的中断服务是使系统中的二极管 Led4 点亮一段时间再熄灭。

依据上述要求，按照 ARM 系统中断编程机制编写了系统初始化程序（startup.s）、应用主程序（main.c）、IRQ 中断解析程序（INT.S）、定时器中断服务程序（INT_Timer0.s）、点亮二极管 Led4 程序（Timer0_ISR.c）。这 5 个程序的流程图如图 4-9 所示。

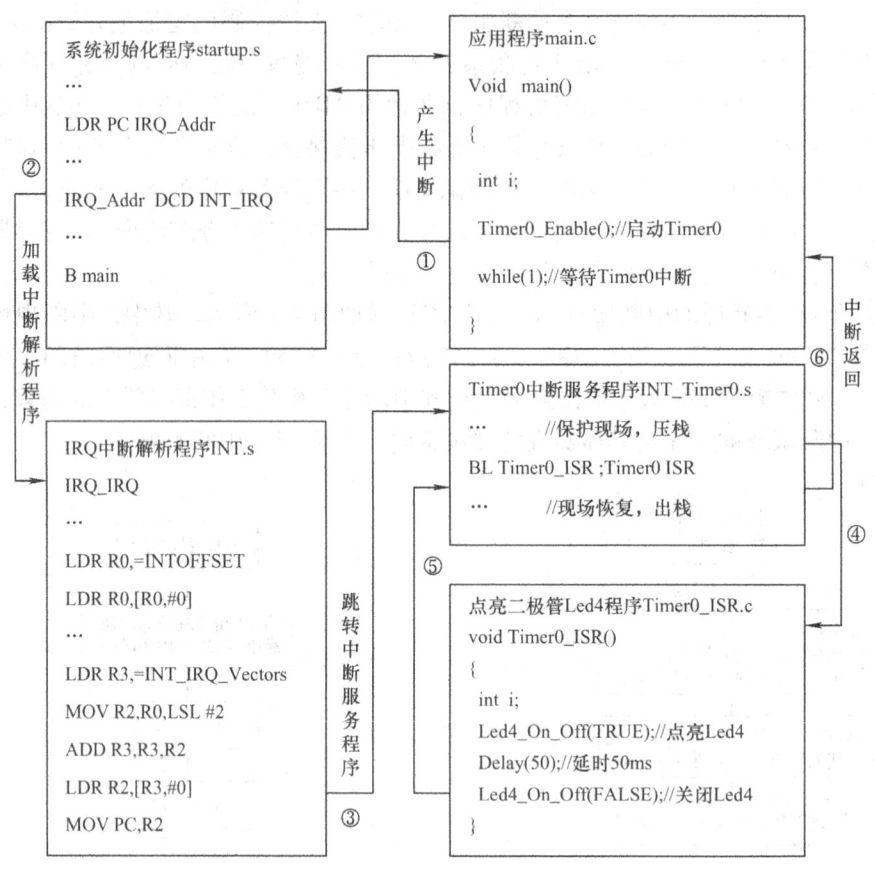

图 4-9 实例程序流程图

值得注意的是，在 IRQ 中断解析程序 INT.s 中要定义 1 个具有 32 个 IRQ 中断源的向量表，同时将定时器中断服务程序 INT_Timer0_shell.s 的入口地址加到中断向量表中。依据这个 IRQ 中断向量表，IRQ 解析程序可以找到定时器 0 的中断服务程序的物理地址。其代码如下所示：

INT_IRQ_Vectors；//IRQ 的 32 个中断源向量表
    DCD　0；//Vector 00
    DCD　0；//Vector 01
    DCD　0；//Vector 02
    …
    DCD　INT_Timer0；//Timer0 是 13 号中断，INT_Timer0 为 Timer0 的中断服务程序入口地址
    …

DCD 0; //Vector 31

从此例中可以看出，这种中断编程机制不但可以满足外设所需要的服务，而且结构流程非常清晰简便。

S3C44B0X 还提供了另一种硬件决定中断优先级的方式，这种方式只对 IRQ 中断有效。在多个中断源同时请求中断时，硬件优先级逻辑决定哪一个中断应该得到响应。同时，这个硬件逻辑提供中断向量表的一个跳转指令到 0x18（或 0x1C），在这个地址上提供了跳转到相应服务程序的跳转指令。在这种方式下需要对 INTCON 寄存器位 2 置 0，设置为 VECTORED 中断模式，IRQ 中断的中断跳转解析直接由硬件处理，用户只需要将各个中断源的中断服务程序函数名填写到对应位置。

与前一种软件跳转方式相比，这种方式将大大减少中断延迟。如果 IRQ 采用了硬件向量方式并且某个中断源在 INTMOD 寄存器中被设置为 IRQ 模式的中断，那么中断优先级产生模块将会处理该中断。

S3C44B0X 的硬件中断向量表起始地址为 0x00000020，如上例中的 Timer0 中断向量表的位置为 0x00000060，如果采用中断向量表的形式，可以直接将 INT_Timer0 填写到这个地址即可。其代码如下所示：

```
ENTRY
    B ResetHandler  ; 0x00
    B HandlerUndef  ; 0x04
    B HandlerSWI    ; 0x08
    B HandlerPabort ; 0x0c
    B HandlerDabort ; 0x10
    B .             ; 0x14
    B HandlerIRQ    ; 0x18
    B HandlerFIQ    ; 0x1c
    LDR PC, = HandlerEINT0 ; 0x20
    LDR PC, = HandlerEINT1
    ...
    B .
    B .
    LDR PC, = INT_Timer0 ; 0x60
    ...
```

4.4 ARM 系统的启动

4.4.1 Boot Loader 的概念

简单地说，Boot Loader 就是在操作系统内核运行之前运行的一段小程序。通过这段小程序，可以初始化硬件设备、建立内存空间的映射图，从而将系统的软硬件环境带到一个合适的状态，以便为最终调用操作系统内核准备好正确的环境。

通常，Boot Loader 是依赖于硬件而实现的，特别是在嵌入式系统。因此，在嵌入式系统里建立一个通用的 Boot Loader 几乎是不可能的。尽管如此，仍然可以对 Boot Loader 归纳出一些通用的概念来，以指导用户特定的 Boot Loader 设计与实现。

1. Boot Loader 所支持的 CPU 和嵌入式板

每种不同的 CPU 体系结构都有不同的 Boot Loader。有些 Boot Loader 也支持多种体系结构的 CPU，比如 U-Boot 就同时支持 ARM 体系结构和 MIPS 体系结构。除了依赖于 CPU 的体系结构外，Boot Loader 实际上也依赖于具体的嵌入式板级设备的配置。这也就是说，对于两块不同的嵌入式板而言，即使它们是基于同一种 CPU 而构建的，要想让运行在一块板子上的 Boot Loader 程序也能运行在另一块板子上，通常也都需要修改 Boot Loader 的源程序。

2. Boot Loader 的安装媒介（Installation Medium）

系统加电或复位后，所有的 CPU 通常都从某个由 CPU 制造商预先安排的地址上取指令，比如基于 ARM7TDMI 内核的 CPU 在复位时通常都从地址 0x00000000 取它的第一条指令。而基于 CPU 构建的嵌入式系统通常都有某种类型的固态存储设备（比如 ROM、EEPROM 或闪存等）被映射到这个预先安排的地址上。因此，在系统加电后，CPU 将首先执行 Boot Loader。

图 4-10 就是一个同时装有 Boot Loader、内核的启动参数、内核映像和文件系统映像的固态存储设备的典型空间分配结构。

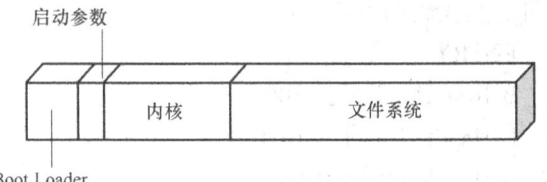

图 4-10　固态存储设备的典型空间分配结构

3. 用来控制 Boot Loader 的设备或机制

主机和目标机之间一般通过串口建立连接，Boot Loader 在执行时通常会通过串口来进行输入/输出，比如输出打印信息到串口、从串口读取用户控制字符等。

4. Boot Loader 的启动过程是单阶段（Single Stage）**还是多阶段**（Multi-Stage）

通常多阶段的 Boot Loader 能提供更为复杂的功能，以及更好的可移植性。从固态存储设备上启动的 Boot Loader 大多都是 2 阶段的启动过程，也即启动过程可以分为 stage 1 和 stage 2 两部分。而至于在 stage 1 和 stage 2 具体完成哪些任务将在下面讨论。

5. Boot Loader 的操作模式

大多数 Boot Loader 都包含两种不同的操作模式（Operation Mode）：启动加载（Boot Loading）模式和下载（Downloading）模式，这种区别仅对于开发人员才有意义。但从最终用户的角度看，Boot Loader 的作用就是用来加载操作系统，而并不存在所谓的启动加载模式与下载模式的区别。

启动加载模式：这种模式也称为自主（Autonomous）模式，也即 Boot Loader 从目标机上的某个固态存储设备上将操作系统加载到 RAM 中运行，整个过程并没有用户的介入。这种模式是 Boot Loader 的正常工作模式，因此在嵌入式产品发布的时候，Boot Loader 显然必须工作在这种模式下。

下载模式：在这种模式下，目标机上的 Boot Loader 将通过串口连接或网络连接等通信手段从主机下载文件，比如下载内核映像和根文件系统映像等。从主机下载的文件通常首先被 Boot Loader 保存到目标机的 RAM 中，然后再被 Boot Loader 写到目标机上的闪存类固态存储设备中。Boot Loader 的这种模式通常在第一次安装内核与根文件系统时被使用；此外，以后的系统更新也会使用 Boot Loader 的这种工作模式。工作于这种模式下的 Boot Loader 通常都会向它的终端用户提供一个简单的命令行接口。

像 Blob 或 U-Boot 等功能强大的 Boot Loader，通常同时支持这两种工作模式，而且允许用户在这两种工作模式之间进行切换。比如，Blob 在启动时处于正常的启动加载模式，但是它会延时 10s 等待终端用户按下任意键而将 Blob 切换到下载模式。如果在 10s 内没有用户按键，则 Blob 继续启动 Linux 内核。

6. BootLoader 与主机之间进行文件传输所用的通信设备及协议

最常见的情况就是，目标机上的 Boot Loader 通过串口与主机之间进行文件传输，传输协议通常是 xmodem/ymodem/zmodem 协议中的一种。但是，串口传输的速度是有限的，因此通过以太网连接并借助 TFTP 协议来下载文件是个更好的选择。

此外，在论及这个话题时，主机方所用的软件也要考虑。比如，在通过以太网连接和 TFTP 协议来下载文件时，主机方必须有一个软件用来提供 TFTP 服务。

在讨论了 BootLoader 的上述概念后，下面来具体看看 BootLoader 应该完成哪些任务。

4.4.2 Boot Loader 的主要任务

在继续本节的讨论之前，首先做一个假定，那就是：假定内核映像与根文件系统映像都被加载到 RAM 中运行。之所以提出这样一个假设前提，是因为在嵌入式系统中内核映像与根文件系统映像也可以直接在 ROM 或内存这样的固态存储设备中直接运行。但这种做法无疑是以运行速度的牺牲为代价的。

从操作系统的角度看，Boot Loader 的总目标就是正确地调用内核来执行。

另外，由于 Boot Loader 的实现依赖于 CPU 的体系结构，因此大多数 Boot Loader 都分为 stage1 和 stage2 两大部分。依赖于 CPU 体系结构的代码，比如设备初始化代码等，通常都放在 stage1 中，而且通常都用汇编语言来实现，以达到短小精悍的目的。而 stage2 则通常用 C 语言来实现，这样可以实现更复杂的功能，而且代码会具有更好的可读性和可移植性。

1. stage1 执行步骤

如图 4-11 所示，Boot Loader 的 stage1 通常包括以下步骤（以执行的先后顺序）：

1）启动代码的第一步是设置中断和异常向量，屏蔽所有的中断。为中断提供服务通常是操作系统中设备驱动程序的责任，因此在 Boot Loader 的执行全过程中可以不必响应任何中断。中断屏蔽可以通过写 CPU 的中断屏蔽寄存器或状态寄存器（比如 ARM 的 CPSR）来完成。

2）完成系统启动所必需的最小配置。某些处理器芯片包含一个或几个全局寄存器，这些寄存器必须在系统启动的最初进行配置，如设置 CPU 的速度和时钟频率，RAM 初始化，正确地设置系统中内存控制器的功能寄存器以及各内存库控制寄存器等。

3）初始化系统必需的外设（如设置看门狗），配置系统所使用的存储器（包括闪存、SRAM 和 DRAM 等），并为他们分配地址空

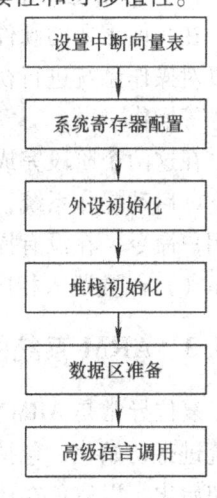

图 4-11 嵌入式系统启动流程

间。如果系统使用了 DRAM 或其他外设，就需要设置相关的寄存器，以确定其刷新频率、数据总线宽度等信息，初始化存储器系统。有些芯片可通过寄存器编程初始化存储器系统，而对于较复杂系统通常集成有 MMU 来管理内存空间。

4）为处理器的每个工作模式设置栈指针。堆栈指针的设置是为执行 C 语言代码作准备。不同处理器的堆栈配置不一样，如 ARM 处理器有多种工作模式，每种工作模式都需要设置单独的栈空间。

5）数据区准备。对于软件中所有未赋初值的全局变量，启动过程中需要将这部分变量所在区域全部清零，对变量初始化。这里的变量指的是在软件中定义的已经赋好初值的全局变量，启动过程中需要将这部分变量从只读区域（也就是闪存）复制到读写区域中，因为这部分变量的值在软件运行时有可能重新赋值。还有一种变量不需要处理，就是已经赋好初值的静态全局变量，这部分变量在软件运行过程中不会改变，因此可以直接固化在只读的闪存或 EEPROM 中。

6）最后一步是调用高级语言入口函数，比如 main 函数等。

在上述一切都就绪后，就可以跳转到 Boot Loader 的 stage2 去执行了。比如，在 ARM 系统中，这可以通过修改 PC 寄存器为合适的地址来实现。

2. Boot Loader 的 stage2

正如前面所说，stage2 的代码通常用 C 语言来实现，以便于实现更复杂的功能和取得更好的代码可读性和可移植性。stage2 的主要内容和步骤如下：

（1）初始化本阶段要使用到的硬件设备

这通常包括：初始化至少一个串口，以便和终端用户进行交互信息；初始化系统时钟、计时器等；初始化所有其他需要用到的外设。

在初始化这些设备之前，也可以重新把系统指示灯点亮，表明已经进入 main ( ) 函数开始执行。

设备初始化完成后，可以输出一些打印信息，如程序名字字符串、版本号等。

（2）初始化操作系统

在其他需要的硬件初始化完成后，操作系统赖以运行的硬件已经可以正常工作了，此时可以对操作系统进行初始化（如操作系统内核、文件系统、GUI 等的初始化），并进行创建任务等操作。

在这两个阶段完成以后，系统启动代码完成基本软硬件环境初始化。在有操作系统的情况下，启动操作系统，启动内存管理、任务调度、加载驱动程序等，最后执行应用程序或等待用户命令；在没有操作系统的情况下，直接执行应用程序或等待用户命令。系统可以从 main ( ) 函数跳入相应的任务中运行。

4.4.3 ARM 系统的启动过程

复位异常是 ARM 处理器提供的 7 种异常之一，优先级最高。复位异常处理程序主要对系统进行初始化，包括配置存储器和高速缓存，外部中断源必须在 IRQ 或 FIQ 中断允许之前初始化，以避免在还没有设置好相应的处理程序前产生中断。复位处理程序还要为所有处理器模式设置堆栈指针。

系统加电复位后，几乎所有的 CPU 都从由复位地址上取指令，比如基于 ARM7TDMI 内核的 CPU 在复位时通常都从地址 0x00000000 处取它的第一条指令。而以微处理器为核心的嵌入式系统通常都有某种类型的固态存储设备（比如 EEPROM、闪存等）被映射到这个预先设置好的地址上。因此，在系统加电复位后，处理器将首先执行存放在复位地址处的程序。通过集成开发环境可以将 Boot Loader 定位在复位地址开始的存储空间内，因此 Boot Loader 是系统加电后、操作系统内核或用户应用程序运行之前，首先必须运行的一段程序代码。对于嵌入式系统来说，有的使用操作系统，也有的不使用操作系统（比如功能简单仅包括应用程序的系统），但在系统启动时都必须执行 Boot Loader，为系统运行准备好软硬件运行环境。

Boot Loader 一般要用纯汇编语言来写，但是用汇编语言写的程序其可读性没有用 C 语言写的程序好，也不宜维护，没办法向其他类型的 CPU 移植。因此，部分代码可以采用 C 语言实现。

像大多数 Boot Loader 一样，ARM 系统的启动过程包含以下两种不同的操作模式：

1. 启动加载模式

Boot Loader 从目标机上的某个固态存储设备上将操作系统加载到 RAM 中运行，整个过程并没有用户的介入。

系统加电或复位后，所有的 CPU 通常都从某个由 CPU 制造商预先安排的地址上取指令，而基于 CPU 构建的嵌入式系统通常都有某种类型的固态存储设备（比如 ROM、EEPROM 或闪存等）被映射到这个预先安排的地址上。因此，在系统加电后，CPU 可以首先执行 Boot Loader。不同体系结构的 CPU 之间软件编程接口差异很大，实现起来具备一定的难度，但是对于同一体系结构的 CPU，由于其编程控制接口的连续性和继承性，使得实现一种可以在其上运行的通用 Boot Loader 成为可能。

ARM7 和 ARM9 系列都遵循同样的启动流程：系统复位后从 0x00000000 开始执行，CPU 工作在系统态，需要关闭所有外部中断，关闭看门狗定时器，设置时钟源，初始化动态存储器，设置 PLL（锁相环）参数，自加载到动态存储器运行，根据需要初始化串口、网卡等外部设备，提供一个用户接口或直接加载内核。而且，出于设计通用 Boot Loader 的考虑，最小化 Boot Loader 所处理的硬件范围，采用将硬件结构上的差异隔离出启动代码的方法，模块化与阶段化启动源代码的结构，将更多的功能放在尽量靠后的阶段。通过这一系列设计技术，实现了一个基本上通用于 ARM 结构 CPU 的 Boot Loader。

2. 下载（Downloading）模式

Boot Loader 将通过串口连接或网络连接等通信手段从主机下载文件，比如下载内核映像和根文件系统映像等。

ARM 系统启动的一般步骤为：

1）设置中断向量表。
2）初始化存储设备。
3）初始化堆栈。
4）初始化用户执行环境。
5）呼叫主应用程序。

（1）设置中断向量表

ARM 处理器要求中断向量表必须放置在从 0 地址开始、连续 8×4 字节的空间内。每当一个中断发生以后，ARM 处理器便强制把 PC 指针置为中断向量表中对应中断类型的地址值。因为每个中断只占据中断向量表中 1 个字的存储空间，故只能放置一条 ARM 指令，使程序跳转到存储器的其他地方，再执行中断处理。中断向量表的程序实现通常如下表示：

AREA Boot, CODE, READONLY
ENTRY
B ResetHandler
B UndefHandler
B SWIHandler
B PreAbortHandler
B DataAbortHandler
B
B IRQHandler
B FIQHandler

其中，关键字 ENTRY 用于指定编译器保留这段代码，因为编译器可能会认为这是一段冗余代码而加以优化。链接的时候要确保这段代码被链接在 0 地址处，并且作为整个程序的入口。

（2）初始化存储设备

存储器端口的接口时序优化是非常重要的，这会影响到整个系统的性能。因为一般系统运行的速度瓶颈都存在于存储器访问，所以存储器访问速度应尽可能快；而同时又要考虑到由此带来的稳定性问题。

在不同的板子上处理芯片、存储设备以及其接口差异很大，应根据不同的情况来配置。

（3）初始化堆栈

因为 ARM 处理器有 7 种执行状态，每一种状态的堆栈指针寄存器（SP）都是独立的。因此，对程序中需要用到的每一种模式都要给 SP 定义一个堆栈地址，方法是：改变状态寄存器内的状态位，使处理器切换到不同的状态，然后给 SP 赋值。注意：不要切换到 User 模式进行 User 模式的堆栈设置，因为进入 User 模式后就不能再操作 CPSR 回到别的模式了，可能会对接下去的程序执行造成影响。

这是一段堆栈初始化的代码示例：
MRS　R0, CPSR；//读取 CPSR 的值
BIC　R0, R0, #MODEMASK；//把模式位清零
ORR　R1, R0, #UNDEFMODE | NOINT
MSR　CPSR_cxsf, R1；UNDEFMODE
LDR　SP, = UndefStack

其他模式下堆栈的初始化也与此类似。

堆栈地址的定义一般如下：
UserStack # 1024；# = field 　//定义一个数据域，长度为 1024
SVCStack # 1024
UndefStack # 1024
AbortStack # 1024

IRQStack # 1024

FIQStack # 0

（4）初始化用户执行环境

一个 ARM 映像文件由 RO、RW 和 ZI 三个段组成，其中 RO 为代码段，RW 是已初始化的全局变量，ZI 是未初始化的全局变量。

映像一开始总是存储在 ROM/闪存中的，其 RO 部分既可以在 ROM/闪存中执行，也可以转移到速度更快的 RAM 中执行；而 RW 和 ZI 这两部分是必须转移到可写的 RAM 中去。所谓应用程序执行环境的初始化，就是完成必要的从 ROM 到 RAM 的数据传输和内容清零。

编译器使用下列符号来记录各段的起始和结束地址：

| Image $$ RO $$ Base | ：RO 段起始地址

| Image $$ RO $$ Limit | ：RO 段结束地址加 1

| Image $$ RW $$ Base | ：RW 段起始地址

| Image $$ RW $$ Limit | ：RW 段结束地址加 1

| Image $$ ZI $$ Base | ：ZI 段起始地址

| Image $$ ZI $$ Limit | ：ZI 段结束地址加 1

这些标号的值是根据链接器中设置的中 RO-Base 和 RW-Base 的设置来计算的。初始化用户执行环境主要是把 RO、RW、ZI 三段复制到指定的位置。

（5）呼叫主应用程序

当所有的系统初始化工作完成之后，就需要把程序流程转入主应用程序。最简单的一种情况是：

IMPORT main

B main

直接从启动代码跳转到应用程序的主函数入口，当然主函数名字可以由用户随便定义。

对于 PC，其开机后的初始化处理器配置、硬件初始化等操作是由 BIOS（Basic Input / Output System）完成的。但对于嵌入式系统来说，出于经济性、价格方面的考虑，一般不配置 BIOS，因此必须自行编写完成这些工作的程序，这就是所需要的开机程序。而在嵌入式系统中，通常并没有像 BIOS 那样的固件程序，启动时用于完成初始化操作的这段代码被称为 Boot Loader，因此整个系统的加载启动任务就完全由 Boot Loader 来完成。简单地说，通过这段程序，可以初始化硬件设备、建立内存空间的映射图（有的 CPU 没有内存映射功能，如 S3C44B0X），从而将系统的软硬件环境设定在一个合适的状态，以便为最终调用操作系统内核、运行用户应用程序准备好正确的环境。Boot Loader 依赖于实际的硬件和应用环境，因此要为嵌入式系统建立一个通用、标准的 Boot Loader 是非常困难的。Boot Loader 也依赖于具体的嵌入式板级设备的配置，这也就是说，对于两块不同的嵌入式主板而言，即使它们基于同一 CPU 而构建，要想让运行在一块板子上的 Boot Loader 也能运行在另一块板子上，通常都需要修改 Boot Loader 的源程序。

4.4.4 ARM 系统启动代码分析

下面根据实际经过测试的代码详细讲述 ARM 系统的启动过程。

1. 设置中断向量表

```
.text       //将此操作符开始的代码编译到代码段或代码段子段中
// 集成开发环境（IDE）可以通过链接脚本文件将下面的语句定位在零起始地址，系
统上电后 CPU 从此处开始执行
ENTRY：
B ResetHandler    //跳至 ResetHandler，此句被定位在零起始地址
//除用户模式外的其他 6 种模式称为特权模式。特权模式主要处理异常和监控调用（有
时称为软件中断），它们可以自由地访问系统资源和改变模式。特权模式中除系统模式以外
的其他 5 种模式又称为异常模式。出现异常时，CPU 就会根据以下的语句自动跳转到对应的
异常处理程序处
B HandlerUndef       // handlerUndef
B HandlerSWI         // SWI interrupt handler
B HandlerPabort      // handlerPAbort
B HandlerDabort      // handlerDAbort
B .                  // handlerReserved
B HandlerIRQ
B HandlerFIQ
…
ResetHandler：   //上电后跳转到此处开始执行
    LDR    R0, = WTCON    //禁止看门狗
    LDR    R1, = 0x0
    STR    R1, [R0]
    LDR    R0, = INTMSK    //屏蔽所有中断请求
    LDR    R1, = 0x07ffffff
    STR    R1, [R0]
    //设置时钟控制寄存器
    LDR    R0, = LOCKTIME
    LDR    R1, = 0xfff
    STR    R1, [R0]
.if PLLONSTART
    LDR    R0, = PLLCON    // 设置 PLL 参数
    LDR    R1, = ((M_DIV << 12) + (P_DIV << 4) + S_DIV)  //Fin = 8MHz, Fout = 64MHz
    STR    R1, [R0]
.endif
    LDR    R0, = CLKCON
    LDR    R1, = 0x7ff8    //打开所有单元时钟
    STR    R1, [R0]
//为 BDMA 设置复位值
    LDR    R0, = BDIDES0
```

```
LDR    R1,  =0x40000000    //BDIDESn 复位值应为 0x40000000
STR    R1,  [R0]
LDR    R0,  =BDIDES1
LDR    R1,  =0x40000000    //BDIDESn 复位值应为 0x40000000
STR    R1,  [R0]
```

2. 初始化存储设备

存储器的配置数据都存储在 SMRDATA 为起始地址的数据表中，下面的代码可以一次将预先配置好的初始化数据存入与存储器控制器相关的 13 个寄存器，这些寄存器则是以 0x01c80000 为起始地址的 13 个连续的 32 位寄存器。

```
LDR    R0,  =SMRDATA
LDMIA  R0,  {R1-R13}
LDR    R0,  =0x01c80000    // BWSCON 存储控制寄存器地址
STMIA  R0,  {R1-R13}
```

3. 初始化堆栈

CPU 复位后是处于管理模式下的，所以首先要初始化管理模式下的堆栈寄存器。

```
LDR    SP,  =SVCStack
```

由于处理器的每种运行模式都要有自己独立的物理堆栈寄存器 R13，在用户应用程序的初始化部分，一般都要初始化每种模式下的 R13，使其指向该运行模式的堆栈空间。这样，当程序的运行进入异常模式时，可以将需要保护的寄存器放入 R13 所指向的堆栈，而当程序从异常模式返回时，则从对应的堆栈中恢复，采用这种方式可以保证异常发生后程序的正常执行。

```
BL     InitStacks    //跳转至其他堆栈初始化程序并返回
```

4. 初始化用户执行环境

（1）设置 IRQ 中断处理

S3C44B0X 有两种中断模式：一种是没有中断向量表；一种是使用了中断向量表，使用中断向量表只能是 IRQ 方式。使用中断向量表时，中断发生后，由 S3C44B0X 的中断控制器根据中断向量表利用硬件方式自动跳转到相应的中断处理服务程序所在的位置；不使用中断向量表时，按下面的代码利用软件方式跳转而进行中断处理。因为 S3C44B0X 有 30 个中断源，所以需要程序判断及确定调用哪个中断服务程序，这部分内容详见中断部分。

```
LDR    R0,  =HandleIRQ   //如果在 0x18 和 0x1c 地址处无 "subs pc, lr, #4"
LDR    R1,  =IsrIRQ      //为了中断正常返回，这些语句是必需的
STR    R1,  [r0]
```

（2）复制数据

在系统运行之前，一般需将系统要读写的数据和变量从 ROM 复制到 RAM。

Image $$ RO $$ Limit、Image $$ RW $$ Base、Image $$ ZI $$ Base 等这些符号还会在另外的链接脚本文件中出现，它们用来定位程序各个段的参考信息。集成开发环境在编译链接的时候会根据所编写的程序，把它们转换成用来对各个段定位的地址信息。

```
LDR    R0,  =|Image $$ RO $$ Limit|   //取只读数据区域地址指针
LDR    R1,  =|Image $$ RW $$ Base|    //准备执行复制操作
```

```
    LDR      R3, =|Image $$ ZI $$ Base|
    CMP      R0, R1           //检查是否相同
    BEQ      F1               //相同则跳过复制操作
F0：
    CMP      R1, R3           //执行复制操作
    LDRCC    R2, [R0], #4
    STRCC    R2, [R1], #4
    BCC      F0
F1：
    LDR      R1, =|Image $$ ZI $$ Base|  //零数据准备区起始地址
    MOV      R2, #0
F2：
    CMP      R3, R1           //执行数据区清零
    STRCC    R2, [R3], #4
    BCC      F2
    MRS      R0, CPSR
    BIC      R0, R0, #NOINT   //中断请求允许
    MSR      CPSR-cxsf, R0
```

5. 呼叫主应用程序

```
    BL       main
```

启动过程中的初始化程序就是初始化 CPU 内部各个关键的寄存器、配置外围硬件电路相关寄存器、建立中断向量表等，然后跳转到一般由高级语言编写的主函数的应用程序代码去执行，这样就可以利用高级语言来编写完成系统设计所要求的各种功能。初始化的过程对大多数初学者来说，比较难理解的是中断的处理和一些少见的操作符号，这些符号多是一些宏定义或系统用于在内存空间中对各个段的定位标识符号。掌握了 S3C44B0X 的启动代码之后，对系统功能程序设计会起到很大的帮助，是进行下一步程序设计的基础。

4.5 S3C44B0X 简介

三星公司推出的 16/32 位 RISC 处理器 S3C44B0X，为手持设备和一般类型应用提供了高性价比和高性能的微控制器解决方案。为了降低成本，S3C44B0X 提供了丰富的内置部件，包括：8KB 高速缓存，内部 SRAM，LCD 控制器，带自动握手的 2 通道 UART，4 通道 DMA，系统管理器（片选逻辑，FP/EDO/SDRAM 控制器），带有 PWM（脉冲调制）功能的 5 通道定制器，I/O 端口，RTC，8 通道 10 位 ADC（A/D 转换器），I^2C-BUS 接口，IIS-BUS 接口，同步 SIO（串行输入/输出）接口和 PLL 倍频器。S3C44B0X 采用了 ARM7TDMI 内核、0.25μm 工艺的 CMOS 标准宏单元和存储编译器。它的低功耗和出色的全静态设计特别适用于对成本和功耗敏感的应用。同样，S3C44B0X 还采用了一种新的总线结构，即 SAMBAII（三星 ARM CPU 嵌入式微处理器总线结构）。S3C44B0X 的杰出特性源于它的 CPU 内核，是由 ARM 公司设计的 16/32 位 ARM7TDMI RISC 处理器（66MHZ）。ARM7TDMI 体系结构的特

点是它集成了 Thumb 代码压缩器、ICE 断点调试支持和一个 32 位的硬件乘法器。

S3C44B0X 通过提供全面的、通用的片上外设，大大减少了系统电路中除处理器以外的元器件配置，从而最小化系统的成本。S3C44B0X 提供以下特性：

1. 系统管理器
- 支持大/小端方式；
- 寻址空间：每 bank（存储体）32MB（共 256MB）；
- 支持每 Bank 可编程的 8/16/32 位数据总线宽度；
- 7 个 Bank 具有固定的 Bank 起始地址和可编程的 Bank 大小；
- 1 个 Bank 具有可编程的 Bank 起始地址和 Bank 大小；
- 8 个存储器 Bank：6 个 ROM，SRAM Bank；2 个 ROM/SRAM/DRAM（快速页面（FP），扩展数据输出（EDO）和同步 DRAM）；
- 所有的存储器 Bank 具有可编程的操作周期；
- 支持外部等待信号延长总线周期；
- 支持掉电时 DRAM/SDRAM 的自刷新模式；
- 支持均匀/非均匀的 DRAM 地址。

2. 高速缓存和内部 SRAM
- 一体化的 8KB 高速缓存；
- 未用的高速缓存空间用来作为 0/4/8KB 的 SRAM 存储空间；
- 支持 LRU（近期最少使用）替换算法；
- 采用保持主存储器与高速缓存内容一致性的"写穿式"策略；
- 写存储器具有 4 级深度；
- 当高速缓存未命中时，采用"请求数据优首先填充"技术。

3. 时钟和电源管理
- 低功耗；
- 片上 PLL 使微控制器的最大工作时钟达到 75MHz；
- 可以通过软件设置各功能模块的输入时钟；
- 电源模式：正常、慢速、空闲和停止模式；

正常模式：正常工作模式；
慢速模式：不加 PLL 的低时钟频率模式；
空闲模式：只停止 CPU 的时钟；
停止模式：停止所有时钟，通过 EINT [7：0] 或 RTC 将报警中断从停止模式唤醒。

4. 中断控制器
- 30 个中断源（看门狗定时器，6 个定时器，6 个 UART，8 个外部中断，4 个 DMA，2 个 RTC，1 个 ADC，1 个 I^2C，1 个 SIO）；
- 采用向量化的 IRQ 中断模式以减少中断的延迟；
- 可选的电平/边沿模式触发外部中断；
- 电平/边沿模式具有可编程的优先级；
- 支持 FIQ，为紧急的中断请求进行服务。

5. 定时器和 PWM

- 5 通道 16 位具有 PWM 功能的定时器，1 通道 16 位内部定时器（可进行基于 DMA 或中断的操作）；
- 可编程的占空比周期、频率和优先级；
- 能产生死区；
- 支持外部时钟源。

6. RTC
- 充分的时钟特性：毫秒，秒，分钟，小时，日，星期，月，年；
- 32.768KHz 时钟；
- 定时警报，可用于唤醒 CPU；
- 可产生时钟节拍中断。

7. 通用 I/O 接口
- 8 个外部中断口；
- 71 个多功能输入/输出口。

8. UART
- 2 通道 UART，可进行基于 DMA 或中断的操作；
- 支持 5 位、6 位、7 位或 8 位串行数据传输/接收；
- 支持在发送/接收期间的 H/W（硬件）握手功能；
- 可编程的波特率；
- 支持 IrDA 1.0（115.2Kbit/s）；
- 支持用于测试的回馈模式；
- 每个通道具有 2 个内部 32 字节的 FIFO（先进先出）分别用于输入和输出。

9. DMA 控制器
- 2 通道通用 DMA 控制器，不需要 CPU 干预；
- 2 通道 DMA 桥（外设 DMA）控制器；
- 支持 I/O 到存储器、存储器到 I/O、I/O 到 I/O 的 6 种 DMA 请求：软件，4 个内部功能模块（UART，SIO，定时器，IIS），外部引脚；
- 在同时发生的多个 DMA 之间具有可编程的优先级顺序；
- 采用猝发式的传输模式以提高 FPDRAM、EDODRAM 和 SDRAM 的数据传输速率；
- 支持在外设到存储器和存储器到外设之间采用 fly-by（飞越）模式。

10. ADC
- 8 通道的 ADC；
- 最大转换速率 500K SPS（每秒采样点数）/10bit。

11. LCD 控制器
- 支持彩色/黑白/灰度 LCD；
- 支持单路扫描和双路扫描；
- 支持虚拟显示屏功能；
- 系统存储器用来作为显示缓存；
- 用专门的 DMA 来从系统存储器中获得图像数据；
- 可编程的屏幕大小；

- 灰度等级：16 级灰度；
- 最多 256 种颜色。

12. 看门狗定时器
- 16 位的看门狗定时器；
- 在定时器溢出时发出中断请求或系统复位。

13. I^2C 总线接口
- 1 通道多主 I^2C 总线，可进行基于中断的操作模式；
- 可进行串行、8 位、双向数据传输，标准模式速度达到 100Kbit/s，快速模式达到 400Kbit/s。

14. IIS 总线接口
- 1 通道音频 IIS 总线接口，可进行基于 DMA 的操作；
- 串行，每通道 8/16 位数据传输；
- 支持 MSB-justified（最高有效位确认）数据格式。

15. SIO
- 1 通道 SIO，可进行基于 DMA 或中断的操作；
- 可编程的波特率；
- 支持 8 位串行数据的传输和接收操作。

S3C44B0X 内部存储器控制器的作用是，为外部存储器操作提供两套必要的存储器控制信号。

其存储空间分配如图 4-12 所示。

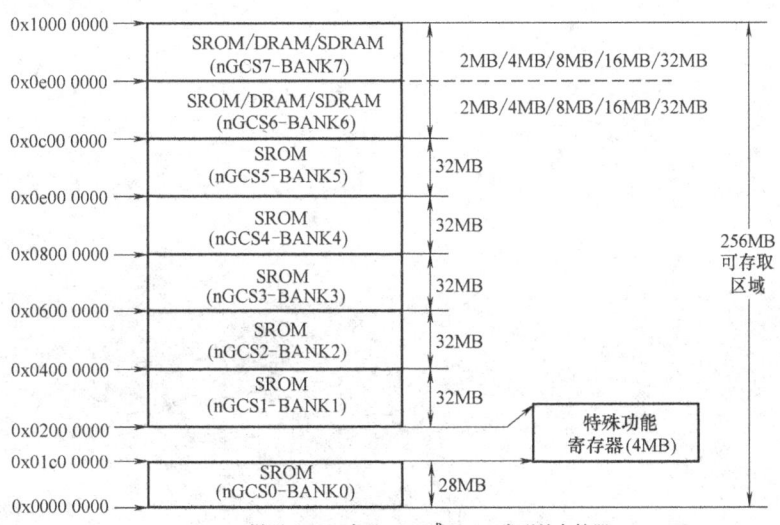

图 4-12　S3C44B0X 的存储空间分配

这存储空间共分成 8 个 Bank。Bank0～Bank5 可以用作 ROM、SRAM 映射空间或外设扩展地址空间，其中 Bank0 一般分配给系统启动存储，如外扩 EEPROM，可以将系统启动代码 Boot Loader 放在该空间。Bank6、Bank7 可用 FP/EDO/SDRAM 等映射空间。

地址 0x01c00000～0x02000000 共 4MB，用于分配给片内特殊功能寄存器，如集成外设寄存器。

习 题 4

1. ARM 处理器的特点有哪些？
2. 简述 ARM 处理器的工作状态。
3. 简述 ARM 处理器的 7 种运行模式。
4. 简述外部中断响应过程执行的步骤有哪些？
5. 说明有无中断向量表时中断响应过程的异同点？
6. 简述 Boot Loader 的作用。
7. 基于嵌入式操作系统开发的嵌入式系统，从复位开始，直到执行用户的应用程序代码过程中，完成了哪些必要的操作？

大 作 业 2

以 UART 中断为例，编写 UART 中断服务程序，并编写汇编程序说明 UART 中断响应与程序调用过程。

第 5 章　嵌入式系统常用模块设计

嵌入式系统要完成设计的功能,必须通过相应的外设来实现。嵌入式系统常用外设除了存储设备以外还包括通信总线及接口(如 UART、USB、I^2C、SPI 等)、人机交互设备(如 LCD、键盘、触摸屏等)、其他输入输出设备(如 A/D、D/A、PWM 等)。本章针对嵌入式系统中常用的一些设备及接口原理进行说明,并进行硬件电路及驱动编程设计,以便于读者能从中掌握常用模块的电路设计和驱动程序编写方法。

5.1　电源模块设计

ARM 处理器因其高性能和低功耗的特性,特别适合于便携式系统的应用。而系统级的供电问题对于电源的有效管理也是非常重要的:一方面电源模块应尽可能满足对各模块的不同用电电压问题;另一方面要努力降低嵌入式系统的用电量。

电子设备电源系统包括交流电源和直流电源。电源部分是整个系统的基础,这部分的稳定工作对整个 ARM 核心板的稳定工作起着至关重要的作用,而 ARM 处理器也带有先进的系统状态控制及电源管理。供电方面,各部件甚至是同一部件各引脚上的电平值都有可能不同,因此还必须清楚整个系统的电源需求。本节主要分析电源的工作状态,然后给出 ARM 系统中电源部分的硬件设计、电源管理软件操作。

5.1.1　电源工作原理

1. 系统工作状态

几乎所有的 ARM 处理器都设计有空闲模式。在空闲模式状态下,处理器的主时钟停止,以减少处理器在空闲状态下的功耗。当嵌入式操作系统发现处理器当前没有可执行的任务时,便将处理器置于空闲状态。当系统发生中断时,处理器从空闲状态被唤醒。大多数系统都有操作系统计时器中断,因此,处理器在 1s 内能够进出空闲状态几千次。

值得注意的是,处理器空闲模式仅影响处理器本身,对系统的其他硬件不产生任何影响。系统运行模式的转换如图 5-1 所示。

(1) 系统挂起模式

在系统挂起模式(也称睡眠模式)下,只有以下部件继续工作:SDRAM、处理器功耗管理电路、唤醒电路。因为 SDRAM 里面的内容受到保护,系统的运行状态可以存入 SDRAM 中保存。以下是进入挂起模式的典型步骤:

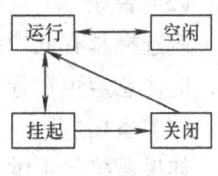

图 5-1　系统运行模式的转换

1) 用户指定、超时、低电量状态等因素启动了挂起模式。
2) 操作系统调用驱动程序把外设调整到节电状态。
3) 处理器未保存的寄存器存入 SDRAM。
4) SDRAM 进入自刷新模式。

5)处理器进入挂起模式。在该模式下,处理器的主时钟停止,系统中各供电模块关闭。

重新恢复的次序与挂起次序相反,由处理器的唤醒信号或处理器内部唤醒信号源(如实时计时报警)启动。系统执行挂起模式是个庞大的任务,必须了解如何将系统中所有的外设切换到节电状态。

(2)系统关闭状态

对 ARM 系统来说,挂起状态虽然已大大减小了功耗,但系统在挂起状态下也消耗能量,因而需要一种关闭模式,像系统没有电源一样。这种模式在电池耗尽时可以有效保护电池不被损坏;同时可使系统在安装有电池的情况下进行传输和存储。

(3)软启动

大多数系统需要一种软启动功能,软启动时,处理器被复位,但 SDRAM 里面的内容仍旧保持。目前,大部分编写式系统都选择在 SDRAM 中存储用户文件,这是一项非常有用的功能。

2. 外设耗电考虑

许多外设硬件需要对功耗管理作特殊考虑。

(1)显示及背光

在 ARM 系统中,显示设备的耗电最多。目前,有许多类型的显示设备,但大多数现代产品都选用反射式薄膜晶体管(TFT)显示屏加背光灯来作为显示设备。虽然在光线充足的情况下可以看清显示屏上的内容,但是考虑到阅读的舒适度,还是需要把背光灯打开。

LED 背光灯耗电少,如在短时间内没有任何输入,系统一般都会把背光灯关闭,如手机屏、MP3、MP4 等。

(2)低功耗 SDRAM

许多 ARM 系统都使用低功耗的 SDRAM,工作电压为 1.8~2.5V(而不是通常的 3.3V)。在运行时(100% 整循环和挂起模式时)用到 2 片 SDRAM 芯片,通过对 SDRAM 在不同工作电压下的功耗比较,用 1.8V 代替 3.3V,将大大延长便携式系统的运行时间和挂起时间。

SDRAM 支持多种低功耗状态。当系统处于挂起状态时,SDRAM 将进入自刷新模式,在该状态下,除了 CKE(时钟使能),所有对 SDRAM 的信号都无效,SDRAM 自己管理自身的刷新。当系统处于运行或空闲状态时,SDRAM 也可以进入电源关闭状态。

(3)音频

应选择具有低功耗模式的音频元件,否则,在系统挂起模式下要切断该元件的电源。另外,应注意避免在音频电路的功耗模式切换中发出刺耳的噪声。

(4)备用电源

如果系统的主供电电池是可移动的,则需要设计某种类型的备用电源。备用电源能在挂起状态下进行主电池替换时对系统继续供电。多数系统使用一个小电池作为备用电源(如纽扣电池),以满足系统挂起状态下的供电需要。

(5)紧急情况

一般硬件需要能够支持一些紧急情况。最紧急的事件是电池缺电,在此状态下,操作系统必须被告知系统电量低,然后操作系统无条件将系统转入挂起状态。另一种危机事件是电池耗尽,此时电池的电能还没真的全部耗尽,但为了保护电池,电池将不再对外放电。这种事件由少数极低功耗硬件处理,硬件电路监测到这种状态后,将把主电池从系统中断开。需要注意的是,断电后所有 SDRAM 中的内容将丢失。

(6) 漏电问题

漏电问题可能是当系统进入挂起状态后的一大问题。当集成电路断电后,某个输入信号仍维持高电平,就会产生漏电问题。

如图 5-2 所示,集成电路在输入端有一个保护二极管,电流将经过保护二极管直接进入集成电路的电源引脚,这将导致电源电压不可预知地上升,同时在系统应该使用极小能量的情况下浪费了大量的电能。

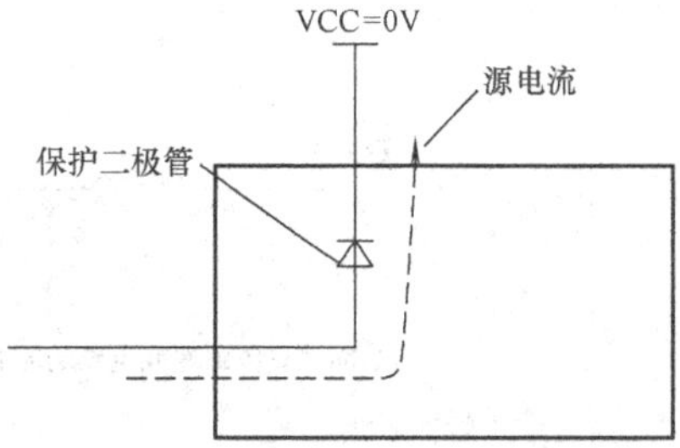

解决这个问题的方法是:在集成电路断电前,确

图 5-2 带保护二极管的集成电路

定每个输入信号(有保护二极管的)的电平为低,在挂起状态下不能驱动转为低信号的则必须加缓冲器。

5.1.2 硬件电路设计

1. 电源线与地线设计

在布线前要谨慎布局,各器件在电路板上布局应符合相应的设计原则。晶体振荡器应尽量靠近芯片,芯片滤波的电容应离芯片的电源输入端尽量近;尽量加宽电源线、地线的宽度,最好是地线比电源线宽(地线>电源线>信号线);用大面积覆铜层作地线,在印制板(PCB)上把没被用上的地方都与地相连接作地线用。

(1) 电源/电源线设计

根据电路板电流的大小,尽量加粗电源线的宽度,减少环路电流,同时使电源线、地线的走向和数据线传递的方向一致,这样有助于增强抗噪声能力。

在进行电源设计时,需要特别强调的是,模拟电路和数字电路部分要独立供电,数字地与模拟地分开,遵循单点接地的原则。系统中的模拟电源(如 PLL 电源,A/D、D/A 电源等)一般由(有噪声的)数字电源产生,可以通过以下方式获得。一种方式是数字电源与模拟电源,以及数字地与模拟地之间加铁氧体磁珠或电感构成无源滤波电路,如图 5-3a 所示。铁氧体磁珠在低频时阻抗很低,而在高频时阻抗很高,可以抑制高频干扰,从而滤除数字电路的噪声。这种方式结构简单,能满足大多数应用的要求。

另一种方式是采用多路稳压器的方法,如图 5-3b 所示。该方法能提供更好的去耦效果,但电路复杂、成本高,使用时注意模拟地和数字地必须连在一起。通常在电源和地设计时尽量采用多层板,为电源和地分别安排专用的层,同层上的多个电源、地用隔离带分割,并且用地平面代替地总线。ARM 处理器都有多个接地引脚,每个引脚都要单独接地,尽可能地减少负载的数量。

(2) 地线设计

地线设计的原则如下所示:

1) 数字地与模拟地分开。若电路板上既有数字电路又有模拟电路,则应使它们尽可能分开。低频电路的地应尽量采用单点并联接地,实际布线有困难时可部分串联后再并联接

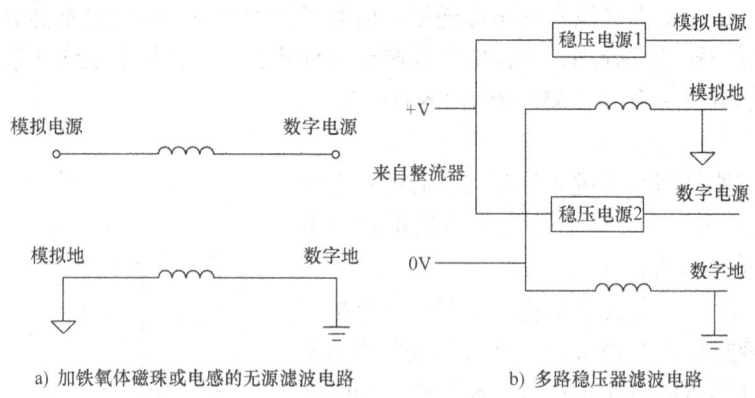

a) 加铁氧体磁珠或电感的无源滤波电路　　　b) 多路稳压器滤波电路

图 5-3　电源数/模独立供电设计

地。高频电路宜采用多点串联接地，地线应粗而短，高频元器件周围应尽量用栅格状大面积地箔。

2）接地线应尽量加粗。若接地线用很细的线条，则接地点位随电流的变化而变化，使抗噪性能降低。因此应将接地线加粗，使它能通过3倍于电路板上的允许电流。如有可能，接地线应在 2~3mm 以上。

3）接地线构成比环路。只由数字电路组成的印制板，其接地电路布成闭环路大多能提高亢噪声能力。

（3）电源滤波设计

电源滤波设计如图 5-4 所示。

- 电源引入、引出必须考虑低频和高频的滤波。
- 低频滤波电容均匀分布在 PCB 上，每个大功率器件应安装一个 16μF 以上的电解电容或钽电容，并由其所放位置处负载的特性及纹波要求来确定适当的电容值。
- 元器件的每个（组）电源/地均应安装至少一个高频滤波电容。
- 高频滤波电容必须靠近器件的电源/地引脚。

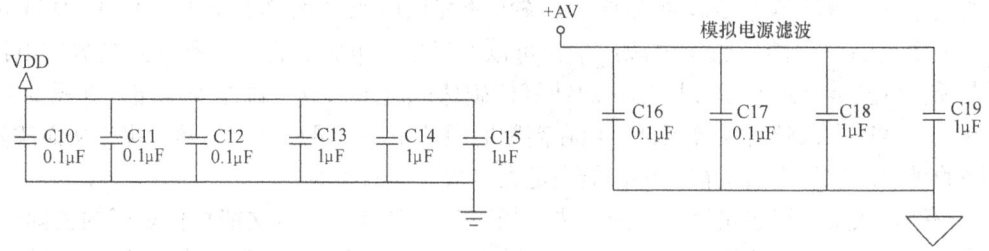

图 5-4　电源滤波设计

2. 直流电压产生方法

在系统中需要使用 12V、5V、3.3V 的直流稳压电源，其中，内核工作需 3.3V 电源，ARM 的 I/O 端口工作和部分器件需 3.3V 电源，LCD 需 5V 的直流稳压电源。扩展板的电源模块负责提供核心板和扩展板上电路的供电，采用线性稳压器。

这 3 种电压的产生方法是 12V 直流电压从外部直接引入，作为整个系统的总电源，一路直接供给作为工作电源，一路分流到电源稳压芯片 LM7805 的输入端；LM7805 的输出端产生5V直流电压,一路供给核心板上器件各5V,一路分流到3.3V直流稳压芯片ALS1117的输入端,其输出端产生3.3V直流电压。还可以采用线性稳压电源LM1085将直流的5V转换成2.5V。

3. 电源模块的电路原理图

为简化系统电源电路的设计,这里采用高质量的DC-DC电源芯片AS1117系列和LM1085系列外加一个外置稳压电源来设计完成。电源模块的电路原理图如图5-5所示。

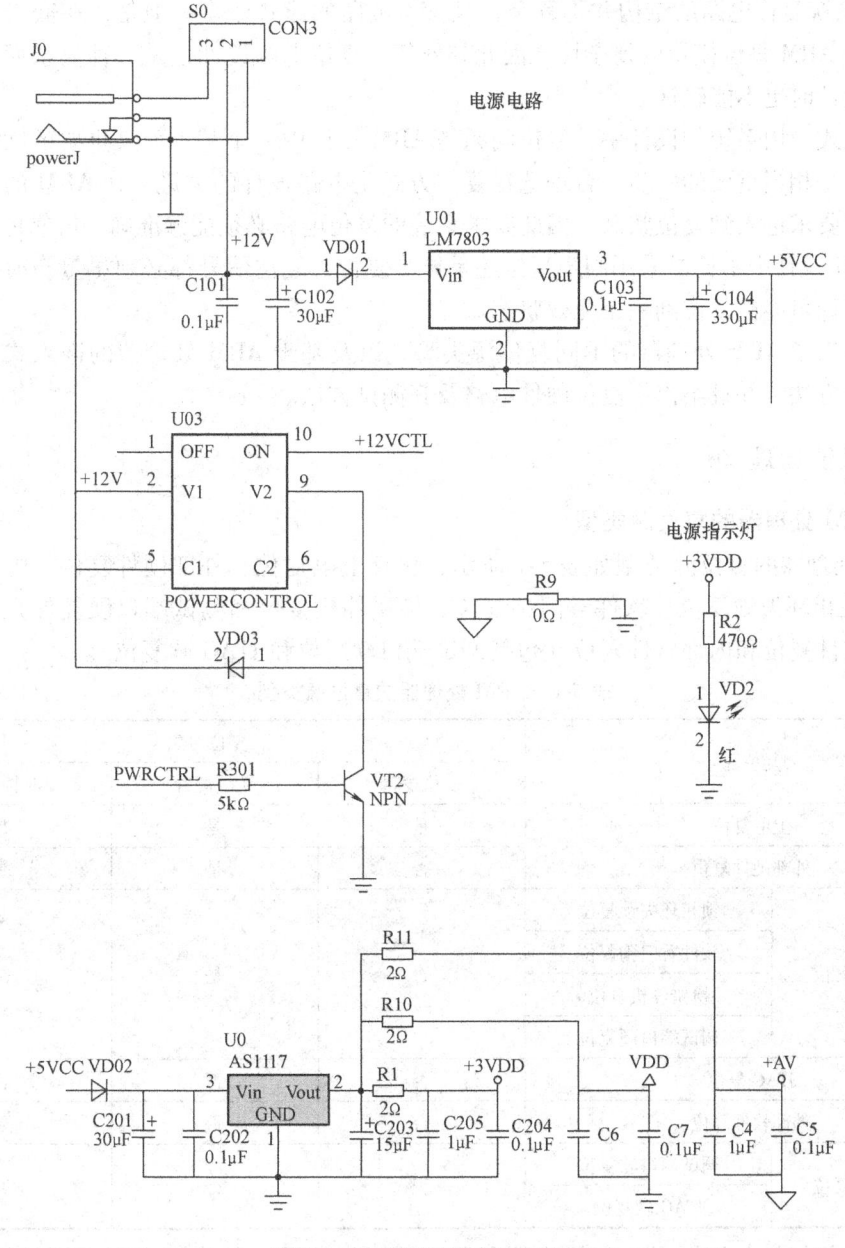

图5-5 电源模块的电路原理图

从电路原理图中可以看出,12V直流电压从电源插座powerJ进来后首先经过一个开关S0,然后分为两路,其中供给电子门锁作为工作电源的一路是经过ARM控制的。另外,值得注意的一点是，电源的地信号有两种，一种是数字地，另一种是模拟地，两者之间用一个 0Ω 的电阻（即磁珠）R9 来耦合。这样的好处是数字电路部分和模拟电路部分之间的干扰可以减小到最小从而互不影响。

5.2 复位电路

ARM 系统复位电路的结构并不复杂，且参考电路的形式较多。但是，在嵌入式系统设计中，由于 ARM 复位模块的复杂性，因此其外部的复位电路设计也是一种复杂而重要的设计工作，设计时也不能轻视。

在嵌入式应用系统的设计中，复位问题是 ARM 设计中一个基本而又重要的问题，复位电路的设计是相当重要的一步。合理选择复位方式是电路设计的关键。在 ARM 的应用系统中，会经常要求进入到复位状态，因此要求系统的复位电路必须能够准确、可靠地工作。同时，在 ARM 设计中不论是采用同步复位还是异步复位，复位信号都必须尽量与时钟信号同步，否则设计可能被复位到一个无效状态。

本节给出了 ARM 处理器的不同复位源类型，以及基于 ARM 处理器的嵌入式系统复位电路的设计方法，并且给出了复位硬件电路及其测试方法。

5.2.1 复位原理

1. ARM 处理器的复位源类型

ARM 处理器的复位源类型如表 5-1 所示，包括上电复位、外部硬件复位、内部硬件复位（包括锁相环失锁复位、软件看门狗复位、检错停机复位和测试端口硬复位）、JTAG 复位、外部软件复位和内部软件复位（包括调试端口软复位和 JTAG 软复位）。

表 5-1　ARM 处理器的复位源类型

复位源		复位对象		
		复位逻辑	系统配置	时钟模块
上电复位		是	是	是
外部硬件复位		否	是	是
内部硬件复位	锁相环失锁复位	否	是	是
	软件看门狗复位			
	检错停机复位			
	调试端口硬复位			
JTAG 复位		否	否	否
外部软件复位		否	否	否
内部软件复位	调试端口软复位	否	否	否
	JTAG 软复位			

所有这些复位源都被引入到复位控制器，并根据不同的复位源产生不同的复位动作。ARM 处理器还内置复位控制器和硬件复位配置控制器，其中复位控制器的功能是确定复位原因、同步复位模块（若有必要的话），并且复位相应片内的逻辑模块（包括 ARM 嵌入式

处理器模块、系统接口单元模块和通信处理器模块等）。

2. 复位工作原理

为保证 ARM 芯片在电源未达到所要求的电平时，不会产生不受控制的状态，必须在电路中加入电源监控和复位电路，由该电路负责在电源加电过程中，在内核电源和外围端口电压达到要求之前，使 ARM 芯片始终处于复位状态，直到内核电压和外围端口电压达到要求电平。系统复位过程如图 5-6 所示。

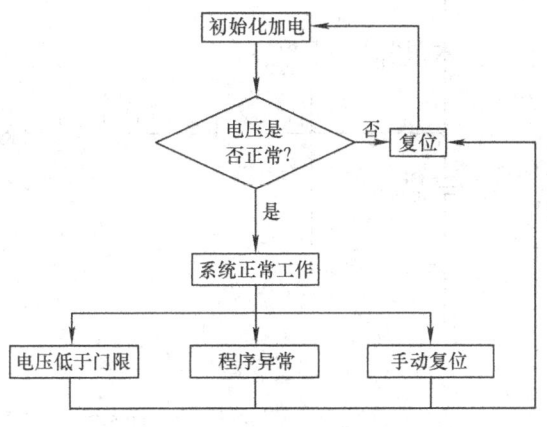

图 5-6　系统复位过程

如果电源电压一旦降到门限值以下，复位电路则强制芯片进入复位状态，以确保系统稳定工作。对于复位电路的设计，一方面应确保复位低电平时间足够长（一般需要 20ms 以上），以保证 ARM 芯片可靠复位；另一方面应保证稳定性良好，以防止 ARM 芯片误复位。

此外，ARM 系统中还可以用硬件监控复位（看门狗电路，如硬件监控芯片 MAX706 等）。这是由于 ARM 系统的时钟频率较高，在运行时难以避免发生干扰和被干扰的现象，严重时系统会出现死机或程序异常现象，故采用看门狗电路来代替 RS 电路。这种电路除了具有上电复位功能外，还具有监视系统运行且在系统发生故障或死机时再次进行复位的能力。

看门狗电路的功能为：当看门狗电路使能时，系统如果没有在规定时间间隔内对看门狗电路进行刷新，则产生复位信号使系统重新从初始状态开始执行，以提高系统抗干扰能力。看门狗电路在上电复位后，应处于禁止状态。看门狗电路通过将系统控制寄存器中的控制位 WDEN 置 1 来使能。看门狗电路使能后，通过对看门狗刷新口作写操作，来刷新看门狗。

5.2.2　复位电路设计

1. 复位电路原理图

系统复位模块提供给 ARM 启动信号，是整个系统运行的开端。ARM 的复位信号为 RE-SET，如它有效，系统复位将由内部产生。RESET 挂起程序，使 ARM 进复位状态。在电源打开且已经稳定时，RESET 必须保持低电平至少 4 个 MCLK（主时钟）周期。本系统利用容阻电路设计的复位电路如图 5-7a 所示，按键复位也可以设计成如图 5-7b 所示的形式。如果电源芯片带有复位引脚，则可以输出低电平复位信号用于上电复位，可以不使用按键复位信号。

如图 5-7a 所示，该复位电路的工作流程为：在系统上电时，通过电阻 R1 向电容 C1 充电，当 C1 两端的电压未达到高电平的门限电压时，Reset 端输出为低电平，系统处于复位状态；当 C1 两端的电压达到高电平的门限电压时，Reset 端输出为高电平，系统进入正常工作状态。

当用户按下按钮 S1 时，C1 两端的电荷被泄放掉，Reset 端输出为低电平，系统进入复位状态。再重复以上的充电过程,系统进入正常工作状态。

由一块 74HC32D 芯片搭成的两级非门电路用于按钮去抖和波形整形,通过调整 R1 和 C1 的参数,可以调整复位状态的时间。

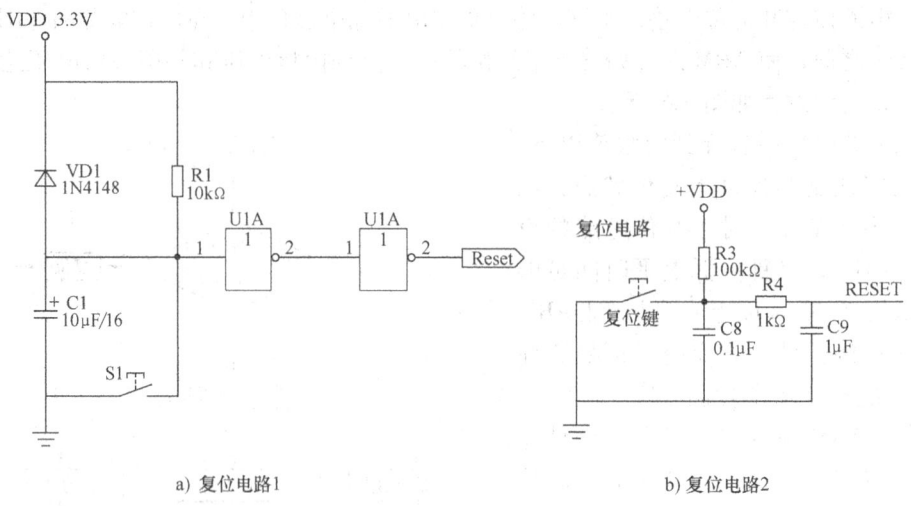

图 5-7 系统复位电路

2. 看门狗软件复位

看门狗复位电路主要是利用 ARM 正常工作时,定时复位计数器,使得计数器的值不超过某一值;当 ARM 不能正常工作时,由于计数器不能被复位,因此其计数会超过某一值,从而产生复位脉冲,使得 ARM 恢复正常工作状态。

看门狗复位电路的可靠性主要取决于软件设计,即将定时向复位电路发出脉冲的程序放在何处,在一般设计中,常将此段程序放在定时器中断服务子程序中。然而,有时这种设计仍然会引起程序工作不正常,原因主要是:当程序异常发生在定时器初始化及开中断之后时,这种情况就有可能不能由看门狗复位电路校正回来。

因为定时器中断一直在产生,即使程序工作不正常,看门狗电路也能被正常复位。为此,可以使用定时器加预设的设计方法,即在初始化时压入堆栈一个地址,在此地址内执行的是一条关中断和一条死循环语句。在所有不被程序代码占用的地址尽可能地用子程序返回指令代替,这样,当程序异常后,其进入陷阱的可能性将大大增加。而一旦进入陷阱,定时器就会停止工作并且关闭中断,从而使看门狗复位电路产生一个复位脉冲将 ARM 复位。

在 ARM 嵌入式应用系统的设计中,保证 ARM 能够准确、可靠地复位,是 ARM 应用系统的重要环节。在进行 ARM 处理器复位电路设计时,需要注意如下问题:

1)要正确理解上电复位、硬件复位和软件复位的功能以及它们之间的区别。当上电复位有效时,可以产生处理器内部硬复位和软复位;当硬件复位时,可以产生处理器内部硬复位和软复位;但是,软件复位只能产生处理器内部的软复位。

2)在进行具有下电模式的低功耗嵌入式系统复位电路设计时,由于要求上电复位电路的供电来自带有电池的保持电源,因此在设计时应尽量选择低功耗器件作为复位电路的主器件。

5.3 异步串行通信接口模块设计

5.3.1 异步串行通信概述

异步串行通信被广泛应用于微计算机系统和嵌入式设备中，主要采用 UART（Universal Asynchronous Receiver and Transmitter，通用异步收发器）接口。ASC（Asynchronous Serial Communication）是异步串行通信的总称，主要定义了异步串行通信的数据格式。而 RS232、RS499、RS423、RS422 和 RS485 等，是对应各种异步串行通信的接口标准和总线标准，它规定了通信接口的电气特性、传输速率、连接特性和接口的机械特性等内容，实际上是属于通信网络中的物理层（最底层）的概念，与通信协议没有直接关系。而异步串行通信协议，是属于通信网络中的数据链路层（上一层）的概念。

1. 异步串行通信协议

异步串行方式是将传输数据的每个字符一位接一位（例如先低位、后高位）地传送。数据的各不同位可以分时使用同一传输通道，因此串行 I/O 可以减少信号连线，最少用一对线即可进行。接收方对于同一根线上一连串的数字信号，首先要分割成位，再按位组成字符。为了恢复发送的信息，双方必须协调工作。在异步通信系统的数据传输过程中，接收器时钟与发送时钟不是同步的。一般而言，异步传输表示数据是以独立字节方式传输的。每个字节前有一个起始信号，终止于一个或多个终止信号。为了保证同步，接收器使用起始与终止信号；通过传输线在标记位置（二进制 1）时处于空闲状态。当每个字节开始传输时，它的前面有一个起始位，起始位是从标记到空白（二进制 0）的一个迁移。这个迁移表明一个字节开始传输，接收装置检测到起始位和组成字节的数据位，在字节传输的最后，利用一个或多个停止位使传输线回到标记状态。这时，发送方准备发送下一个字节。起始位和终止允许接收装置与发送方保持字节同步。字节从最低有效位开始传输，同时，要传输的数据中的每个字节要求至少 2bit 用于保证同步，因此同步的比特数增加了超过 20% 的开销。

图 5-8 给出了异步串行通信中一个字符的传送格式。开始前，线路处于空闲状态，送出连续"1"。传送开始时，首先发一个"0"作为起始位，然后出现在通信线上的是字符的二进制编码数据。每个字符的数据位长可以约定为 5 位、6 位、7 位或 8 位，一般采用 ASCII 编码。后面是奇偶校验位，根据约定，用奇偶校验位将所传字符中为"1"的位数凑成奇数个或偶数个。也可以约定不要奇偶校验，这样就取消奇偶校验位。最后是表示停止位的"1"信号，这个停止位可以约定持续 1 位、1.5 位或 2 位的时间宽度。至此，一个字符传送

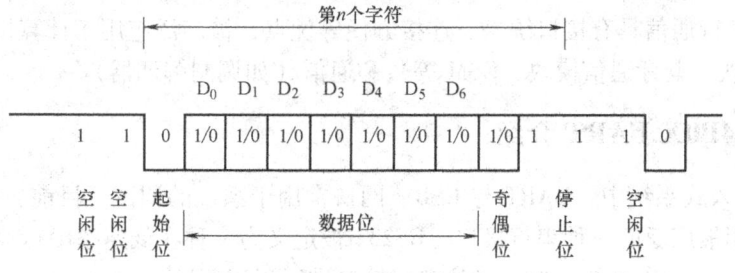

图 5-8 异步串行通信字符的传送格式

完毕，线路又进入空闲，持续为"1"。经过一段随机的时间后，下一个字符开始传送才又发出起始位。每一个数据位的宽度等于传送波特率的倒数。微机异步串行通信中，常用的波特率为 50、95、110、150、300、600、1200、2400、4800、9600、115200bit/s 等。

接收方按约定的格式接收数据，并进行检查，一般可以查出以下三种错误：

1）奇偶错：在约定奇偶检查的情况下，接收到字符的奇偶状态和约定不符。

2）帧格式错：一个字符从起始位到停止位的总位数不对。

3）溢出错：若先接收的字符尚未被微机读取，后面的字符又传送过来，则产生溢出错。

每一种错误都会给出相应的出错信息，提示用户处理。

2. 异步串行通信接口定义

一般，异步串行通信接口定义四根引脚，分别如下：

1）RxD（Transmit Data）——数据接收引脚，用于串行通信数据接收。

2）TxD（Receive Data）——数据发送引脚，用于串行通信数据发送。

3）RTS（Request to Send）——请求数据发送引脚，用于标明接收设备有没有准备好接收数据，即当终端要发送数据时，使该信号有效。

4）CTS（Clear to Send）——清除数据发送引脚，用于 CTS 来启动和暂停来自计算机的数据流，用来表示从设备准备好接收主设备发来的数据，是对请求发送信号 RTS 的响应信号。

UART 设备要进行正常的通信，必须将一个设备的 TxD 引脚和另一个设备的 RxD 引脚相连，如图 5-9 所示。在数据通信的开始，常用硬件流 RTS/CTS 来对数据流进行控制，硬件流控制必须将相应的电缆线连上。用 RTS/CTS（请求发送/清除发送）流控制时，应将通信两端的 RTS、CTS 线对应相连，数据终端设备使用 RTS 来起始数据通信设备的数据流，而数据通信设备则用 CTS 来启动和暂停来自计算机的数据流。这种硬件握手方式的过程为：根据接收端缓冲区大小设置一个高位标志（可为缓冲区大小的 75%）和一个低位标志（可为缓冲区大小的 25%），当缓冲区内数据量达到高位时，在接收端将 CTS 线置低电平（送逻辑 0），当发送端的程序检测到 CTS 为低后，就停止发送数据，直到接收端缓冲区的数据量低于低位而将 CTS 置高电平。RTS 则用来标明接收设备有没有准备好接收数据。

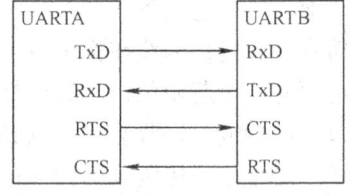

图 5-9　UART 通信接口连接示意图

3. 异步串行通信的应用

由于异步串行通信具有接口统一、连接方便等优点，被广泛应用于计算机设备的模块扩展（如 GPS 模块、蓝牙通信模块、GSM 等）和通信（如调制解调器）。

5.3.2　S3C44B0X UART 介绍

在 ARM 嵌入式系统中，UART 与 USB、网口常用于系统的调试。目前，UART 是 PC 与电子通信中应用最广泛的一种串行接口，RS232 被定义为一种在低速率串行通信中增加通信距离的单端标准。ARM 系统需要通过该串行接口进行程序调试。

S3C44B0X 的 UART（异步串行收发器）单元提供两个独立的异步串行 I/O 端口，每个都可以在中断和 DMA 两种模式下工作，它们支持的最高波特率为 115.2Kbit/s。每个 UART 通道包含两个 16 位 FIFO，分别用于接收和发送数据。

S3C44B0X 的 UART 可以进行以下参数的设置：可编程的波特率，红外收/发模式，一或两个停止位，5 位、6 位、7 位或 8 位数据宽度和奇偶位校验。每个 UART 包含一个波特率产生器、发送器、接收器和控制单元。波特率发生器以 MCLK 作为时钟源。发送器和接收器包含 16Byte 的 FIFO 和移位寄存器。要被发送的数据，首先被写入 FIFO，然后复制到发送移位寄存器，然后它从数据输出端口（TxDn）依次被移位输出。被接收的数据也同样从数据接收端口（RxDn）移位输入到移位寄存器，然后复制到 FIFO 中。

其特性如下：

1) RxD0，TxD0，RxD1，TxD1 可以以中断模式或 DMA 模式工作；
2) UART 通道 0 符合 IrDA 1.0 要求，且具有 16Byte 的 FIFO。
3) UART 通道 1 符合 IrDA 1.0 要求，且具有 16Byte 的 FIFO。
4) 支持收发时握手模式。

本节使用电平转换电路 MAX232 来设计串行通信模块，RS-232-C 串行接口总线适用于：设备之间的通信距离不大于 15m，传输速率最大为 115200bit/s，规定的数据传输速率为 50、75、100、150、300、600、1200、2400、4800、9600、19200、115200bit/s。RS-232-C 采用负逻辑，即逻辑"1"表示 −5 ~ −15V；逻辑"0"表示 5 ~ 15V。

S3C44B0X 的每个 UART 提供了四根引脚：RxD、TxD、CTS 和 RTS。在 ARM 系统中，要完成最基本的串行通信功能，实际上只需要 RxD、TxD 和 GND 即可。这样的连接只要三根线，即模仿单片机的串口通信格式。但由于 RS-232-C 标准所定义的高、低电平信号与 ARM 系统的 LVTTL（电平式 TTL）电路所定义的高、低电平信号完全不同，LVTTL 的标准逻辑"1"对应 2 ~ 3.3V 电平，标准逻辑"0"对应 0 ~ 0.4V 电平；而 RS-232-C 标准采用负逻辑方式，标准逻辑"1"对应 −5 ~ −15V 电平，标准逻辑"0"对应 5 ~ 15V 电平。显然，两者间要进行通信就必须经过信号电平的转换，这里可以与 CMOS、TTL 电路相连，利用专用集成电路进行电平转换。

5.3.3 串口硬件电路设计

系统中采用 RS232 的电平转换芯片实现串口的通信。TTL/COMS 输入输出信号与 ARM 的 UART 输入/输出口对接。

UART 模块如图 5-10 所示。

5.3.4 串口驱动程序设计

S3C440BX 的每个 UART 有七种状态：溢出错误，校验错误，帧错误，暂停态，接收缓冲区准备好，发送缓冲区空，发送移位缓冲器空。这些状态可以由相应的 UTRSTATn/UERSTATn 表示，并且与发送接收缓冲区相对应的为错误缓冲区。波特率可以通过控制波特率寄存器（UBRDIVn）控制。

与 UART 有关的寄存器主要有以下几个：

1) UART 线性控制寄存器 ULCONn。它主要对串口的功能、奇偶校验、数据位长度等进行配置。

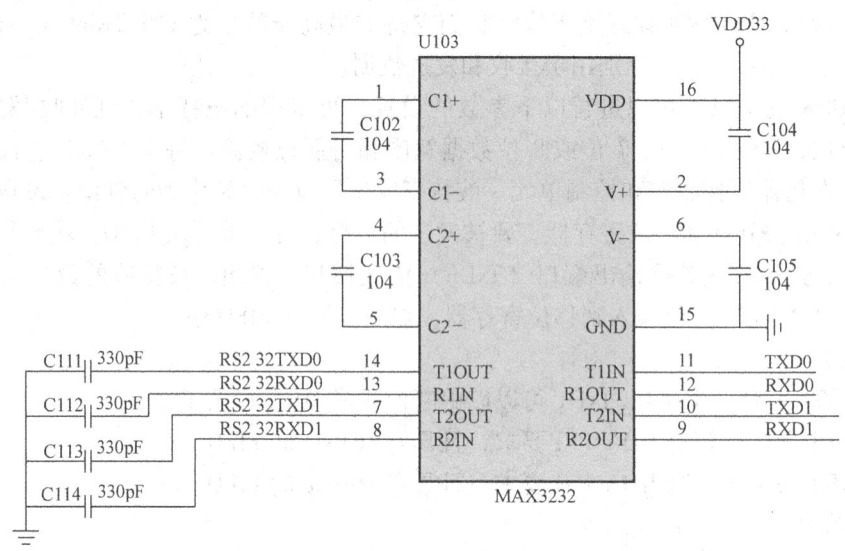

图 5-10 UART 模块

2）UART 控制寄存器 UCONn。该寄存器决定 UART 的各种模式。

3）UART FIFO 控制寄存器 UFCONn。它决定 UART 中 FIFO 的模式。UFCONn 的第 0 位决定是否启用 FIFO。

4）UART MODEM 控制寄存器。它决定 UART 中 MODEM 的模式。UMCONn 的第 0 位是请求发送位。

5）读写状态寄存器 UTRSTAT 以及错误状态寄存 UERSTAT。它们可以反映芯片目前的读写状态以及错误类型。FIFO 状态寄存器 UFSTAT 和 MODEM 状态寄存器 UMSTAT，通过前者可以读出目前 FIFO 是否满以及其中的字节数，通过后者可以读出目前 MODEM 的 CTS 状态。

6）发送寄存器 UTXH 和接收寄存器 URXH。这两个寄存器存放着发送和接收的数据，当然只有一个字节 8 位数据。需要注意的是，在发生溢出错误的时候，接收的数据必须要被读出来，否则会引发下次溢出错误。

7）最后是波特率引子寄存器 UBRDIV。该寄存器为 16 位，其计算公式如下：

$$UBRDIVn = (round\_off)(MCLK/(bps \times 16)) - 1$$

其中，MCLK 是系统频率，例如在 40MHz 的情况下，当波特率取 115200bit/s 时

$$UBRDIVn = (int)(40000000/(115200 \times 16) + 0.5) - 1$$
$$= (int)(21.7 + 0.5) - 1$$
$$= 22 - 1 = 21$$

注意：由于 ARM 工作时存在小端和大端两种工作模式，所以同样一个寄存器在不同模式时地址也不一样，需要加以区别。

要对模块进行驱动编程，首先要明确该模块可以提供哪些功能，应用程序需要哪些功能，然后逐个进行设计。在该模块中，串口模块主要提供串口的传送和接收功能，除此之外还包括串口初始化、出错处理、中断处理、字符串发送等函数。本节主要针对串口 0 的传送和接收函数进行分析和设计，其他函数，请参考其他书籍。

1. 寄存器宏定义

驱动程序主要是和各种寄存器进行数据交互,从寄存器中读出或写入数据。要对寄存器进行直接访问,首先对各个寄存器进行宏定义,以便在程序中直接使用。串口寄存器的具体含义及配置方法请参考 S3C44b0 芯片资料。串口寄存器宏定义如下:

```
#define rULCON0 (*(volatile unsigned *)0x1d00000)
#define rUCON0 (*(volatile unsigned *)0x1d00004)
#define rUFCON0 (*(volatile unsigned *)0x1d00008)
#define rUMCON0 (*(volatile unsigned *)0x1d0000c)
#define rUTRSTAT0 (*(volatile unsigned *)0x1d00010)
#define rUERSTAT0 (*(volatile unsigned *)0x1d00014)
#define rUFSTAT0 (*(volatile unsigned *)0x1d00018)
#define rUMSTAT0 (*(volatile unsigned *)0x1d0001c)
#define rUBRDIV0 (*(volatile unsigned *)0x1d00028)
#define rUTXH0 (*(volatile unsigned char *)0x1d00020)
#define rURXH0 (*(volatile unsigned char *)0x1d00024)
#define rUTXH0 (*(volatile unsigned char *)0x1d00020)
#define rURXH0 (*(volatile unsigned char *)0x1d00024)
#define UTXH0 (*(volatile unsigned char *) 0x1d00020)
#define URXH0 (*(volatile unsigned char *) 0x1d00024)
```

2. 串口初始化程序

串口初始化函数主要实现对串口进行正常工作之前的配置,包括波特率、奇偶校验、数据位长度等,在对这些参数进行配置时,必须使串口两端的配置一致。在本串口中,主要对寄存器 rUFCON、rUMCON、rULCON、rUCON、rUBRDIV 进行配置。

```
void Uart_Init(int mclk,int baud)
{   int i;
    if(mclk = =0)
      mclk = MCLK;
    rUFCON0 = 0x0;      //禁止 FIFO
    rUMCON0 = 0x0;      //UART0 的 M 控制寄存器设置为 0
    rULCON0 = 0x3;      //正常工作模式,无奇偶位,1 个停止位,8 个数据位
    rUCON0 = 0x245;//接收中断边沿触发,发送中断电平触发,禁止超时功能,使能接
                   收错误,正常工作模式,中断或轮询工作方式。
    rUBRDIV0 = ((int)(mclk/16./baud + 0.5) -1);
    for(i = 0;i < 100;i ++);
}
```

3. 串口接收程序

串口接收函数就是根据串口状态寄存器 rUTRSTAT 中接收数据状态位的值来判断是否有有效数据可以接收,如果状态位有效,就从接收数据寄存器 URXH 读出数据。接收程序流程图如图 5-11a 所示。

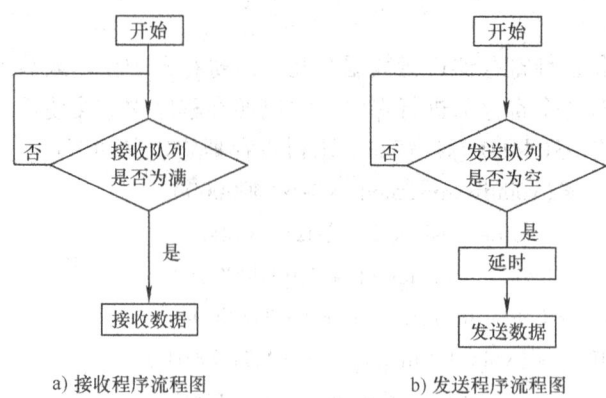

图 5-11 串口收/发程序流程图

```
unsigned char Uart_Getch( unsigned char * Revdata)
{
        int i = 0;
        while(!(rUTRSTAT0 & 0x1));  //判断接收数据是否有效
        * Revdata = rURXH0;
        return TRUE;
}
```

4. 串口发送程序

串口发送函数就是根据串口状态寄存器 rUTRSTAT 中发送缓存是否为空来判断是否可以向数据传送缓冲 rUTXH 写入传输的数据,如果为空,就写入数据。发送程序流程图如图 5-11b 所示。

```
void Uart_SendByte( unsigned char data)
{
        while(!(rUTRSTAT0 & 0x2));  //判断发送缓冲寄存器 THR 是否为空
          Delay(1);
          rUTXH0 = data;
}
```

在串口程序调试时,可采用 PC 的超级终端来作为通信的另一端,或者采用专门的串口调试工具。不管采用哪种方式,在正常调试前,都必须保证串口通信两端的波特率、奇偶校验位、数据长度、停止位、起始位等配置完全一致,否则在通信过程中会出现乱码甚至无法通信。

5.4 A/D 转换器

5.4.1 A/D 转换器原理

现实生活中所遇到的信号大多是连续变化的模拟量,如温度、压力、流量、速度、位移等物理量,这些物理量都是通过各种传感器转换成的模拟物理量的电信号,即模拟电信号,这时就需要一个接口电路把模拟量转换成数字量,送进计算机。能完成这项任务的接口部件就是 A/D 转换器。而处理器数据采集的精度及速度,在很大程度上也取决于 A/D 转换器。

1. A/D 转换器的类型

A/D 转换器有以下类型:逐次逼近型、积分型、计数型、并行比较型、电压-频率型。主要应根据使用场合的具体要求,按照转换速度、精度、价格、功能以及接口条件等因素来决定选择何种类型。常用的有以下两种:

(1) 双积分型 A/D 转换器

双积分型也称二重积分型,其实质是测量和比较两个积分的时间,一个是对模拟输入电压积分的时间 T_0,此时间往往是固定的;另一个是以充电后的电压为初值,对参考电源 V_{Ref} 反向积分,积分电容被放电至零所需的时间 T_1。模拟输入电压 V_i 与参考电压 V_{Ref} 之比,等于上述两个时间之比。由于 V_{Ref}、T_0 固定,而放电时间 T_1 可以测出,因而可计算出模拟输入电压的大小(V_{Ref} 与 V_i 符号相反),如图 5-12 所示。

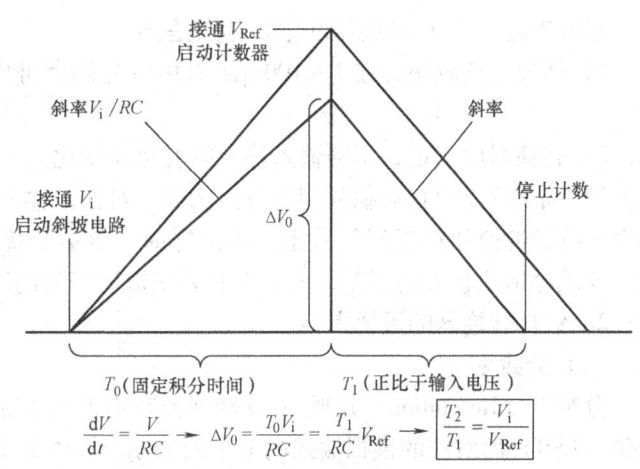

图 5-12 双积分型 A/D 转换器原理

由于 T_0、V_{Ref} 为已知的固定常数,因此反向积分时间 T_1 与输入模拟电压 V_i 在 T_0 时间内的平均值成正比。输入电压 V_i 愈高,V_0 愈大,T_1 就愈长。在 T_1 开始时刻,控制逻辑同时打开计数器的控制门开始计数,直到积分器恢复到零电平时,计数停止,则计数器所计出的数字即正比于输入电压 V_i 在 T_0 时间内的平均值,于是完成了一次 A/D 转换。

由于双积分型 A/D 转换器是测量输入电压 V_i 在 T_0 时间内的平均值,所以对常态干扰(串模干扰)有很强的抑制作用,尤其对正负波形对称的干扰信号,抑制效果更好。

(2) 逐次逼近型 A/D 转换器

逐次逼近型(也称逐位比较型)A/D 转换器,应用比积分型更为广泛,其原理框图如图 5-13 所示,主要由逐次逼近寄存器(SAR)、D/A 转换器、比较器以及时序和控制逻辑等部分组成。它的实质是逐次把设定的 SAR 中的数字量经 D/A 转换后得到电压 V_f 与待转换模拟电压 V_0 进行比较。比较时,先从 SAR 的最高位开始,逐次确定各位的数码应是

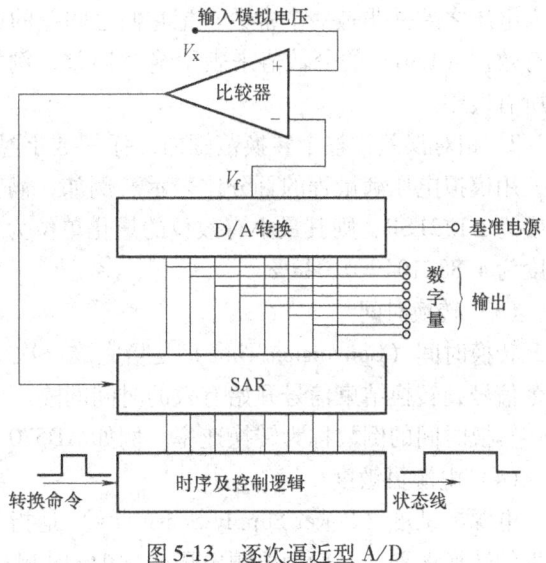

图 5-13 逐次逼近型 A/D
转换器结构图

"1"还是"0",其工作过程如下:

当计算机发出"启动转换"命令时清除 SAR,控制电路先设定 SAR 中的最高位为"1",其余位为"0",此预测数据送往 D/A 转换器,转换成电压 V_f,然后 V_f 和输入模拟电压 V_x 在比较器中进行比较。若 $V_x > V_f$,说明预置结果正确,应予保留;若 $V_x \leq V_f$,则预置结果错误,应予清除。然后按上述方法继续对次高位及后续各位依次进行预置、比较和判断,决定该位是"1"还是"0",直至确定 SAR 最低位为止。这个过程完成后,状态线改变,最后 SAR 中的内容即为转换结果。

逐次逼近型 A/D 转换器的主要特点是:

1)转换速度较快,在 $1 \sim 100 \mu s$ 以内,分辨率可以达 18 位,特别适用于工业控制系统。

2)转换时间固定,不随输入信号的变化而变化。

3)抗干扰能力相对积分型为差。例如,对模拟输入信号采样过程中,若在采样时刻有一个干扰脉冲叠加在模拟信号上,则采样时,包括干扰信号在内,都被采样和转换为数字量,这就会造成较大的误差,所以有必要采取适当的滤波措施。

2. A/D 转换器的重要指标

(1)分辨率

分辨率(Resolution)反映 A/D 转换器对输入微小变化响应的能力,通常用数字输出最低位(LSB)所对应的模拟输入的电平值表示。n 位 A/D 转换器能反映 $1/2n$ 满量程的模拟输入电平。由于分辨率直接与转换器的位数有关,所以一般也可简单地用数字量的位数来表示分辨率,即 n 位二进制数最低位所具有的权值就是它的分辨率。

(2)精度

精度(Accuracy)有绝对精度(Absolute Accuracy)和相对精度(Relative Accuracy)两种表示方法,通常用绝对误差和相对误差来表示。

1)绝对误差:在一个转换器中,对应于一个数字量的实际模拟输入电压和理想的模拟输入电压之差并非是一个常数,把它们之间差的最大值定义为绝对误差,通常以数字量的最小有效位(LSB)的分数值来表示绝对误差,例如 ±1LSB 等。绝对误差包括量化误差和其他所有误差。

2)相对误差:整个转换范围内,任一数字量所对应的模拟输入量的实际值与理论值之差,用模拟电压满量程的百分比表示。例如,满量程为 10V,10 位的 A/D 芯片,若其绝对精度为 ±1/2LSB,则其最小有效位的量化单位为 9.77mV,其绝对精度为 =4.88mV,其相对精度为 $4.88/104 = 0.048\%$。

(3)转换时间

转换时间(Conversion Time)是指完成一次 A/D 转换所需的时间,即由发出启动转换命令信号到转换结束信号开始有效的时间间隔。

转换时间的倒数称为转换速率。例如 AD570 的转换时间为 $25\mu s$,其转换速率为 40kHz。

(4)电源灵敏度

电源灵敏度(Power Supply Sensitivity)是指 A/D 转换芯片在供电电源电压发生变化时产生的转换误差。一般用电源电压变化 1% 时相对的模拟量变化的百分数来表示。

(5)量程

量程是指所能转换的模拟输入电压范围，分单极性、双极性两种类型。例如，单极性量程为 0~5V，0~10V，0~20V；双极性量程为 −5~5V，−10~10V。

（6）输出逻辑电平

多数 A/D 转换器的输出逻辑电平与 TTL 电平兼容。在考虑数字量输出与微处理的数据总线接口时，应注意是否要三态逻辑输出，是否要对数据进行锁存等。

（7）工作温度范围

由于温度会对比较器、运算放大器、电阻网络等产生影响，故只在一定的温度范围内才能保证额定精度指标。一般 A/D 转换器的工作温度范围为 0~70℃，军用品的工作温度范围为 −55~125℃。

3. A/D 转换过程

A/D 转换过程分为 4 个阶段，即采样、保持、量化和编码。

采样是将一个时间上连续变化的信号转换成时间上离散的信号，根据奈奎斯特采样定理 $f_s \geq 2f_h$，如果采样信号频率大于或等于 2 倍的模拟信号的最高频率，则可以将采样后的信号无失真地重建恢复为原始信号。考虑到 A/D 转换器件的非线性失真、量化噪声及接收机噪声等因素的影响，采样频率一般取 2.5~3 倍的最高频率。

要把一个采样信号准确地数字化，就需要将采样所得的瞬时模拟信号保持一段时间，这就是保持过程。保持是将时间离散、数值连续的信号变成时间连续、数值离散的信号，虽然逻辑上保持器是一个独立单元，但是实际上，保持器总是和采样器集成到一起，两者合称采样保持（S/H）器。而 A/D 转换器则起着进行量化和编码的功能。图 5-14 给出了 A/D 采样电路的采样时序图，采样输出的信号在保持期间即可进行量化和编码。

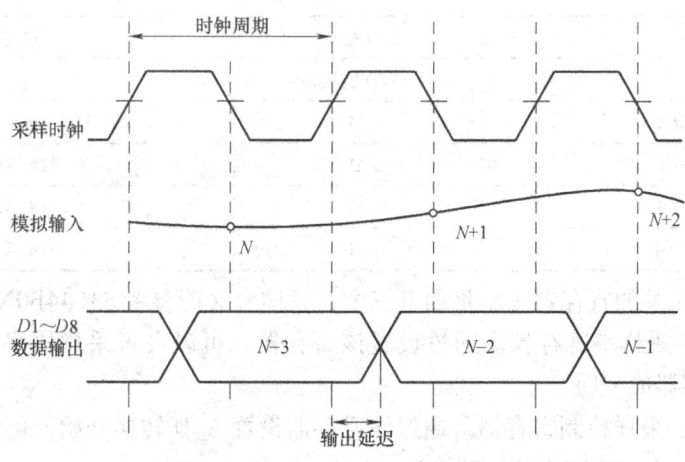

图 5-14　A/D 采样电路的采样时序图

5.4.2　S3C44B0X A/D 转换器介绍

S3C44B0X 是具有 8 路模拟信号输入的 10 位 A/D 转换器，它是一个逐次逼近型 A/D 转换器，内部结构包括模拟输入多路复用器、（AMUX）、自动调零比较器（COMP）、时钟产生器（CTRL）、10 位逐次逼近寄存器（SAR）、输出寄存器（ADCDAT）。其内部结构如图 5-15 所示。这个 A/D 转换器还提供可编程选择的睡眠模式，以节省功耗。

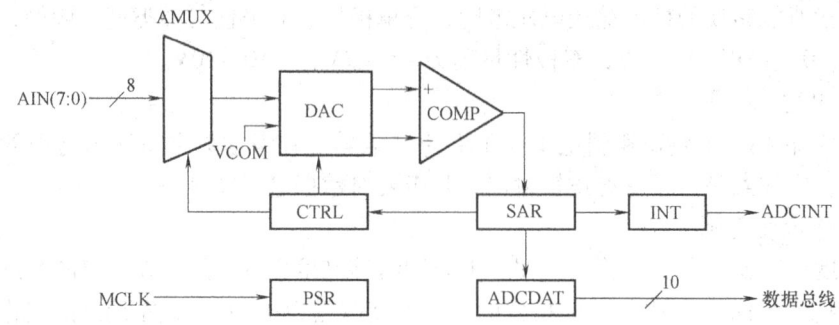

图 5-15 S3C44B0X 的内部结构

它的主要特性是：

1) 分辨率为 10 位。
2) 微分线性度误差为 ±1LSB。
3) 积分线性度误差为 ±2LSB（最大为 ±3LSB）。
4) 最大转换速率为 100KSPS。
5) 输入电压范围为 0~2.5V。
6) 输入带宽为 0~100Hz（不具备采样保持电路）。
7) 低功耗。

ARM 芯片与 A/D 转换功能有关的引脚如表 5-2 所示，其中 AIN [7:0] 为 8 路模拟采集通道，AREFT 为参考正电压，AREFB 为参考负电压，AVCOM 为模拟共电压。

表 5-2 与 A/D 转换功能有关的引脚

信号	I/O 端口	描述
A/D 转换器		
AIN [7:0]	AI	ADC input [7:0]
AREFT	AI	ADC Vref
AREFB	AI	ADC Vref
AVCOM	AI	ADC Vref

与 A/D 转换相关的寄存器主要是如下三个，具体含义请参考 S3C44B0X 芯片资料。

1) ADCPSR：采样率寄存器。通过设置该寄存器，可以设置采样比率，最后得到的除数因子为 2（寄存器值 +1）。

2) ADCCON：采样控制寄存器。通过该寄存器设置 A/D 转换开始，可以参见下例：
rADCCON = 0x11 （通道 4 开始转换）

3) ADCDAT：转换结果数据寄存器。

该寄存器的十位表示转换后的结果，全为 1 时为满量程 2.5 伏。

5.4.3 A/D 转换器驱动程序设计

根据 A/D 转换器的结构和寄存器可以得出其功能，该 A/D 转换器可以提供两个驱动函数：初始化函数和 A/D 转换函数。

1. 宏定义

在该驱动程序中，需要宏定义的主要是寄存器。由于通道选择是在控制寄存器 rADC-CON 的 2~4 位，为了便于操作，也可以直接将通道号进行宏定义。

```
#define ADCCON_FLAG            0x40
#define ADCCON_SLEEP           0x20
//A/D 转换启动宏定义
#define ADCCON_READ_START      0x2
#define ADCCON_ENABLE_START    0x1
//寄存器宏定义
#define rADCCON ( *( volatile unsigned char * )0x01D40000)
#define rADCPSR ( *( volatile unsigned char * )0x01D40004)
#define rADCDAT ( *( volatile unsigned int * )0x01D40008)
```

2. 初始化函数

初始化函数主要对 A/D 转换的转化率及模式进行配置，主要涉及寄存器 rADCPSR 和控制寄存器 rADCCON。

```
void Init_ADdevice( )    //初始化
{
    rADCPSR = 20;
    rADCCON = ADCCON_SLEEP;
}
```

3. A/D 转换函数

A/D 转换函数的功能主要是对需要转换的通道进行选择，然后启动转换，返回转换结果。它主要对控制寄存器进行操作，其操作流程图如图 5-16 所示。

```
int Get_ADresult( unsigned char channel)
{   //选择通道号及启动 A/D 转换
    rADCCON = ( channel << 2 ) | ADCCON_ENABLE_START;
    Delay(10);
    while( ! ( rADCCON&ADCCON_FLAG));//转换结束
    return rADCDAT;//返回采样值
}
```

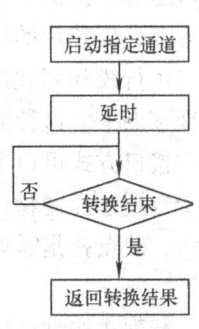

图 5-16 A/D 转换流程图

5.5 键盘模块设计

在嵌入式应用中，人机交互对话最通用的方法就是通过键盘、触摸屏和 LCD 进行的，操作者可以通过键盘向系统发送各种指令或置入必要的数据信息。键盘模块设计的好坏，直接关系到系统的可靠性和稳定性。

在 ARM 应用系统中，键盘扫描只是 ARM 的工作之一。ARM 在忙于各项工作任务时，如何兼顾键盘的输入，则取决于键盘的工作方式。键盘工作方式的选取原则是既要保证能及时响应按键操作，又要不过多占用 ARM 的工作时间。

5.5.1 常用键盘及其原理

常用按键接口可分为独立式按键接口、行列式按键接口和专用键盘处理芯片等。具体采用哪种方式,可根据所设计系统的实际情况而定。下面分别介绍这几种接口方式的优缺点及适用场合。

1. 独立式按键接口

独立式按键接口的优点是电路配置灵活,软件实现简单。但缺点也很明显,每个按键需要占用一根口线,若按键数量较多,资源浪费将比较严重,电路结构也变得复杂。因此本方法主要用于按键较少或对操作速度要求较高的场合,软件实现时,可以采用中断方式,也可采用查询方式。独立式键盘的结构如图5-17所示。

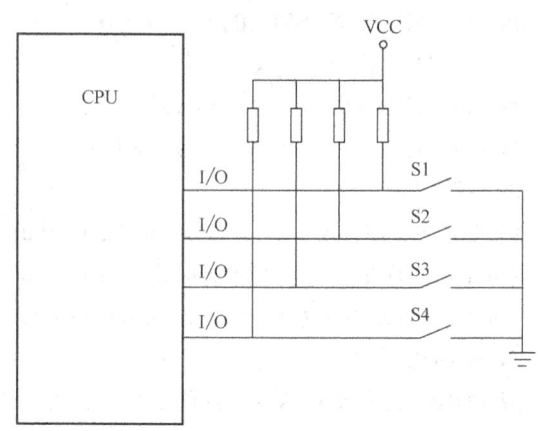

图 5-17 独立式键盘的结构

2. 行列式按键接口

行列式键盘的结构如图5-18所示,其使用原理将在下节详细讲述。行列式按键接口适应于按键数量较多,又不想使用专用键盘处理芯片的场合。这种方式的按键接口由行线和列线组成,按键位于行、列的交叉点上。这种方式的优点就是相对于独立接口方式可以节省很多I/O资源,相对于专用芯片键盘可以节省成本,且更为灵活;缺点就是需要用软件处理消抖、重键等。

行列式按键接口是一种老式的键盘接口,其键扫描方法是几乎所有PC键盘所采用的方法。它的行线与按键的一个引脚相连,列线与按键的另一个引脚相连,平时行线被置成低电平,没有按键被按下时,列线保持高电平,而有按键被按下时,列线被拉成低电平。这时候控制器知

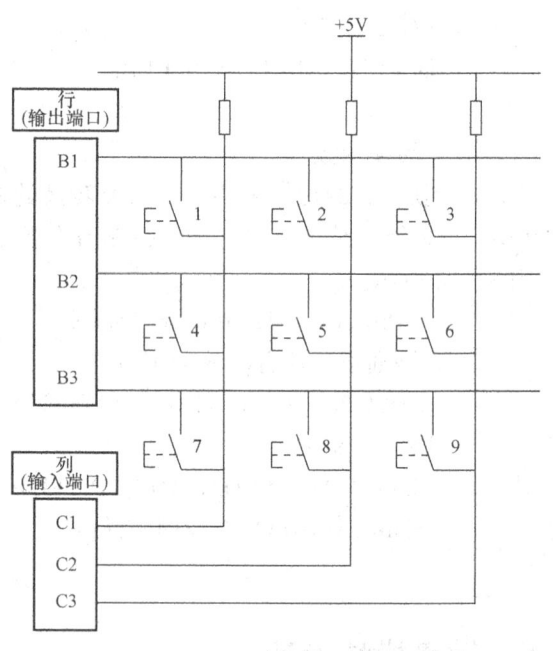

图 5-18 行列式键盘的结构

道有按键被按下,但只能判断出在哪一列,不能判断出在哪一行,因此接下来就要进行键盘扫描,以确定具体是哪个按键被按下。

一个瞬时接触开关(按钮)放置在每一行与每一列的交叉点。矩阵所需的键的数目显然根据应用程序而不同。每一行由一个输出端口的一位驱动,而每一列由一个电阻器上拉然后连接输入端口。键盘扫描过程就是让微处理器按有规律的时间间隔查看键盘矩阵,以确定是否有键被按下。每个键被分配一个称为扫描码的惟一标识符。应用程序利用该扫描码,根

据按下的键来判定应该采取什么行动。

当键 9 被按下时,其扫描过程如表 5-3 所示。

表 5-3 键 9 按下时的扫描过程

扫描次数	输出(行)	输入(列)
键刚按下时	000	110
第一次扫描	011	111
第二次扫描	101	111
第三次扫描	110	110

3. 专用键盘处理芯片

专用键盘处理芯片一般功能比较完善,芯片本身能完成对按键的编码、扫描、消抖和重键等处理,甚至还集成了显示接口功能。专用键盘处理芯片的优点很明显,可靠性高,接口简单,使用方便,适合处理按键较多的情况。但在很多应用场合,考虑成本因素,可能并不是最佳选择。

本节主要介绍 ARM 系统中常用的行列式键盘电路的硬件设计、键盘扫描及键盘测试。行列式键盘适应于按键数量较多,又不想使用专用键盘处理芯片的场合。

5.5.2 行列式键盘硬件电路设计

S3C44B0X 共有 71 个多功能 I/O 端口,其中,Port A、Port B、Port C(见 S3C44B0X 芯片资料)主要用于外围芯片信号的控制,Port D 具有输入输出功能,同时功能复用少,因此在本设计中采用 Port D 来设计一个 4×4 阵列键盘。键盘电路原理图如图 5-19 所示。

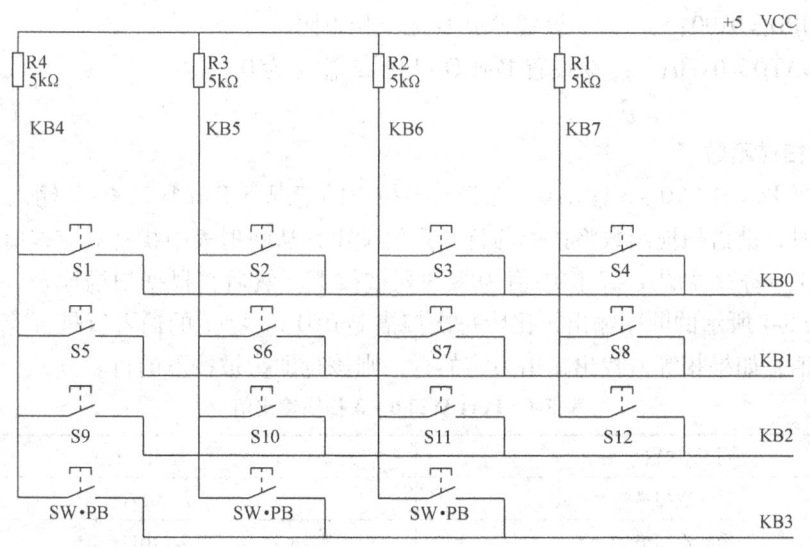

图 5-19 键盘电路原理图

KB0～KB3 连接到 Port D0～Port D3,KB4～KB7 连接到 Port D4～Port D7。列线通过一个电阻被上拉到 VCC,VCC 是 +5V 电压。行线与按键的一个引脚相连,列线与按键的另一个引脚相连。平时行线被置成低电平,没有按键被按下时,列线保持高电平;而有按键被按下时,列线被拉成低电平,这时候控制器知道有按键被按下,但只能判断出在哪一列,不能判断出在哪一行,因此接下来就要进行键盘扫描,以确定具体是哪个键被按下。

键盘扫描的过程是将行线逐行置成低电平,剩余行线置为高电平,然后读取列线的状态,直到列线中出现低电平,这时可知哪一行是低电平,即哪一行被按下;然后将行线和列线的状态装入键码寄存器,进行按键译码,还需要配合相应的键盘去抖才能正确地识别按键,不会发生重键和错误判断等情况。

5.5.3 键盘驱动程序设计

键盘驱动程序主要包括键盘初始化函数、键盘扫描函数、按键判断函数以及键盘去抖函数等。下面分别针对这些函数进行说明。

1. 键盘初始化函数

键盘初始化函数主要针对键盘所用的端口属性进行初始化。在键盘工作之前,根据行列键盘电路设计原理将 Port D 口 0~3 配置为输出,4~7 配置为输入。如果采用了中断,还要初始化中断寄存器。程序清单如下所示。

```
#define rPCOND ( * ( volatile unsigned int * )0x01D2001C ) //端口 D 控制寄存器宏定义
#define rPDATD ( * ( volatile unsigned char * )0x01D20020 )//端口 D 数据寄存器宏定义
//端口 D 上拉电阻寄存器宏定义
#define rPUPD ( * ( volatile unsigned char * )0x01D20024 )
void KeyInit( )  //该函数对键盘使用的端口进行初始化
{
    rPCOND = 0x0055;    //设置 Port D 口 0~3 配置为输出,4~7 配置为输入
    rPUPD = 0x00;       //设置 Port D 无上拉电阻
    rPDATD = 0xF0;      //设置 Port D 口 0~3 输出为 0。
}
```

2. 键盘扫描函数

首先设置 Port D 口 0~3 输出 0,在没有键按下的情况下 Port D 口 4~7 输入为高电平 1。当有键按下时,键盘扫描函数将按键的行和列值读出,从映射表中找到对应键值。当有键按下时,Port D 口寄存器的 4~7 位中值为零的列被按下。然后,根据扫描原理,设置 Port D 口 0~3 按表 5-4 所示的顺序输出,比较每次扫描 Port D 口 4~7 的输入值是否等于键刚被按下时的输入值,如果相等,找出输出为零的行,则该行即为被按下的行。

表 5-4 Port D 口 0~3 扫描输出值

扫描次数	输出(行)
第一次扫描	0111
第二次扫描	1011
第三次扫描	1101
第四次扫描	1110

Port D 口 0~3 经锁存器每次送一个只有一位为 0 其余为 1 的电平(即十六进制数 0xFE 循环左移一位实现),判断移位的次数和两个口线中的哪个为低电平(亦即逻辑 0)来实现。下面通过具体程序来说明。

```
BYTE GetKey()                    //键盘扫描子函数
{
    BYTE i,keytemp;
    keytemp = rPDATD&0xF0;       //将列的值存入 keytemp 高 4 位
    for(i = 1;i< =8;i<< =1)
    {
        rPDATD = ~i;
        if((rPDATD&0xF0) = = keytemp) //比较是否有零输入
        {
            keytemp = ( ~keytemp&0xF0)|i; //将行的值存入 keytemp 低 4 位
            break;
        }
    }
    return keytemp;
}
```

当然这只是最基本的键盘扫描子函数。当扫描到键号以后还要根据其他一些具体条件来进行相应的译码,才能决定最后按下的键代表什么具体值。键值有功能键、数字键和字母键,每种键值都有不同的译码处理。键盘扫描子函数是与硬件结构相对应的,因此考虑到了端口资源的充分利用。

3. 按键判断函数

按键判断函数主要通过对输入端口是否有低电平产生来判断是否有键被按下,用于在轮转方式查询键盘时检测是否有键按下。采用中断方式时不需要该函数。

```
BYTE IsKeyPressed()                    //是否处于按下状态
{
    if(rPDATD&0xF0 = =0xF0)            //输入端口是否出现 0
        return FALSE;
    else
        return TRUE;
}
```

4. 键盘去抖函数

由于在键盘扫描过程中有可能出现外界因素引起的键盘抖动造成按键瞬间接触的情况,如果不进行去抖可能造成按键的误输入。因此,在获取键值的时候根据抖动具有接触时间短的特点和正常操作输入有一定时延的性质来排除抖动的影响。通常采用程序延时来消抖,如图 5-20 所示,重新读键盘值和第一次读的键盘值进行比较,如果相等则读入正确,否则该

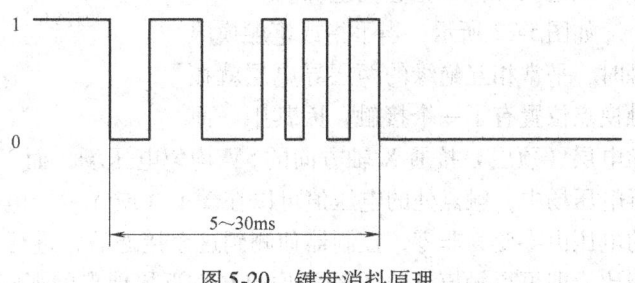

图 5-20 键盘消抖原理

次键盘输入无效。

```
unsigned char KeyValue[4][4] = {1,2,3,4,5,6,7,8,9,0,+,-,*,/,=,#};
BYTE ScanKey()    //该函数通过延时重读键值，判断是否是真的按键，消除抖动影响
{   BYTE key;
    key = GetScanKey();
    OSTimeDly(50);              //延时50ms
    if(key! = GetScanKey())     //延时50ms
        return 0;               //返回错误代码
    return key = KEYVALUE[(key&0x0F) >> 4][key&0xF0];    //返回按键值
}
```

在每个键的译码处理中，只要根据相应键值映射表就可以得到需要的键值。如果还有组合键，需要对组合键值进行扫描，然后在键值映射表中加入组合键码。

5.6 触摸屏模块设计

触摸屏作为一种最新的计算机输入设备，它是目前最简单、方便、自然的一种人机交互方式。触摸屏具有坚固耐用、反应速度快、节省空间、易于交流等许多优点。利用这种技术，用户只要用手指轻轻地碰计算机显示屏上的图符或文字就能实现对主机操作，从而使人机交互更为直截了当，这种技术大大方便了那些不懂计算机操作的用户，广泛应用于工业控制、军事指挥、电子游戏、点歌点菜、多媒体教学、手持设备等领域。

5.6.1 触摸屏原理

触摸屏按其工作原理的不同可分为表面声波屏、电容屏、电阻屏和红外屏几种，又以电阻触摸屏最为常见。如图5-21所示，电阻触摸屏的屏体部分是一块与显示器表面非常配合的多层复合薄膜，由一层玻璃或有机玻璃作为基层，表面涂有一层透明的导电层，上面再盖有一层外表面硬化处理、光滑防刮的塑料层，它的内表面也涂有一层透明导电层，在两层导电层之间有许多细小（小于千分之一英寸）的透明隔离点把它们绝缘隔开。

如图5-22所示，当手指或笔触摸屏幕时，平常相互绝缘的两层导电层就在触摸点位置有了一个接触，因其中一面

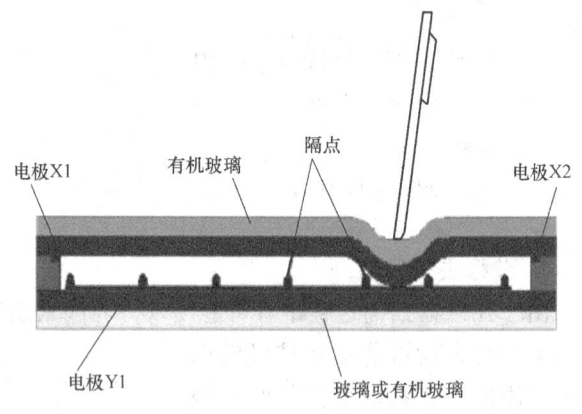

图5-21 触摸屏结构示意图

导电层（顶层）接通X轴方向的5V均匀电压场，而Y方向电极对上不加电压时，在X平行电压场中，触点处的电压值可以在Y+（或Y-）电极上反映出来，使得检测层（底层）的电压由零变为非零，控制器侦测到这个接通后，进行A/D转换，并将得到的电压值与5V相比，即可得触摸点的X轴（原点在靠近接地点的那端）坐标

$$X_i = L_x \cdot V_i / V \text{（即分压原理）} \quad (5-1)$$

同理，可得出 Y 轴的坐标，这就是所有电阻触摸屏的基本原理。

5.6.2 电阻触摸屏的相关技术

电阻触摸屏的主要部分是一块与显示器表面非常配合的电阻薄膜屏，这是一种多层的复合薄膜，由一层玻璃或有机玻璃作为基层，表面涂有一层叫 ITO 的透明导电层，上面再盖有一层外表面硬化处理、光滑防刮的

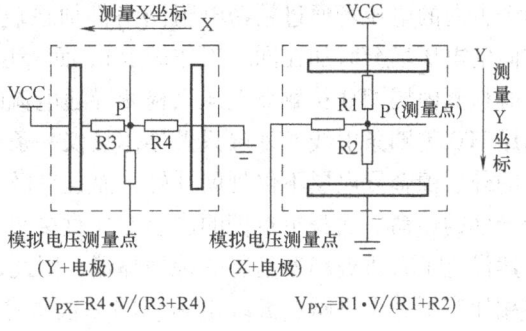

图 5-22 触摸屏坐标识别原理图

塑料层，它的内表面也涂有一层导电层（ITO 或镍金）。电阻触摸屏的两层 ITO 工作面必须是完整的，在每个工作面的两条边线上各涂一条银胶，一端加 5V 电压，一端加 0V，就能在工作面的一个方向上形成均匀连续的平行电压分布。在侦测到有触摸后，立刻 A/D 转换测量接触点的模拟量电压值，根据 5V 电压下的等比例公式就能计算出触摸点在这个方向上的位置。

透明的导电涂层材料有两种：

1) ITO，即氧化钢，弱导电体，特性是当厚度降到 1.8×10^{-7} m（1800Å）以下时会突然变得透明，透光度为 80%，再薄下去透光率反而下降，到 3×10^{-8} m（300Å）厚度时又上升到 80%。但遗憾的是，ITO 在这个厚度下非常脆，容易折断产生裂纹。ITO 是所有电阻触摸屏及电容触摸屏都要用到的主要材料，实际上电阻和电容触摸屏的工作面就是 ITO 涂层。

2) 镍金涂层。五线电阻触摸屏的外层导电层使用的是延展性极好的镍金涂层材料。外导电层由于频繁触摸，使用延展性好的镍金材料可以延长使用寿命，但是成本较高。镍金导电层虽然延展性好，但是只能做透明导体，不适合作为电阻触摸屏的工作面。因为它导电性太好，不宜作精密电阻测量。而且，金属不易做到厚度非常均匀。

第一代四线触摸屏两层 ITO 工作面工作时都加上 5~0V 的均匀电压分布场：一个工作面加竖直方向的，一个工作面加水平方向的，如图 5-23 所示。引线至控制器总共需要四根电缆。因为四线电阻触摸屏靠外的那层塑胶及 ITO 涂层被经常触动，一段时间后外层薄薄的 ITO 涂层就会产生细小的裂纹，导电工作面一旦有了裂纹，电流就会绕之而过，工作面上的电压场分布也就不可能再均匀。这样，在裂纹附近触摸屏漂移严重，裂纹增多后，触摸屏有些区域可能就再也触摸不到了。

四线电阻触摸屏的基层大多数是有机玻璃，不仅存在透光率低、风化、老化的问题，并且存在安装风险。这是因为有机玻璃刚性差，安装时不能捏边上的银胶，以免薄薄的 ITO 和相对厚实的银胶脱裂，不能用力压或拉触摸屏，以免拉断 ITO 层。有些四线电阻触摸屏安装后显得不太平整就是因为这个原因。

ITO 是无机物，有机玻璃是有机物，有机物和无机物是不能良好结合的，时间一长就容易剥落。如果能够生产出曲面的玻璃板，玻璃是无机物，能和 ITO 非常好的结合为导电玻璃，这样电阻触摸屏的寿命能够大大延长。

第二代五线电阻触摸屏的基层使用的就是这种导电玻璃。不仅如此，五线电阻触摸屏把

两个方向的电压场通过精密电阻网络都加在玻璃的导电工作面上（可以简单地理解为两个方向的电压场分时加在同一工作面上），而外层镍金导电层仅仅用来当作纯导体，有触摸后靠既检测内层 ITO 接触点电压又检测导通电流的方法测得触摸点的位置。五线电阻触摸屏的内层 ITO 需四条引线，外层只做导体且仅一条，至控制器总共需要 5 根电缆。因为五线电阻屏的外层镍金导电层不仅延展性好，而且只做导体，只要它不断成两半，就仍能继续完成作为导体的使命。而身负重任的内层 ITO 直接与基层玻璃结合为一体成为导电玻璃，导电玻璃自然没有了有机玻璃做基层的种种弊端，因此，五线电阻屏的使用寿命和透光率与四线电阻屏相比有了一个飞跃：五线电阻屏的触摸寿命是 3500 万次，四线电阻屏则小于 100 万次；五线电阻触摸屏没有安装风险；五线电阻屏的 ITO 层能做得更薄，因此透光率和清晰度更高，几乎没有色彩失真。

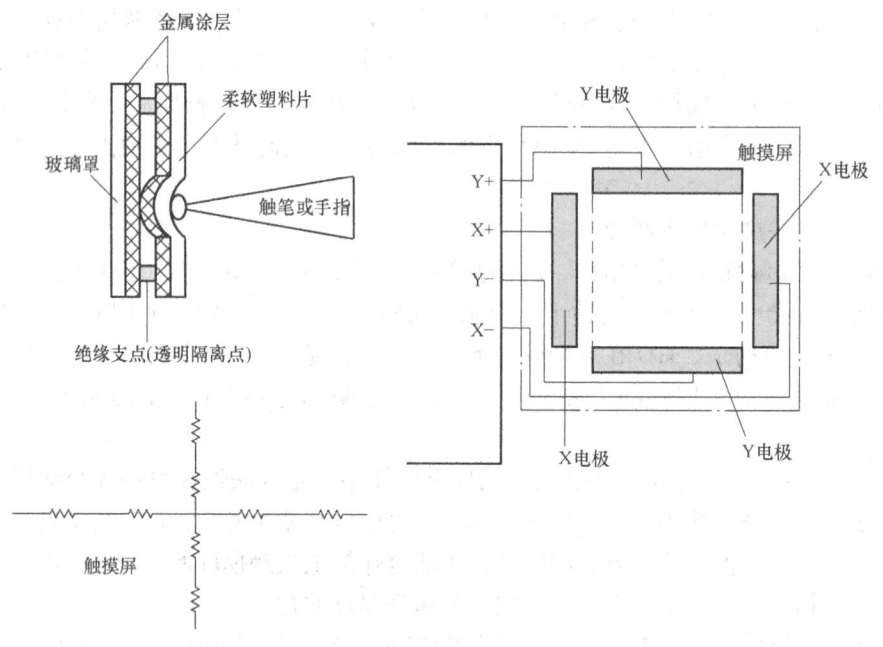

图 5-23 四线电阻触摸屏的结构

不管是四线电阻触摸屏还是五线电阻触摸屏，它们都是一种对外界完全隔离的工作环境，不怕灰尘、水汽和油污，它可以用任何物体来触摸，可以用来写字画画，比较适合工业控制领域及办公室使用。电阻触摸屏共同的缺点是因为复合薄膜的外层采用塑胶材料，不知道的人太用力或使用锐器触摸可能划伤整个触摸屏而导致报废。不过，在限度之内，划伤只会伤及外导电层，外导电层的划伤对于五线电阻触摸屏来说没有关系，而对四线电阻触摸屏来说是致命的。

5.6.3 触摸屏电路设计

触摸屏常被用于嵌入式系统中作为人机交互接口之一。本系统触摸屏的控制使用的是 FM7843 芯片，它是 4 线电阻触摸屏转换接口芯片。该芯片具有同步串行接口的 12 位取样 A/D 转换器，在 125kHz 吞吐速率和 2.7V 电压下的功耗为 $750\mu W$，而在关闭模式下的功耗仅为 $0.5\mu W$。因此，FM7843 以其低功耗和高速率等特性，被广泛应用在采用电池供电的小型手持设备上。FM7843 采用 SSOP-16 引脚封装形式，如图 5-24 所示，其引脚定义如表 5-5 所示，工作温度范围是 -40~85℃。

为了完成一次电极电压切换和 A/D 转换，需要先通过串口往 FM7843 发送控制字（见表 5-6），转换完成后再通过串口读出电压转换值。标准的一次转换需要 24 个时钟周期。由于串口支持双向同时进行传送，并且在一次读数与下一次发控制字之间可以重叠，所以转换速率可以提高到每次转换仅需 16 个时钟周期，转换/输出时序如图 5-25 所示。如果条件允许，CPU 可以产生 15 个 CLK 的话（比如 FPGA 和 ASIC），转换速率还可以提高到每次转换仅需 15 个时钟周期。

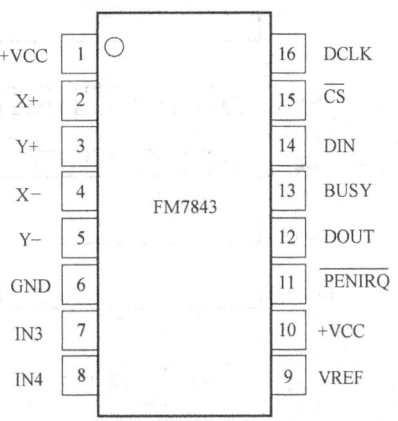

图 5-24　FM7843 封装图

表 5-5　FM7843 的引脚定义

端口	端口名	描述	端口	端口名	描述
1	+VCC	工作电压：2.7~5V	9	VREF	参考电压输入
2	X+	X+位置输入，A/D 转换器输入通道 1	10	+VCC	电源电压：2.7~5V
3	Y+	Y+位置输入，A/D 转换器输入通道 2	11	PENIRQ	触点中断，中断输出引脚（要求 10~100kW 外部上拉电阻）
4	X-	X-位置输入	12	DOUT	串行数据输出。数据在时钟 DCLK 的下降沿被移出。当 CS 为高时，输出呈高阻态
5	Y-	Y-位置输入	13	BUSY	忙状态引脚。当 CS 为高时，输出呈高阻态
6	GND	地	14	DIN	串行数据输入。如果 CS 为低，数据在时钟 DCLK 的上升沿到达
7	IN3	辅助输入通道 1，A/D 转换器输入通道 3	15	CS	片选引脚。控制转换时序和使能串行输入/输出寄存器
8	IN4	辅助输入通道 2，A/D 转换器输入通道 4	16	DCLK	外部时钟引脚。该时钟用于串行数据的同步

表 5-6　控制字功能描述

位	名称	功能描述
7	S	启动位。一个新的控制字在 12 位转换时需要 15 个时钟周期，在 8 位转换模式下需 12 个时钟周期
6~4	A2~A0	通道选择位。和 ER/DFR 位一起设置，这些位控制多路输入设置、开关和参考输入
3	MODE	12 位/8 位转换选择位。它的控制转换模式选择：0 为 12 位转换，1 为 8 位转换
2	SER/DFR	单端/差分参考输入选择位。和 A2~A0 一起配置，该位控制多路输入设置、开关和参考输入
1~0	PD1~PD0	省电模式选择位

根据 FM7843 提供的引脚和数据传输格式，可以采用 S3C44B0 中的 SIO（同步输入输出）通信口来进行连接，片选信号通过通用端口 GPF6 来选择，触摸屏动作触发是通过外部中断 5 来通知处理器的。FM7843 与 S3C44B0 的连接电路如图 5-26 所示。

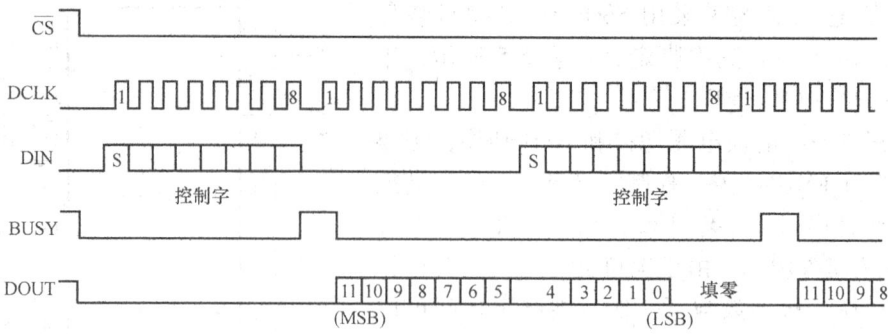

图 5-25 转换/输出时序(需要 16 个时钟周期)

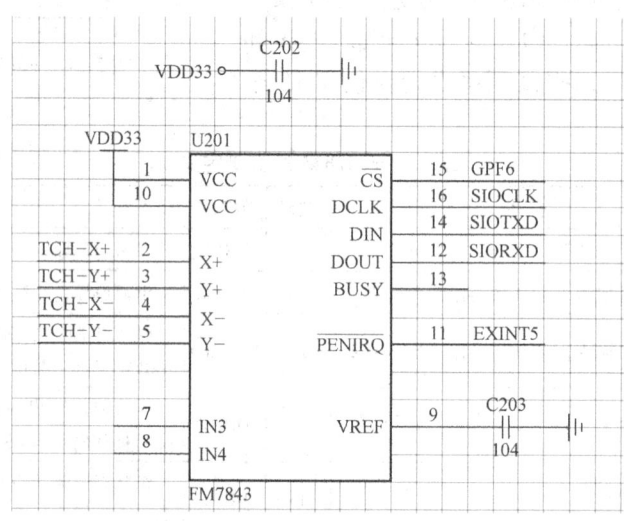

图 5-26 FM7843 与 S3C44B0 的连接电路

5.6.4 触摸屏驱动程序设计

根据触摸屏的原理,可以分析出触摸屏提供的驱动函数应包括触摸屏初始化函数、触摸屏坐标值读取函数和触摸屏动作判断函数。由于触摸屏一般与 LCD 配合使用,因此还需提供一个与显示器的坐标转换的函数。

1. 触摸屏初始化函数

触摸屏初始化函数主要对与 FM7843 相连接的端口属性进行配置,包括初始化端口 GPF5、7、8 并配置为 SIO 端口,GPF6 配置为输出属性,GPG5 配置为 EXINT5。程序代码如下所示。

```
#define  rPCONF    (*(volatile unsigned int *)0x01D20034)
#define  rPDATF    (*(volatile unsigned int *)0x01D20038)
#define  rPCONG    (*(volatile unsigned int *)0x01D20040)
#define  FM7843_CTRL_START   0x80
#define  FM7843_GET_X        0x50
#define  FM7843_GET_Y        0x10
```

```
#define    FM7843_CTRL_12MODE    0x0
#define    FM7843_CTRL_8MODE     0x8
#define    FM7843_CTRL_SER       0x4
#define    FM7843_CTRL_DFR       0x0
#define    FM7843_CTRL_DISPWD    0x3    //关闭电源
#define    FM7843_CTRL_ENPWD     0x0    //打开电源
#define    FM7843_PIN_CS         (1<<6) //GPF6
#define    FM7843_PIN_PEN        (1<<5) //GPG5
//采样 x 轴电压值，数据为 12 位，参考电压输入模式为差分模式，允许省电模式
#define FM7843_CMD_X ( FM7843_CTRL_START | FM7843_GET_X | FM7843_CTRL_12MODE\
|FM7843_CTRL_DFR|FM7843_CTRL_ENPWD)
#define FM7843_CMD_Y ( FM7843_CTRL_START | FM7843_GET_Y | FM7843_CTRL_12MODE\
|FM7843_CTRL_DFR|FM7843_CTRL_ENPWD)
void TchScr_Init( )//触摸屏初始化
{
    rPCONF = ( rPCONF&0x0003FF | 0x1B2C00 ; //设置端口 GPF5、7、8 为 SIO 端口，
                                              GPF6 为输出
    rPCONG = rPCONG|(3<<10) ;                //设置 GPG5 为 EXINT5
}
```

FM7843 通过同步串口 SIO 与 ARM 通信，SIO 的驱动函数在这里不作介绍，直接采用其接口函数调用来实现通信功能。SIO 发送函数为 SendSIOData( )，接收函数为 ReadSIOData( )。将 GPF 端口的第 6 位置 0 和 1，可以打开、关闭 FM7843。通过外部中断 5 可以判断是否有触摸动作。

2. 触摸屏坐标获取函数

触摸屏坐标获取函数是根据触摸屏被按下产生的中断或通过轮转方式检测到触摸动作时从 FM7843 读出对应坐标值。根据 FM7843 的控制字功能描述，由于串口支持双向同时进行传送，并且在一次读数与下一次发控制字之间可以重叠，在发送控制字启动 A/D 转换开始后 8 个时钟就可以读出高 8 位的转换值，每发送一个控制字占用 8 个时钟。触摸屏坐标读取流程如图 5-27 所示。

```
unsigned int ReadXYPosition( unsigned char CMD)
{   unsigned int temp;
    SendSIOData( CMD) ;     //发送读取 x 电压值控制字
    SendSIOData(0) ;        //等待 8 个时钟节拍，因为完成一次转换需要 16 个时钟
    temp = ReadSIOData( ) ; //读取采样值高 8 位
    SendSIOData( CMD) ;
    temp <<= 8 ;
    temp| = ReadSIOData( ) ;  //读取低 8 位并与以前高 8 位组成 16 位数据
```

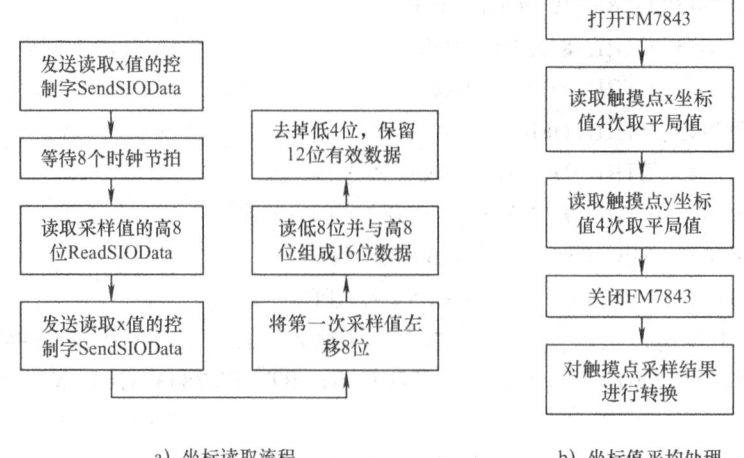

a) 坐标读取流程　　　　b) 坐标值平均处理

图 5-27　触摸屏坐标读取流程

  temp = (temp >> 4);   //去掉低 4 位,保留 12 位有效数据
  return temp;
}
void TchScr_GetScrXY(int *x, int *y)
{//获得触摸点坐标
  unsigned char i;
  rPDATF& = ~FM7843_PIN_CS; //打开 FM7843
  for(i = 0;i < 4;i ++)
    *x + = ReadXYPosition(FM7843_CMD_X);
  *x >> = 2; //采样 4 次取平均值
  for(i = 0;i < 4;i ++)
    *y + = ReadXYPosition(FM7843_CMD_Y);
  *y >> = 2; //采样 4 次取平均值
  rPDATF| = FM7843_PIN_CS;//关闭 FM7843
  //对采样结果进行转换
  *x = (*x - TchScr_Xmin) * LCDWIDTH/(TchScr_Xmax - TchScr_Xmin);
  *y = (*y - TchScr_Ymin) * LCDHEIGHT/(TchScr_Ymax - TchScr_Ymin);
}

  FM7843 送回控制器的 x 与 y 值仅是对当前触摸点电压值的 A/D 转换值,它不具有实用价值。这个值的大小不但与触摸屏的分辨率有关,而且也与触摸屏和 LCD 贴合的情况有关。而且,LCD 分辨率与触摸屏的分辨率一般来说是不一样的,坐标也不一样,因此,如果想得到体现 LCD 坐标的触摸屏位置,还需要在程序中进行转换。转换公式如下:

  x = (x - TchScr_Xmin) * LCDWIDTH/(TchScr_Xmax - TchScr_Xmin)
  y = (y - TchScr_Ymin) * LCDHEIGHT/(TchScr_Ymax - TchScr_Ymin)

其中,TchScr_Xmax、TchScr_Xmin、TchScr_Ymax 和 TchScr_Ymin 是触摸屏返回电压值 x、y 轴的范围;LCDWIDTH、LCDHEIGHT 是液晶屏的宽度与高度。

3. 触摸动作判断函数

除了基本的触摸动作以外，触摸屏动作还包括双击、移动等动作，怎样来判断这些动作，也是触摸屏驱动程序的一部分。触摸屏单击和双击动作的区分是通过规定时间内同一范围坐标内的触摸次数不同来实现的；触摸屏移动动作的判断是通过触摸屏按下时和触摸屏抬起时的不同坐标值来实现的。触摸屏动作判断流程如图5-28所示。

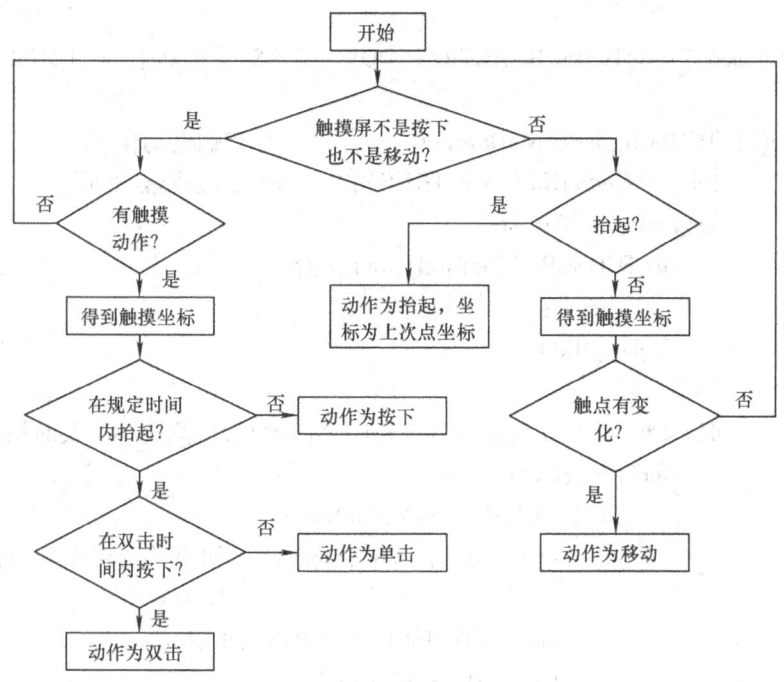

图 5-28　触摸屏动作判断流程

程序清单如下。
/////////触摸屏动作定义/////////
#define TCHSCR_ACTION_NULL 0
#define TCHSCR_ACTION_CLICK 1 //触摸屏单击
#define TCHSCR_ACTION_DBCLICK 2 //触摸屏双击
#define TCHSCR_ACTION_DOWN 3 //触摸屏按下
#define TCHSCR_ACTION_UP 4 //触摸屏抬起
#define TCHSCR_ACTION_MOVE 5 //触摸屏移动
#define TCHSCR_IsPenNotDown() (rPDATG&FM7843_PIN_PEN)
#define FM7843_CMD_X (FM7843_CTRL_START|FM7843_GET_X|FM7843_CTRL_12MODE\|FM7843_CTRL_DFR|FM7843_CTRL_ENPWD)
//采样x轴电压值,数据为12位,参考电压输入模式为差分模式,允许省电模式
#define FM7843_CMD_Y (FM7843_CTRL_START|FM7843_GET_Y|FM7843_CTRL_12MODE\|FM7843_CTRL_DFR|FM7843_CTRL_ENPWD)
int TchScr_Xmax = 1840, TchScr_Xmin = 176,
TchScr_Ymax = 195, TchScr_Ymin = 1910;   //触摸屏返回电压值范围

```c
U32 TchScr_GetOSXY(int *x, int *y)
{//获得触摸点坐标并返回触摸动作
    static U32 mode = 0;
    static int oldx,oldy;
    int i,j;
    for(;;){
        if ((mode! = TCHSCR_ACTION_DOWN) && (mode! = TCHSCR_ACTION_MOVE)){
            if(! TCHSCR_IsPenNotDown){            //有触摸动作
                TchScr_GetScrXY(x, y,TRUE);       //得到触摸点坐标
                for(i = 0;i < 40;i ++){
                    if(TCHSCR_IsPenNotDown)//抬起
                        break;
                    Delay(100);
                }
                if(i < 40){//在规定的双击时间之内抬起,检测是不是及时按下
                    for(i = 0;i < 60;i ++){
                        if(! TCHSCR_IsPenNotDown){
                            if(i < 10) {i = 60;break;}//如果单击后很短时间内按下,不
                                                     视为双击
                            mode = TCHSCR_ACTION_DBCLICK;
                            for(j = 0;j < 40;j ++)
                                Delay(100);//检测到双击后延时,防止拖尾
                            break;
                        }

                        Delay(100);
                    }
                    if(i = = 60)    //没有在规定的时间内按下
                        mode = TCHSCR_ACTION_CLICK;
                }
                else{    //没有在规定的时间内抬起
                    mode = TCHSCR_ACTION_DOWN;
                }
                break;
            }
        }
        else{
            if(TCHSCR_IsPenNotDown){ //抬起
```

```
                mode = TCHSCR_ACTION_UP;
                *x = oldx;
                *y = oldy;
                return mode;
            }
            else{
                TchScr_GetScrXY(x, y,TRUE);
                if(ABS(oldx - *x) >4 ||ABS( oldy - *y) >4){//有移动动作
                    mode = TCHSCR_ACTION_MOVE;
                    break;
                }
            }
        }
        Delay(50);
    }
    oldx = *x;
    oldy = *y;
    return mode;
}
```

5.7 LCD 模块设计

5.7.1 LCD 显示原理

　　液晶显示是一种被动的显示，它不能发光，只能使用周围环境的光。它显示图案或字符只需很小的能量。液晶显示所用的液晶材料是一种兼有液态和固体双重性质的有机物，它的棒状结构在液晶盒内一般平行排列，但在电场作用下能改变其排列方向。

1. 常见 LCD 分类及原理

　　LCD 按显示技术主要分为 TN 型、STN 型、TFT 型。下面就这三种 LCD 显示原理进行简单介绍：

　　（1）TN 型液晶显示原理

　　TN 型的液晶显示技术可说是 LCD 中最基本的，而之后其他种类的 LCD 也可说是以 TN 型为原点来加以改良的。当加入电场时，每个液晶分子的光轴转向与电场方向一致，液晶层因此失去了旋光的能力，结果来自入射偏光片的偏光，其偏光方向与另一偏光片的偏光方向成垂直关系，并无法通过，电极面因此呈现黑暗的状态，如图 5-29 所示。其显像原理是：将液晶材料置于两片贴附光轴垂直偏光板的透明导电玻璃间，液晶分子会依配向膜的细沟槽方向依序旋转排列，如果电场未形成，光线会顺利地从偏光板射入，依液晶分子旋转其行进方向，然后从另一边射出。

　　如果在两片导电玻璃通电之后，两片玻璃间会形成电场，进而影响其间液晶分子的排列，使其分子棒进行扭转，光线便无法穿透，进而遮住光源。这样所得到的光暗对比现象叫做扭转式向列场效应（Twisted Nematic Field Effect，TNFE）。在电子产品中所用的 LCD，几乎都是用扭转式向列场效应原理所制成的。

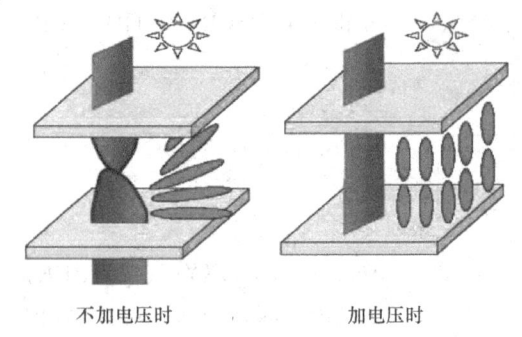

图 5-29 液晶显示原理

对于负性 TN 型 LCD，当未加电压到电极时，LCD 处于 "ON" 态，光能透过 LCD 呈白态；当在电极上加上电压，LCD 处于 "OFF" 态，液晶分子长轴方向沿电场方向排列，光不能透过 LCD，呈黑态。有选择地在电极上施加电压，就可以显示出不同的图案。TN 型 LCD 本身只有明暗两种情形（或称黑白）。

（2）STN 型液晶显示原理

STN 型与 TN 型相类似，不同的是 TN 型扭转式向列场效应的液晶分子是将入射光旋转 90°，而 STN 型超扭转式向列场效应是将入射光旋转 180°~270°。要在这里说明的是，单纯的 TN 型 LCD 本身只有明暗两种情形，并没有办法做到色彩的变化。而 STN 型 LCD 由液晶材料的关系以及光线的干涉现象，因此显示的色调都以淡绿色与橘色为主。但如果在传统单色 STN 型 LCD 加上一彩色滤光片（Color Filter），并将单色显示矩阵的任一像素（Pixel）分成三个子像素（Sub-pixel），分别通过彩色滤光片显示红、绿、蓝三原色，再经由三原色比例调和，也可以显示出全彩模式的色彩。另外，TN 型的 LCD 如果显示屏幕做的越大，其屏幕对比度就会显得越差，由 STN 型的改良技术，可以弥补对比度不足的情况。

（3）TFT 型液晶显示原理

TFT 型的 LCD 较为复杂，主要构成包括萤光管、导光板、偏光板、滤光板、玻璃基板、配向膜、液晶材料、薄模式晶体管等。首先，LCD 必须先利用背光源，也就是萤光灯管投射出光源，这些光源会先经过一个偏光板然后再经过液晶，这时液晶分子的排列方式会改变穿透液晶的光线的角度，然后这些光线接下来还必须经过前方的彩色滤光膜与另一块偏光板。因此，只要改变刺激液晶的电压值就可以控制最后出现的光线强度与色彩，并进而能在液晶面板上变化出有不同深浅的颜色组合了。

三种 LCD 的比较

1）TN 型 LCD 因技术层次较低，价格低廉，应用范围多在 76.2mm（3in）以下的小尺寸产品，而且仅能呈现出黑白单色及作一些简单文字、数字的显示，主要应用于电子表、计算器、简单的掌上游戏机等消费性电子产品。

2）STN 型 LCD 较 TFT 型工艺简单，成品率较高，价格相对便宜，主要面向对比强烈与画面转换反应时间较快的商品，因此多应用于信息处理设备。如果在液晶面板前加一片彩色滤光片，则可显示多种色彩，甚至可达全彩化程度。此种产品多使用于文字、数字及绘图功能的显示，例如低档的便携式计算机、股票机和个人数字助理（PDA）等便携式产品。

3）TFT 型 LCD 因为显示反应速度更快，适用于动画及显像显示，故广泛应用于数码相机、液晶投影仪、便携式计算机、桌上型液晶显示器。由于其在色彩品质及反应速度方面较 STN 型产品为佳，因此也是目前市场上的主流产品。

2. LCD 的显示方式

LCD 的显示方式可分为：

1）反射型：底偏光片后面加了一块反射板，它一般在户外和光线良好的办公室使用，如图 5-30 所示。

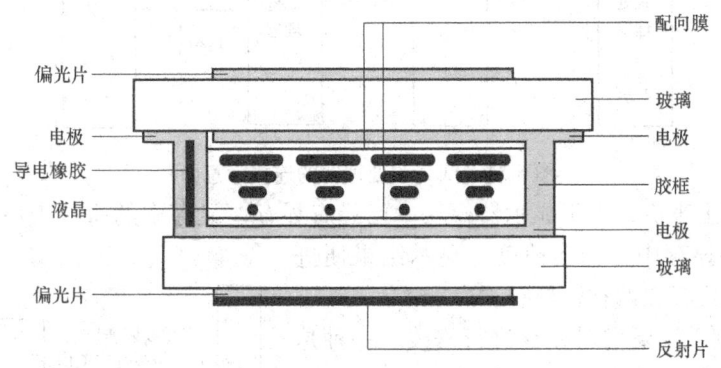

图 5-30　反射型 LCD 的结构

2）透射型：底偏光片是透射偏光片，它需要连续使用背光源，一般在光线差的环境使用。

3）透反射型：处于以上两者之间，底偏光片能部分反光，一般也带背光源，光线好的时候，可关掉背光源；光线差时，可点亮背光源使用 LCD。

3. LCD 的驱动方式

LCD 通常有两种驱动方式：一种是带有驱动芯片的 LCD 模块，基本上属于半成品；如果有需要，也可以直接使用芯片上的内置 LCD 控制器来构造显示模块，使它可以支持彩色/灰度/单色三种模式，灰度模式下可支持 4 级灰度和 16 级灰度。

4. LCD 的彩色显示方式

上面已经提及 LCD 彩色显示工作原理，即将单色显示矩阵之任一像素分成三个子像素，分别通过彩色滤光片显示红、绿、蓝三原色，再经由三原色比例的调和，也可以显示出全彩模式的色彩。这三种颜色的控制是通过加在液晶分子上的电场控制其扭转角度来控制光线的折射角度实现的，因此怎样控制 LCD 每个像素上的电压是调节颜色的关键。通常将一个像素电压控制单元按数据位的长度来进行划分，如像素的控制数据位长度为 8 位，颜色的变化范围就从 0 ~ 255 进行变化，俗称 256 色，单色数据位的分配一般是 Red（3）、Green（2）、Blue（3）。如果像素的控制数据位长度为 24 位，则称之为 24 位色，颜色变化范围为 0 ~ 16777215，单色数据位的分配一般是 Red（8）、Green（8）、Blue（8）。每个像素对应一个存储单元，这些存储单元总称为显示存储器，简称显存。显存存储单元的长度就是像素的控制数据位长度。因此，显存的大小和显示器的分辨率是对应的。

5. LCD 的显示控制

LCD 与处理器的连接方式有两种。一种是处理器自带 LCD 控制器，只需要将 LCD（此时 LCD 不需要控制器）直接连接到控制器接口，处理器对 LCD 操作时，只需要对自带 LCD 控制器的寄存器进行操作，如图 5-31a 所示。另一种是微处理器不带 LCD 控制器，和 LCD 连接时需要带控制器的 LCD，LCD 此时作为一个外设和处理器的地址/数据总线连接，如图 5-31b 所示。

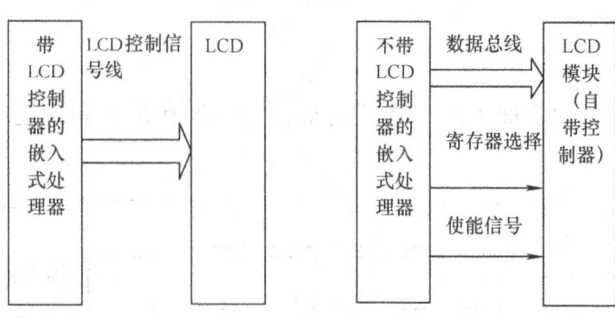

图 5-31　LCD 和处理器的连接示意图

从系统结构上来讲，由于显示器模块中已经有显存，显存中的每一个单元对应 LCD 上的一个点，只要显存中的内容改变，显示结果便进行刷新。于是，便存在两种刷新：

1）直接根据系统要求对显存进行修改。一种是只需修改相应的局部就可以，不需要判断覆盖等；另一种就是有覆盖问题，计算起来比较复杂，而且每作一点小的屏幕改变就进行刷新，将增加系统负担。

2）专门开辟显存，在需要刷新时候由程序进行显示更新，如图 5-32 所示。这样，不但可以减轻总线负荷，而且也比较合理，可以在有需要的时候进行统一的显示更新，界面也比较美观，不致由于无法预料的刷新动作导致显示界面闪烁。

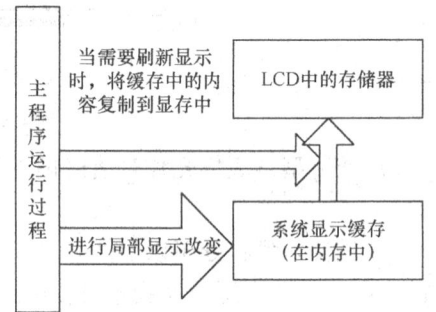

图 5-32　前、后台双重显示缓存的显示模块结构

5.7.2　LCD 电路设计

由于完整的 LCD 电路和编程较为复杂，为了能够理解 LCD 的基本工作过程，这里以图 5-33 为例进行讲解。图 5-33 是一个 8 位的 LCD 和一个微处理器的连接原理图。其中，LCD 控制器的引脚 E 是芯片使能引脚，高电平有效；R/W 是读写引脚，写低电平有效，读高电平有效；RS 是 LCD 控制寄存器和显存选择引脚，高电平选择显存，低电平选择控制寄存器；DB0～DB7 是命令/数据引脚，用于设置 LCD 和传输显示数据。

S3C44B0X 自带一个 LCD 控制器，通过该控制器可以直接连接不带 LCD 控制器的 LCD。在嵌入式应用中，由于这种 LCD 控制器的局限性限制了 LCD 的选择范围，在设计时一般选择自带控制器的 LCD 来进行扩展。

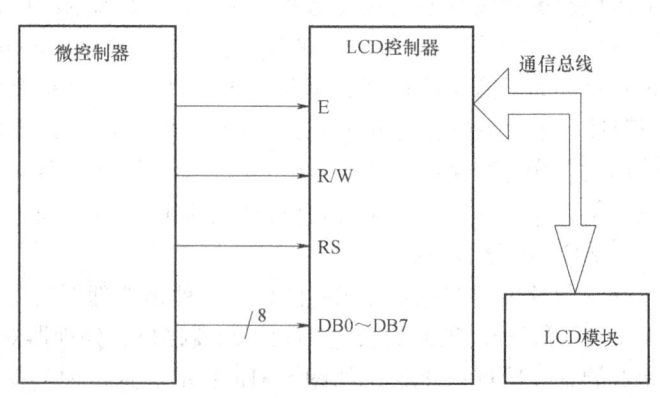

图 5-33　一个 8 位的 LCD 和一个微控制器的连接原理图

1. CG128096WFHDWB 型 LCD 简介

本节就是采用现代的 CG128096WFHDWB 型 LCD，该 LCD 带 HM17CM4096 驱动器，分辨率为 128（W）×96（H）位像素，显示类型为 Color STN（CSTN）。该型号 LCD 主要用于手机、MP3 等设备。

HM17CM4096 是一个带有 162 个公共口和 384 段位（128 RGB）驱动接口、支持 4096 色的点阵 LCD 驱动芯片。该芯片支持与微处理器串行、并行两种数据通信方式，内置有 248832bit 显存，支持 16 级灰度、4096 色或 256 色模式。该芯片适用于有低功耗消耗要求或采用电池供电的手持设备，最低供电电压为 1.7V，最大支持分辨率为 162×128 位像素。在驱动程序设计中，主要是对驱动芯片 HM17CM4096 的寄存器及显存进行读写。

HM17CM4096 的主要特性有：

1）4096 色位图 LCD 驱动器（Bitmap LCD Driver）。
2）LCD 驱动输出 128 RGB 段，248832bit 显存有 162 个公共口。
3）可以通过 PWM 控制 16 级灰度显示。
4）可以支持黑白显示 162×128bit 像素。
5）8 位数据总线接口可以直接连接 68/80 系列 CPU。
6）支持 RAM 数据长度 8 位/16 位选择。
7）串行通信接口可以选择 3 线或 4 线接口。
8）支持显示数据读写、显示的开关、正负极显示、页面地址设置。
9）支持显示起始行设置、局部显示和偏压选择。
10）列地址设置、所有显示的开/关、电压升压选择、n 行反显模式设置、省电模式等。
11）内置可编程升压器（7 级升压）。
12）内置可控的稳压调节器（128 级）。
13）低电流消耗。
14）1.7~3.3V 的供电电压可产生 5.0~18.0V 的 LCD 驱动电压。

CG128096WFHDWB 型 LCD 的内部结构如图 5-34 所示。

该 LCD 模块由 LCD 面板、LCD 驱动芯片 HM17CM4096 和 LCD 背光灯（LED）组成。LCD 面板由驱动芯片驱动控制，LCD 通过外部引脚与 CPU 连接，由 CPU 发送控制指令和传送显示数据给驱动芯片。背光主要是在光线较暗的场合便于 LCD 观看而设置的，也需要 CPU 进行控制。该 LCD 外部引脚及功能描述如表 5-7 所示。下面对该 LCD 电路进行设计。

表 5-7 CG128096WFHDWB 型 LCD 外部引脚及功能描述

序号	名称	功能描述		
1	VEE	LCD 显示电压升压电源引脚		
2	VDD	电源引脚		
3	SEL86	CPU 接口选择引脚，选择方式如下：		
		SEL68	H	L
		状态	68 系列	80 系列
4	LCD_ID	ID 选择引脚，"H"：HM17CM4096		

(续)

序号	名称	功能描述
5	$\overline{RD}$（E）	当 SEL68 = "L" 时，$\overline{RD}$ 连接 80 系列 CPU，当 $\overline{RD}$ = "L" 时，数据总线为输出状态 当 SEL68 = "H" 时，连接 68 系列 CPU 使能 LCD，高为有效
6~13	D0~D7	显存和片内寄存器数据总线
14	$\overline{CS}$	片选引脚，低电平有效
15	RS	输入数据选择引脚，用于区分传送的数据是指令还是显示数据 | RS | H | L | |---|---|---| | 数据类型 | 指令 | 显示数据 |
16	$\overline{RESB}$	复位引脚，低电平有效
17	$\overline{WR}$（R/$\overline{W}$）	当 SEL68 = "L" 时，$\overline{WR}$ 连接 80 系列 CPU，当 $\overline{WR}$ 为低时有效，在 $\overline{WR}$ 的上升沿数据被取走 当 SEL68 = "H" 时，读控制信号，R/$\overline{W}$ 连接 68 系列 CPU | R/$\overline{W}$ | H | L | |---|---|---| | 状态 | 读 | 写 |
18	VSS	地线引脚
19	K -	背光灯电源负极
20	A +	背光灯电源正极

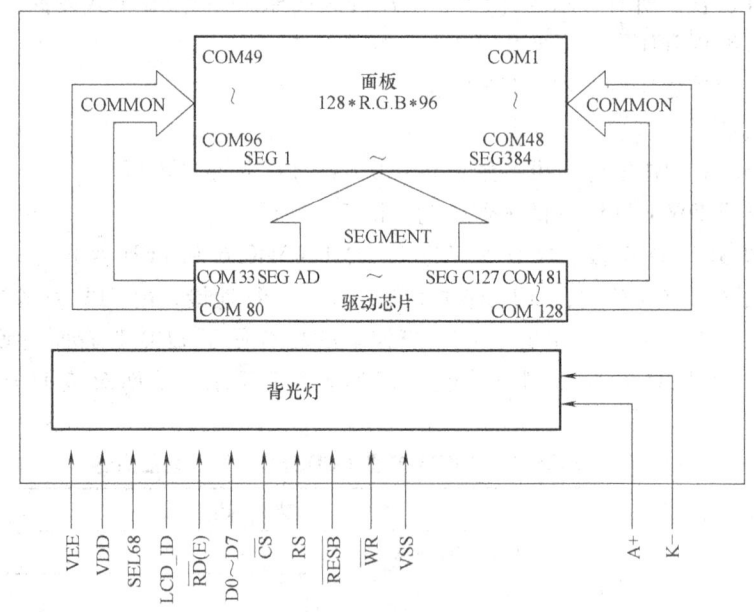

图 5-34 CG128096WFHDWB 型 LCD 的内部结构

2. LCD 供电设计

根据 LCD 驱动芯片 HM17CM4096 的资料可知，该 LCD 驱动芯片只有一种供电电压 1.7~3.3V，可以直接将 VDD、VEE 连接到 3.3V 电源上，VSS 接数字地。

另外，背光灯驱动电压为 5V，电源有两个引脚。由于背光灯需要 CPU 来控制其开/关，因此，需要将其中的一个引脚连接到 CPU 对应的控制输出上。在这里可以将引脚 K-接地，为了防止电流过大，串联一个 100kΩ 的电阻。电源的另一个引脚接到 CPU 未使用的 I/O 口上，由于 S3C44B0X 的驱动电压为 3.3V，所以必须进行变压，在这里采用一个反向器 DTC124ECA 来驱动 LED。电路原理图如图 5-34 所示。

3. LCD 与微处理器的连接电路设计

由于 S3C44B0X 的引脚结构和 80 系列处理器的引脚结构一样，因此，在 CPU 类型引脚选择时，可以将 SEL86 直接接地。根据 LCD 模块其他引脚的定义，在和 CPU 连接时，D0 ~ D7 直接连接到 S3C44B0X 的 D0 ~ D7，RS 连接到 ADDR0 上，读写控制引脚与 S3C44B0X 的读写控制引脚连接，片选引脚$\overline{CS}$连接到 S3C44B0X 没有占用的 nGCS4 上。RS 对应的地址是 0x08000000 和 0x08000001，当地址为 0x08000000 时，访问显存空间，传递的数据是显示数据；当地址为 0x08000001 时，则访问的是 LCD 寄存器，传递的是指令。引脚 LCD_ID 直接接电源，选择 HM17CM4096。引脚$\overline{RSEB}$是 LCD 复位引脚，低电平有效，一般连接到 CPU 的复位引脚上，在这里连接到 S3C44B0X 的复位引脚上。这样，整个电路设计就完成了，电路原理图如图 5-35 所示。

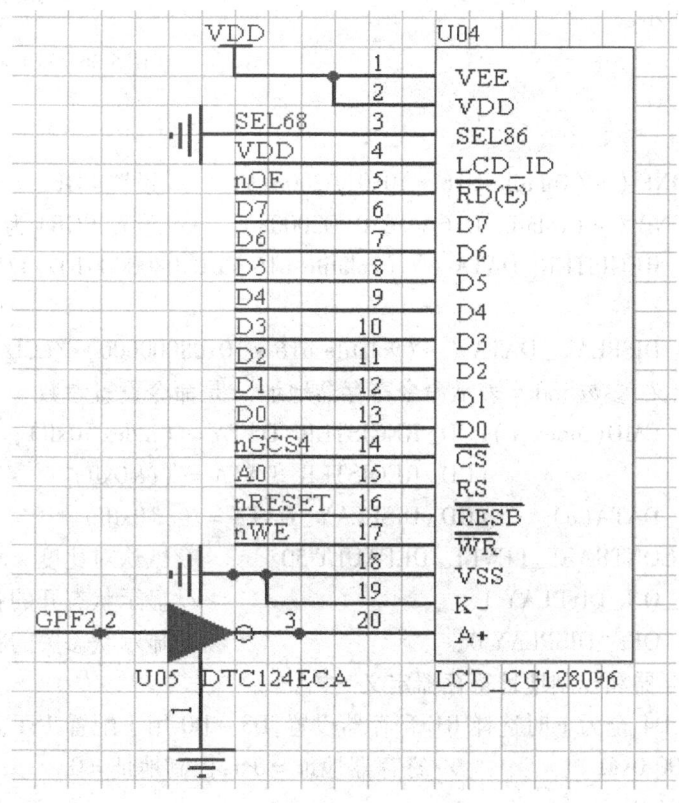

图 5-35 LCD 模块的电路原理图

5.7.3 LCD 驱动程序设计

根据 LCD 本身的功能要求和 HM17CM4096 的特点，驱动程序可以提供以下功能：

1）LCD 初始化。
2）LCD 开/关。
3）LCD 刷新。
4）LCD 显示。
5）LCD 像素颜色设置。
6）LCD 局部显示。
7）LCD 清屏。
8）LCD 对比度设置。
9）LCD 反向显示设置。

下面针对这些驱动程序进行设计，HM17CM4096 的控制命令及具体配置方法请参考驱动芯片 HM17CM4096 的资料。

1. LCD 初始化

LCD 初始化主要是配置 LCD 的占用端口、显示模式、显示范围、对比度等，然后打开 LCD。LCD 初始化流程如图 5-36 所示。

程序清单如下：

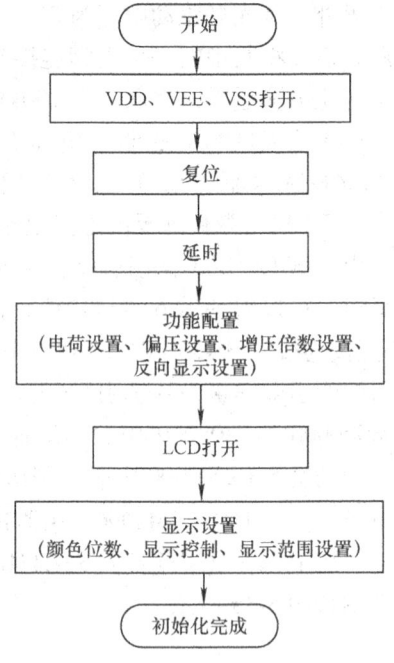

图 5-36 LCD 初始化流程

(1) 宏定义
//寄存器定义
#define rPCONF （*（volatile U16 *）0x01D20034）   //设置 PGF2 为输出控制背光
#define rPCONB （*（volatile U16 *）0x01D20008）   //设置 PGB4 为 nGCS4
#define LCD_REGISTER_DATA （*（volatile u16 *）0x08000001）//LCD 寄存器访问地址
#define LCD_DISPLAY_DATA （*（volatile u16 *）0x08000000）//LCD 显存访问地址
//LCD 命令定义，参数 index 表示命令寄存器地址，c 是命令设置参数 c
#define LCD_CMD(index,c)LCD_REGISTER_DATA =（index&0xff）;\
                        LCD_REGISTER_DATA =（c&0xff）
#define LCD_DATA(c)   LCD_DISPLAY_DATA =（c&0xfff）
#define HS_CONTRAST_LEVEL_DEFAULT 50   //默认对比度
#define LCD_ON_DISPLAY 1   //显示状态开的状态标志定义
#define LCD_OFF_DISPLAY 0   //显示状态关的状态标志定义
//RE 标志寄存器和控制地址寄存器定义
//D7、D6、D5、D4 全为 1 时选择 RE 寄存器设置，D3~D0 用于配置 TST、RE2、RE1、RE0
#define RE000 0xf0   //寄存器地址 =0xf,控制地址 =0
#define RE001 0xf1
#define RE010 0xf2
#define RE011 0xf3
#define RE100 0xf4
#define RE101 0xf5

//显示范围配置
```c
#define LCD_BIT_WIDTH   ((u16)128)   //LCD 显示宽度
#define LCD_BIT_HEIGHT  ((u16)96)    // LCD 显示高度
static U16 lcd_shadow_buffer[128*96];  //内存中的 LCD 显示缓存
static U8 lcd_onoff_status;            //LCD 状态变量
U8  lcd_contrast_value;
U8  backlight_is_off = FALSE;
```
（2）初始化函数清单
```c
void lcd_initialize(void)
{
    //重置时间为 1.5μs
    InitBkReg( );                        //初始化背光
    LCD_CMD(RE100,0xB4);                 //设置电荷
    LCD_CMD(RE100,0xA6);
    LCD_CMD(RE000,0xE0);                 //偏压设置为 1/9
    LCD_CMD(RE000,0Xd4);                 // 电压升压 5 倍
    LCD_CMD(RE100,0xd2);                 //晶体振荡器反馈电阻设置为 RF = 0.9
    lcd_wait(10);
    LCD_CMD(RE000,0xB2);                 //先设置 DCON
    lcd_wait(40);
    LCD_CMD(RE000,0xBA);                 //电源控制:电源开
    lcd_wait(40);
    LCD_CMD(RE101,0xA0);                 //PWM 控制
    LCD_CMD(RE101,0x90);                 //ICON 段设置:no
    //显示设置
    LCD_CMD(RE100,0x70);                 // SON = 0,DSE = 0
    LCD_CMD(RE100,0x95);                 //RAM 数据长度设置
                                         //bit 3 HSW = 0
                                         //bit 2 ABS = 1
                                         //bit 1 CKS = 0
                                         //bit 0 WLS = 1
    LCD_CMD(RE100,0x80);//显示选择,boosting clock 设置
                        //pwm = 0,16 级灰度显示
                        //c256 = 0
                        //fdc1,fdc2 = 00,boosting clock 设置为 1 倍
    LCD_CMD(RE000,0x89);//显示控制
                        //SHIFT = 1,com0 -> com127 shift
                        //MON = 0,显示模式等级
                        //ALLON = 0,正常显示状态
```

```
                              //ON/OFF = 1,显示打开
LCD_CMD(RE000,0x94);//显示控制 2
                              //REV = 0
                              //NLIN = 1
                              //SWAP = 0
                              //REF = 0
//================================================
LCD_CMD(RE100,0x63);
                              //显示起始列设置在 COM111(shift = 1),COM16(shift = 0)
//================================================
LCD_CMD(RE000,0xAB);     //显示地址递增控制
                              //WIN = 1
                              //AIM = 0
                              //AYI = 1
                              //AXI = 1
LCD_CMD(RE000,0x00);     //x 起始地址设置(低位)
LCD_CMD(RE000,0x10);     //x 起始地址设置(高位)
LCD_CMD(RE000,0x20);     //y 起始地址设置(低位)
LCD_CMD(RE000,0x30);     //y 起始地址设置(高位)
LCD_CMD(RE101,0x0F);     //x 结束地址设置(低位)
LCD_CMD(RE101,0x17);     //x 结束地址设置(高位)
LCD_CMD(RE101,0x20);     //y 结束地址设置(低位)
LCD_CMD(RE101,0x36);     //y 结束地址设置(高位)
LCD_CMD(RE000,0x40);     //在 y 方向设置显示起始行(低位)
LCD_CMD(RE000,0x50);     //在 y 方向设置显示起始行(高位)
LCD_CMD(RE000,0xC4);     //DUTY SET: 97 DUTY
  lcd_contrast_value = HS_CONTRAST_LEVEL_DEFAULT;    // 设置默认对比度
  lcd_set_contrast(HS_CONTRAST_LEVEL_DEFAULT);
  lcd_clear_display();
  lcd_onoff_status = LCD_ON_DISPLAY; //LCD 状态设置为 ON
}
```

2. LCD 开/关

LCD 开/关主要是对 ON/OFF 进行设置。程序清单如下:

```
void LCD_Set_Power(U8 onoff)
{
    if((onoff & 0x03) != lcd_onoff_status)
    {
        if(onoff == 0){
```

```
        LCD_CMD(RE000,0x80);//显示控制,显示关闭,ON/OFF=0
    }
    else {//显示打开
        LCD_CMD(RE000,0x89);//显示打开,SHIFT=1,ON/OFF=1
    }
    lcd_onoff_status = (onoff & 0x03);
    }
}
```

3. LCD 刷新

LCD 刷新是将内存空间的显示数据更新到 LCD 显存中去,实际上是一个数据复制过程,将数据从内存、显示缓存中复制到 LCD 显存。程序清单如下:

```
void LCD_Update_Display()
{
    U16 i;
    LCD_CMD(RE000,0x00);      //x 地址设置为 0(低位)
    LCD_CMD(RE000,0x10);      //x 地址设置为 0(高位)
    LCD_CMD(RE000,0x20);      //y 地址设置为 0(低位)
    LCD_CMD(RE000,0x30);      //y 地址设置为 0(高位)
    for(i=0;i<128*96;i++)
        LCD_DATA(lcd_shadow_buffer[i]);//将数据写入 LCD 显存
}
```

4. LCD 像素颜色设置

为了方便用户设置颜色,针对 16 位颜色设置提供 RGB 函数。由于 16 位色显示在初始化时设置为低 12 位为有效位,因此需要进行相应的移位操作。像素颜色设置函数主要提供对单个像素操作功能,便于在汉字显示、绘图中调用。该函数的像素操作是在内存中操作的,所以该函数调用完成后,需要调用刷新函数更新数据到显存中。程序代码如下:

```
U16 RGB(U8 red,U8 green,U8 blue)
{
    return ((8 << red&0xf00)|(4 << green&0xf0)|blue&0x0f));
}
void Set_Pixel( U8 x,U8 y, U16 color)
{
    lcd_shadow_buffer[y*128+x] = color;
}
```

5. LCD 局部显示

LCD 局部显示驱动芯片提供局部显示功能主要是为了节约电能。在手机等应用场合,在待机时显示内容大多是时间等部分内容,因此可以采用局部显示来刷新部分内容以节约电量。在局部显示时需要提供局部显示矩形框的起始地址和终止地址。

```
void LCD_Partial_Update_Display (U8 startX, U8 startY, U8 endX, U8 endY)
```

```
        U8 x,y;
        for( y = startY; y < endY; y ++ )
        {
                LCD_CMD( RE000,0x00|( startX&0x0f ) );           //设置显示 x 地址
                LCD_CMD( RE000,0x10|( ( startX >> 4 )&0x0f ) );
                LCD_CMD( RE000,0x20|( y&0x0f ) );                //设置显示 y 地址
                LCD_CMD( RE000,0x30|( ( y >> 4 )&0x0f ) );
                for( x = startX; x < endX; x ++ )
                        LCD_DATA( lcd_shadow_buffer[ y * 128 + x ] );
        }
}
```

6. LCD 清屏

清屏操作实际上是将 LCD 显存全部像素置为 0xfff。程序清单如下所示：

```
void LCD_Clear_Display( void )
{
    for( U16 i = 0; i < 128 * 96; i ++ )
    {
            LCD_DATA( 0xfff );
    }
}
```

7. LCD 对比度设置

LCD 对比度设置实际上是对 LCD 电荷值进行设置。该芯片的对比度设置范围为 0~127，实际取值范围为 30~118，如果小于 30，基本看不清楚。

```
void LCD_Set_Contrast( U8 contrast )
{
    lcd_contrast_adjust_ui = contrast;
    lcd_contrast_value = contrast;
    if( lcd_contrast_value > 118 ){ // LCD 对比度设置范围限定
       lcd_contrast_value = 118;
    }
    else if( lcd_contrast_value < 30 ){
       lcd_contrast_value = 30;
    }
    LCD_CMD( RE100,0xB0|( 0x0f&( lcd_contrast_value >> 4 ) ) ); //对 DV0~DV3 设置
    LCD_CMD( RE100,0xA0|( 0x0f&lcd_contrast_value ) );          //对 DV4~DV6 设置
}
```

8. LCD 反向显示设置

一般在菜单选择时，需要对选中部分进行反向显示，因此，该芯片提供了反向显示功

能,在设置时需要设置反向显示的起始行地址和终止行数地址。

```c
void Set_Inverse_Lines (U8 startline, U8 endline)
{
    U8 linenumber = endline-startline;
    if (linenumber > 0)
    {
        if (endline > LCD_BIT_HEIGHT){
            endline = LCD_BIT_HEIGHT;
            startline = LCD_BIT_HEIGHT-linenumber;
        }
        LCD_CMD (RE101, 0x40 | (0x0f&startline)); //设置反向显示起始行地址
        LCD_CMD (RE101, 0x50 | (0x0f& (startline >> 4)));
        LCD_CMD (RE101, 0x60 | (0x0f&endline)); //设置反向显示终止行地址
        LCD_CMD (RE101, 0x70 | (0x0f& (endline >> 4)));
    }
    LCD_CMD (RE101, 0x81);
}
```

9. LCD 显示函数

LCD 显示函数的主要功能是将存储在显示缓存空间的数据复制到显存当中进行显示。在该函数中,采用全屏数据更新的方式复制数据,如果只需局部数据更新,则可调用局部显示函数,通过设置局部显示区域,从现实缓存中复制对应该区域的数据到显存中即可。

```c
void LCD_Update_Display ()
{
    s32 i;
    LCD_CMD (RE000, 0x00); //设置 x 地址(低位)
    LCD_CMD (RE000, 0x10); //设置 x 地址(高位)
    LCD_CMD (RE000, 0x20); //设置 y 地址(低位)
    LCD_CMD (RE000, 0x30); //设置 y 地址(高位)
    for (i = 0; i < 128 * 96; i ++)
        LCD_DATA (lcd_shadow_buffer [i]);
}
```

在这些函数的基础上还可以提供其他功能函数,比如说画线、填充等。本节只针对上述基本功能函数进行设计,其他函数都是基于这些基本功能函数进行设计的。

5.8 I^2C 总线接口应用设计

5.8.1 I^2C 总线及接口简介

I^2C (Inter-Integrated Circuit,芯片间电路接口)总线是一种由 Philips 公司开发的两线式

串行总线，用于连接微控制器及其外围设备。I²C 总线产生于 20 世纪 80 年代，最初为音频和视频设备开发，如今主要在服务器管理中使用，其中包括单个组件状态的通信。例如管理员可对各个组件进行查询，以管理系统的配置或掌握组件的功能状态，如电源和系统风扇；可随时监控内存、硬盘、网络、系统温度等多个参数，增加了系统的安全性，方便了管理。目前，有很多半导体集成电路上都集成了 I²C 接口。很多外围器件如存储器、监控芯片等也提供 I²C 接口。

1. I²C 总线的特征

在目前流行的串行扩展总线中，I²C 总线因规范严格和支持 I²C 接口的外围器件多而获得广泛应用。

I²C 总线主要有以下几个特征：

1）只要求两条总线线路：一条串行数据线（SDA），一条串行时钟线（SCL）。

2）每个连接到总线的器件都可以通过惟一的地址和一直存在的简单的主机从机关系软件设定地址，主机可以作为主机发送器或主机接收器。

3）它是一个真正的多主机总线，如果两个或更多主机同时初始化数据传输时，可以通过冲突检测和仲裁防止数据被破坏。

4）串行的 8 位双向数据传输位速率在标准模式下可达 100Kbit/s，快速模式下可达 400Kbit/s，高速模式下可达 3.4Mbit/s。

5）片上的滤波器可以滤去总线数据线上的毛刺波，保证数据完整。

6）连接到相同总线的 IC 数量只受到总线的最大电容（400pF）限制。

I²C 总线最主要的优点是其简单性和有效性。由于接口直接在组件之上，因此 I²C 总线占用的空间非常小，减少了电路板的空间和芯片引脚的数量，降低了互连成本。总线的长度可高达 7.62m（25ft），并且能够以 10Kbit/s 的最大传输速率支持 40 个组件。I²C 总线的另一个优点是，它支持多主控（Multi-Mastering），其中任何能够进行发送和接收的设备都可以成为主总线。一个主控能够控制信号的传输和时钟频率。当然，在任何时间点上只能有一个主控。

2. I²C 总线的硬件结构及数据传输

I²C 总线是由 SDA 和 SCL 构成的串行总线，可发送和接收数据，所有接到 I²C 总线上设备的串行数据都接到总线的 SDA，各设备的 SCL 接到总线的 SCL。在 CPU 与被控 IC 之间、IC 与 IC 之间进行双向传送，最高传送速率为 100Kbit/s。各种被控制电路均并联在这条总线上，但就像电话机一样只有拨通各自的号码才能工作，所以每个电路和模块都有惟一的地址。在信息的传输过程中，I²C 总线上并接的每一个模块电路既是主控器（或被控器），又是发送器（或接收器），这取决于它所要完成的功能。CPU 发出的控制信号分为地址码和控制量两部分，地址码用来选址，即接通需要控制的电路，确定控制的种类；控制量决定该调整的类别（如对比度、亮度等）及需要调整的量。这样，各控制电路虽然挂在同一条总线上，却彼此独立，互不相关。

I²C 总线运用主/从双向通信。器件发送数据到总线上，则定义为发送器，器件接收数据则定义为接收器。主器件和从器件都可以工作于接收和发送状态。总线必须由主器件（通常为微控制器）控制，主器件产生串行时钟（SCL）控制总线的传输方向，并产生起始和停止条件。SDA 上的数据状态仅在 SCL 为低电平的期间才能改变，SCL 为高电平的期间，

SDA 状态的改变被用来表示起始和停止条件。典型的 I²C 总线结构如图 5-37 所示。

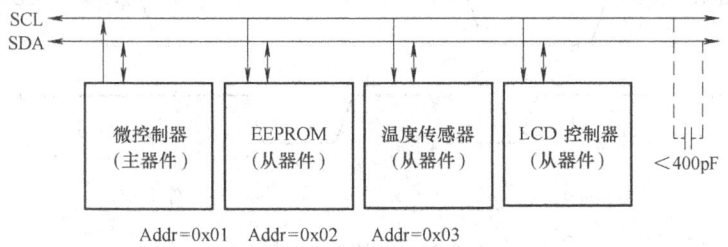

图 5-37　典型的 I²C 总线结构

传输数据的过程如下：

（1）主器件要发送信息到从器件

1）主器件寻址从器件。

2）主器件发送器发送数据到从器件接收器。

3）主器件终止传输。

（2）如果主器件想从从器件接收信息。

1）主器件寻址从器件。

2）主器件接收器从从器件发送器接收数据。

3）主器件终止接收。

当在总线上传输数据时，每个主器件都会产生自己的时钟信号。

3. I²C 总线通信协议

I²C 总线在传送数据过程中共有三种类型信号，它们分别是开始信号、结束信号和应答信号。

开始信号：SCL 为高电平时，SDA 由高电平向低电平跳变，开始传送数据。

结束信号：SCL 为低电平时，SDA 由低电平向高电平跳变，结束传送数据。

应答信号：接收数据的 IC 在接收到 8bit 数据后，向发送数据的 IC 发出特定的低电平脉冲，表示已收到数据。CPU 向受控单元发出一个信号后，等待受控单元发出一个应答信号，CPU 接收到应答信号后，根据实际情况作出是否继续传递信号的判断。若未收到应答信号，由判断为受控单元出现故障。

在 I²C 总线传输过程中，将两种特定的情况定义为开始和停止条件（见图 5-38）：当 SCL 保持"高"，SDA 由"高"变为"低"时为开始条件；SCL 保持"高"，SDA 由"低"变为"高"时为停止条件。开始和停止条件由主控器产生。使用硬件接口可以很容易地检测开始和停止条件，没有这种接口的微机必须每时钟周期至少对 SDA 采样两次以使检测这种变化。

SDA 上的数据在时钟"高"期间必须是稳定的，只有当 SCL 上的时钟信号为低时，数据线上的"高"或"低"状态才可以改变。输出到 SDA 上的每个字节必须是 8 位，每次传输的字节不受限制，每个字节必须有一个应答（ACK）。如果一接收器在完成其他功能（如一内部中断）前不能接收另一数据的完整字节时，它可以保持 SCL 为低，以促使发送器进入等待状态。当接收器械准备好接受数据的其他字节并释放 SCL 后，数据传输继续进行。

数据传送具有应答是必需的。与应答对应的时钟脉冲由主控器产生，发送器在应答期间

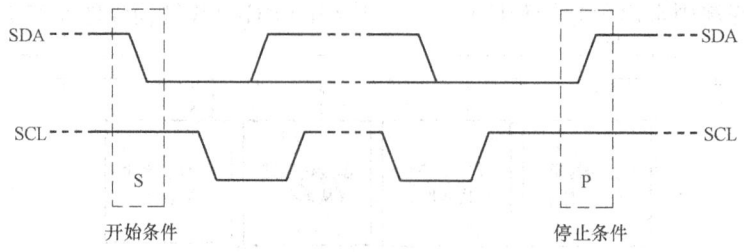

图 5-38　总线开始/停止

必须下拉 SDA。当寻址的被控器件不能应答时，数据保持为高，接着主控器产生停止条件终止传输。在传输的过程中，当用到主控接收器的情况下，主控接收器必须发出一数据结束信号给被控发送器，被控发送器必须释放数据线，以允许主控器产生停止条件。对于 7 位地址的数据传输，合法的数据传输格式如图 5-39 所示。

I^2C 总线在开始条件后的首字节决定哪个被控器将被主控器选择，例外的是"通用访问"地址，它可以寻址所有器件。当主控器输出一地址时，系统中的每一器件都将开始条件后的前 7 位地址和自己的地址比较，如果相同，则该器件认为自己被主控器寻址，而作为被控接收器或被控发送器则取决于 R/W 位。

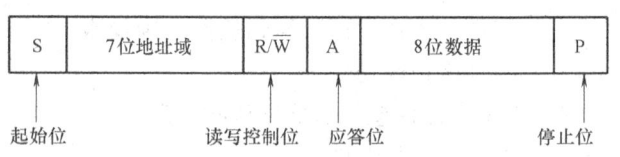

图 5-39　I^2C 总线 7 位地址的数据传输格式

4. I^2C 总线的分类

标准模式 I^2C 总线规范在 20 世纪 80 年代的初期已经存在，它规定数据传输速率可高达 100Kbit/s，而且 7 位寻址这个概念在普及中迅速成长，今天它已经作为一个标准被全世界接受，而且 Philips Semiconductors 和其他供应商提供了几百种不同的兼容 IC。为了符合更高速度的要求以及制造更多可使用的从机地址给数量不断增长的新器件，标准模式 I^2C 总线规范不断升级，到今天，它提供了以下的扩展：

1）快速模式位速率高达 400Kbit/s。
2）高速模式（Hs 模式）位速率高达 3.4Mbit/s。
3）10 位寻址允许使用高达 1024 个额外的从机地址。

（1）快速模式

快速模式器件可以在 400Kbit/s 下接收和发送，最小要求是它们可以和 400Kbit/s 传输速度同步。延长 SCL 信号的低电平周期可以减慢传输。快速模式器件都向下兼容，可以和标准模式器件在 0～100Kbit/s 的 I^2C 总线系统通信。但是由于标准模式（F/S 模式）器件不向上兼容，所以不能在快速模式 I^2C 总线系统中工作；因为它们不能跟上这么快的传输速度，因而会产生不可预料的状态。

（2）高速模式

高速模式器件对 I^2C 总线的传输速度有巨大的突破，可以在高达 3.4Mbit/s 的位速率下传输信息，而且保持完全向下兼容快速模式或标准模式器件。也就是说，它们可以在一个速度混合的总线系统中双向通信。高速模式传输除了不执行仲裁和时钟同步外，与标准模式系统有相同的串行总线协议和数据格式。虽然高速模式器件是首选的器件，它们可以在大量的应用中使用，但是新器件有没有快速或高速模式 I^2C 总线接口由应用决定。

（3）10 位寻址

伴随着 I^2C 总线器件的不断增多，最初的 7 位寻址空间已经难以满足需要。为了解决这一问题，新版本的 I^2C 总线规范增加了 10 位寻址方式。10 位寻址方式的寻址范围可到 1024 个地址编码，而且它也遵从最初的 I^2C 总线规范的地址格式，因此，10 位寻址和 7 位寻址兼容。7 位与 10 位的地址编码可以用在同一总线上，并可以任意应用于标准模式、快速模式以及高速模式中。

5. I^2C 总线的应用场合

I^2C 总线是各种总线中使用信号线最少，并具有自动寻址、多主机时钟同步和仲裁等功能的总线，数据传送率可达 100Kbit/s，且提供 7 位寻址位；在快速模式下，数据传送率可达 3.4 Mbit/s，可提供 10 位寻址。因此，使用 I^2C 总线设计计算机系统十分方便、灵活，体积也小，在各类实际应用中得到广泛应用。许多 IC 芯片支持该总线接口，如 EEPROMS、闪存、某些 RAM、实时时钟芯片、看门狗、微控制器。

5.8.2 S3C44B0X 的 I^2C 总线接口

S3C44B0X 带有一个 I^2C 总线接口，通过该接口可以扩展 EEPROM、时钟芯片、看门狗芯片等，且可以节约 I/O 口资源。该端口支持的操作模式如下：

1）主设备发送模式。
2）主设备接收模式。
3）从设备发送模式。
4）从设备接收模式。

1. 读写操作

在发送模式下，数据被发送之后，I^2C 总线接口会等待，直到 I^2C 数据移位寄存器（IICDS）被程序写入新的数据。在新的数据被写入之前，SCL 都被拉低；在新的数据写入之后，SCL 被释放。S3C44B0X 利用中断来判别当前数据字节是否已经完全送出。在 CPU 接收到中断请求后，在中断处理中再次将下一个新的数据写入 IICDS，如此循环。

在接收模式下，数据被接收到后，I^2C 总线接口将等待，直到 IICDS 中数据被程序读出。在数据被读出之前，SCL 保持低电平；在新的数据被读出之后，SCL 才释放。S3C44B0X 也利用中断来判别是否接收到了新的数据。CPU 收到中断请求之后，处理程序将从 IICDS 读取数据。

要控制 SCL 的频率，可以通过 IICCON 中的 4 位预分频值来设置。I^2C 总线接口地址保存在 I^2C 总线地址寄存器（IICADD）内。

在任何 I^2C 总线接口的发送/接收操作中，都遵循以下步骤：

1）如果需要，在自身的从地址寄存器 IICADD 中写入地址。
2）设置 I^2C 总线控制寄存器（IICCON）：a）使能中断；b）定义 SCL 周期。
3）设置 I^2C 总线状态寄存器（IICSTAT）来使能串行输出。

S3C44B0X I^2C 总线接口的四种发送/接收数据流程如图 5-40 所示。

2. I^2C 总线接口专用寄存器介绍

S3C44B0X 的 I^2C 总线接口寄存器主要包括 I^2C 总线控制寄存器（IICCON）、I^2C 总线状态寄存器（IICSTAT）、I^2C 总线地址寄存器（IICADD）和 I^2C 总线发送/接收数据移位寄存器（IICDS）。

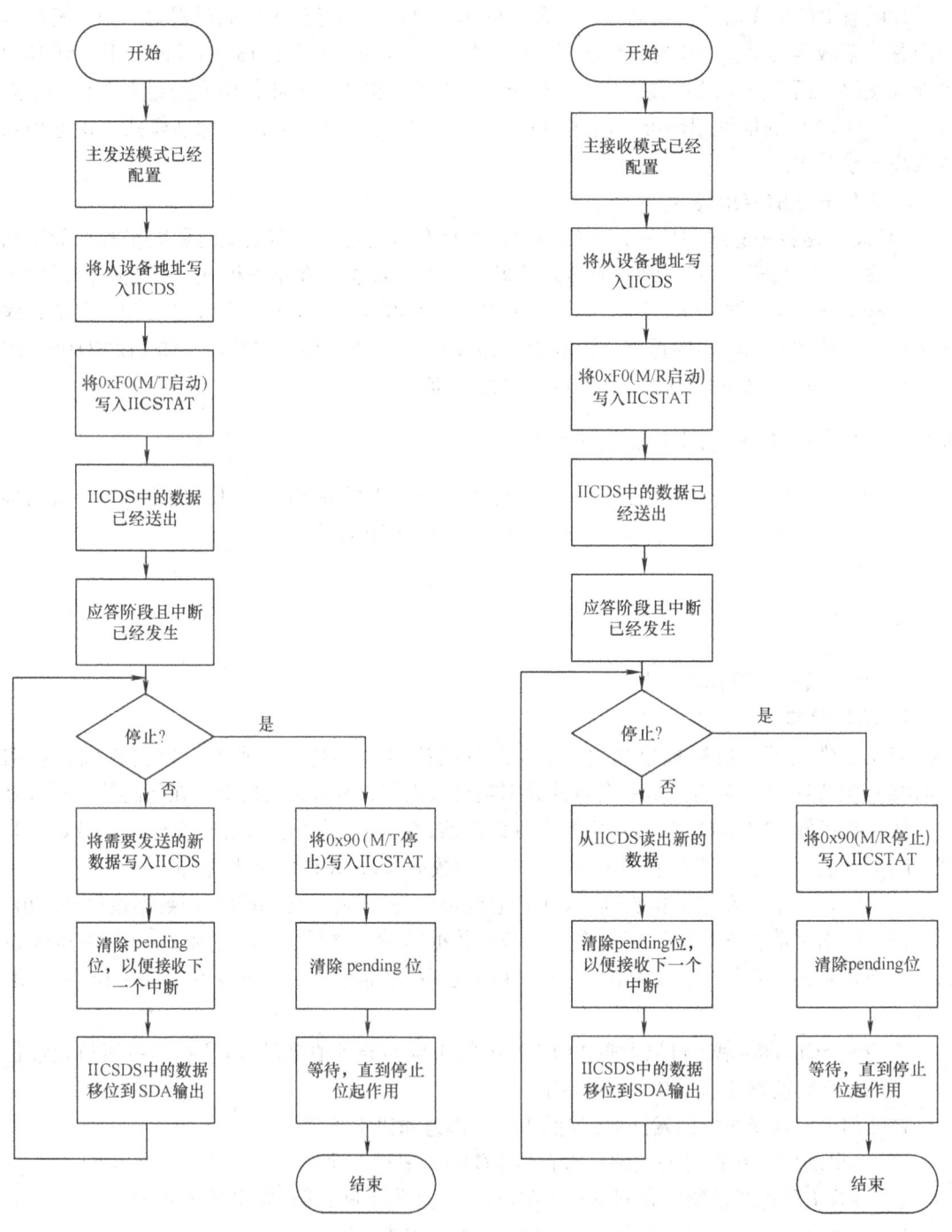

a）I^2C 总线主模式发送数据流程　　　　b）I^2C 总线主模式接收数据流程

图 5-40　S3C44B0X I^2C 总线接口的发送/接收数据流程图

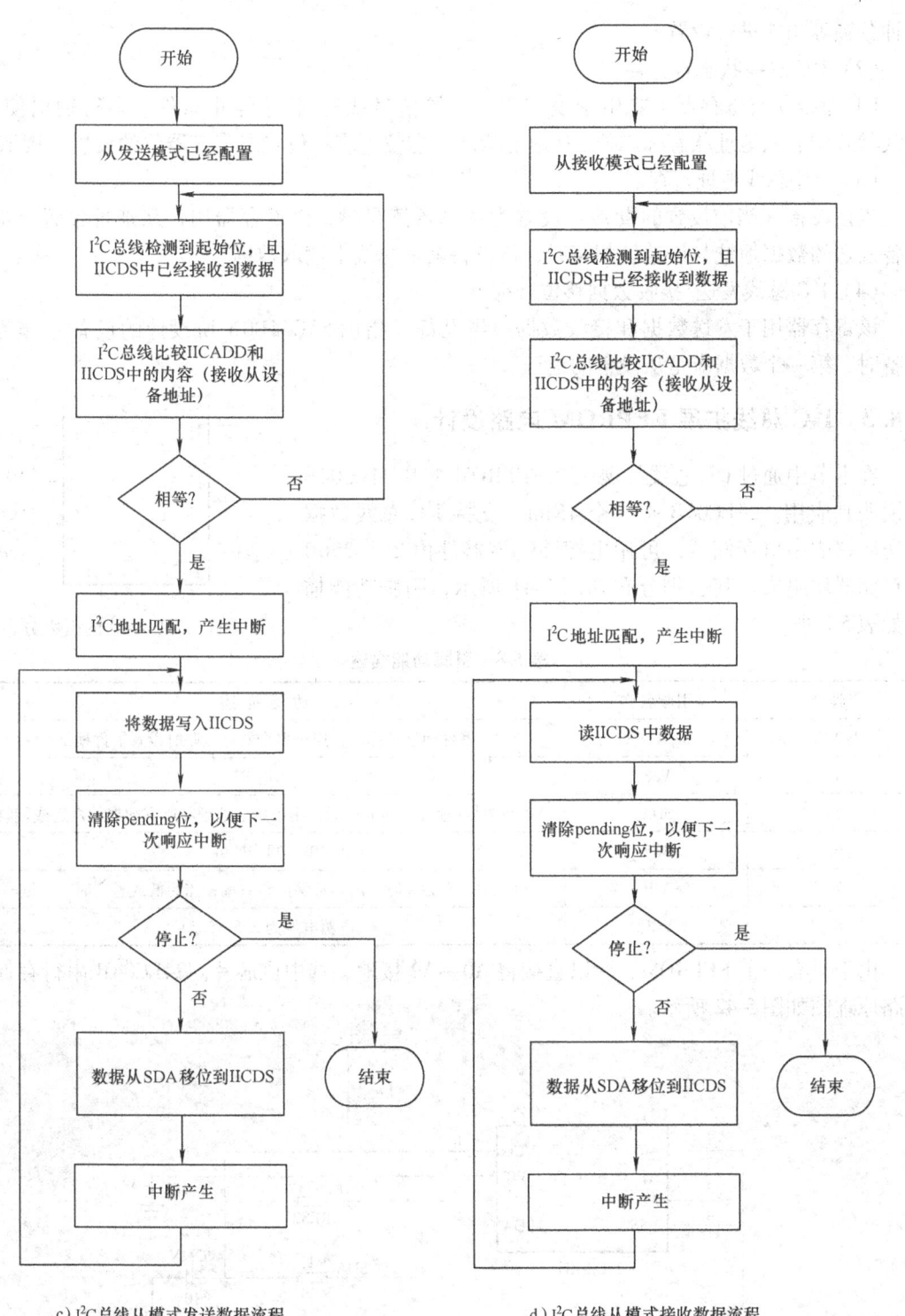

c) I²C总线从模式发送数据流程　　d) I²C总线从模式接收数据流程

图 5-40 （续）

(1) I²C 总线控制寄存器

该控制寄存器主要对应答使能、输出时钟源选择、中断使能、中断标志位及清除、发送时钟分频等功能进行设置。

（2）I²C 总线状态寄存器

I²C 总线状态寄存器主要用于模式选择、忙信号状态/起始停止条件、串行输出使能、仲裁状态位、从地址状态标志位、0 地址状态标志位、应答位状态寄存器位的设置与读取。

（3）I²C 总线地址寄存器

当该设备（当前设置的设备）设置为从设备读写时，该寄存器用作从地址设置。当主设备发送的数据地址与该地址相符时，该设备就从总线上读取数据。

（4）I²C 总线发送/接收数据移位寄存器

该寄存器用于发送数据和接收数据。当设备（指用 S3C44B0X 所设计的设备）作为主设备时，第一个数据应是从设备的地址。

5.8.3　I²C 总线扩展 EEPROM 电路设计

在本节中通过 I²C 总线扩展一个 EEPROM 芯片 24LC04B 来说明其应用。24LC04B 是一个 4Kbit、支持 I²C 总线数据传送协议的串口存储器，可用电擦除。该器件由 2 个 256B 的存储器块组成。其引脚分布如图 5-41 所示，引脚功能描述如表 5-8 所示。

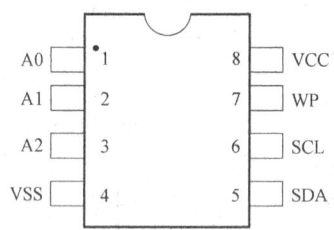

图 5-41　24LC04B 的引脚分布

表 5-8　引脚功能描述

引脚号	引脚名称	功能描述
1/2/3	A0/A1/A2	器件地址选择端，用于多个器件级联时设置器件地址
4	VSS	地
5	SDA	串行数据/地址双向通信端，用于传送地址和所有数据的发送或接收
6	SCL	串行同步时钟
7	WP	写保护。当为高时，内容被保护，只读；当为低或悬空时，可读写
8	VCC	电源电压为 2.5~5.5V

由于只有一个 EEPROM，所以直接将 A0~A2 接地，选中该芯片。24LC04B 串行存储器电路原理图如图 5-42 所示。

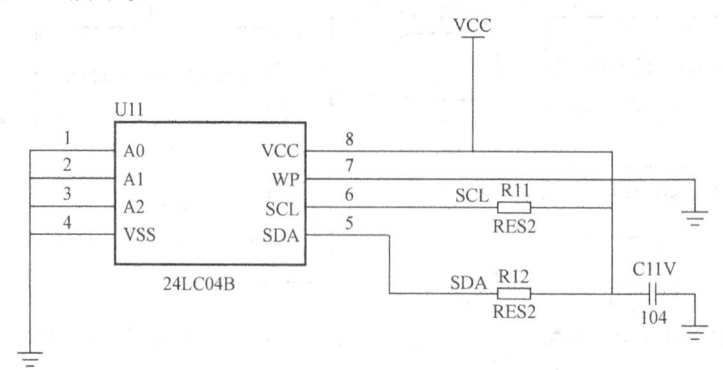

图 5-42　24LC04B 串行存储器电路原理图

主设备在需要数据传输时，首先产生起始条件，然后向 24LC04B 发送一个控制字。控制字包含一个 4 位的控制代码 1010 和 3 个块选择位。主器件利用块选择位来指定对 24LC04B 中 2 个块的哪一个进行操作。控制字的最后一位定义了这次是写操作还是读操作。24LC04B 的控制字格式如图 5-43 所示。

5.8.4 EEPROM 驱动程序设计

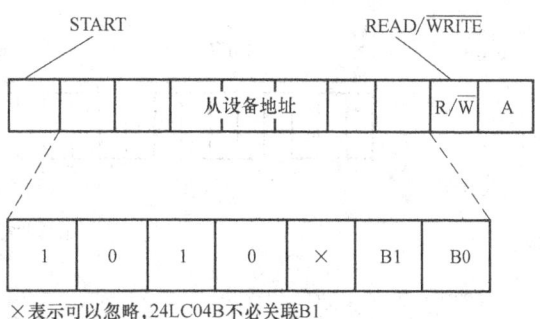

图 5-43　24LC04B 的控制字格式

由上节可知，EEPROM 作为 I^2C 从设备与 S3C44B0X 连接，因此针对 EEPROM 驱动编程，CPU 作为主设备以发送模式进行数据读写，主要有 I^2C 初始化程序、EEPROM 读函数、EEPROM 写函数。

1. I^2C 初始化函数

I^2C 初始化函数主要是配置 I/O 端口、I^2C 功能配置等操作，程序代码如下：

```
#define rPCONF  (*(volatile unsigned int *)0x01D20034)
#define rPUF    (*(volatile unsigned int *)0x01D2003C)
#define rIICCON (*(volatile unsigned int *)0x01D60000)
#define rIICDS  (*(volatile unsigned int *)0x01D6000C)
#define rIICSTAT(*(volatile unsigned int *)0x01D60004)
void I2C_Init()
{
    rPCONF| = 0xa;           //PF0:IICSCL,PF1:IICSDA
    rPUF| = 0x3;             //禁止内部上拉
    rIICCON = 0x8f;          //使能 ACK 的产生,IICCLK = MCLK/16
                             //使能中断
                             //时钟频率 = 64MHz/16/(15 + 1) = 250kHz
}
```

2. EEPROM 写函数

24LC04B 的写操作包括字节写和页写，其操作时序如图 5-44 所示。

不管是字节写还是页写，其操作方法是一样的，只是页写在数据写的时候是多字节连续写入，因此可以使用同一个函数来实现。程序清单如下：

```
typedef struct WRdata = {
    U8 datalength;      //数据长度
    U8 address;         //字节地址或读写操作首地址
    U8 *data;           //需要读写的数据指针
}WRDATA;
void EEPROM_Write(U8 blockAddr, WRDATA data)
{
    rIICDS = 0xa0|(blockAddr&0x07)<<1;    //将 EEPROM 控制字写入 rIICDS
```

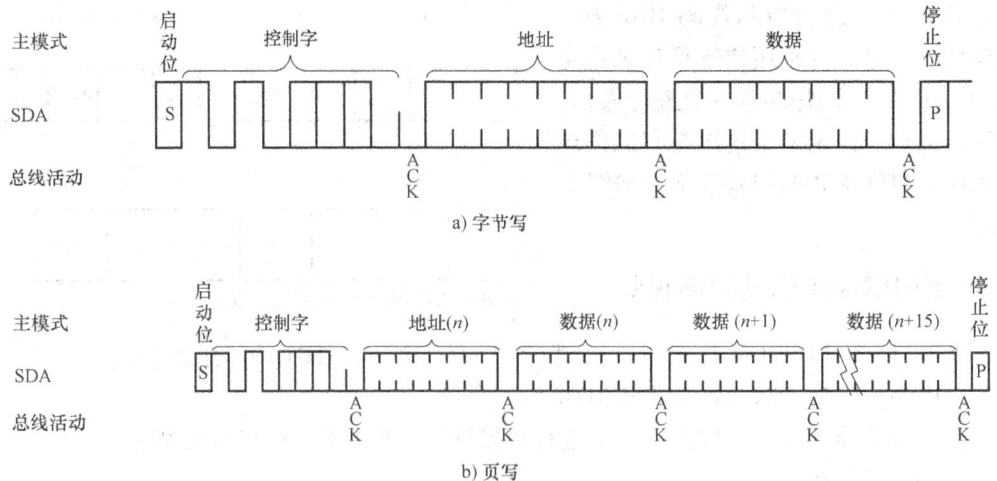

图 5-44 24LC04B 的写操作时序

```
rIICSTAT = 0xf0;            //主模式下发送,产生起始条件,使能发送
while(!(rIICSTAT&0xfe)&&!(rIICCON&0x10));  //比较中断标志和ACK信号是
                                            否产生
rIICDS = data.addr;         //将EEPROM写数据字节地址写入rIICDS
rIICCON = 0xaf;             //恢复I²C操作
while((rIICSTAT&0x01)&&!(rIICCON&0x10));  //比较中断标志和ACK信号是否
                                           产生
while(data.datalength > 0){
    rIICDS = *data.data;
    for(i=0;i<10;i++);
    rIICCON = 0xaf;         //恢复I²C操作
    data.datalength --;
    data.data ++;
    while((rIICSTAT&0xfe)&&!(rIICCON&0x10));  //比较中断标志和ACK信号是
                                               否产生
}
rIICSTAT = 0x90;            //产生停止条件
rIICCON = 0xaf;             //恢复I²C操作
Delay(1);
}
```

3. EEPROM 读函数

24LC04B 的读操作包括对当前地址、任意地址及连续地址的数据读取,其操作时序如图 5-45 所示。

```
void EEPROM_Read(U8 blockAddr, WRDATA *data)
{
```

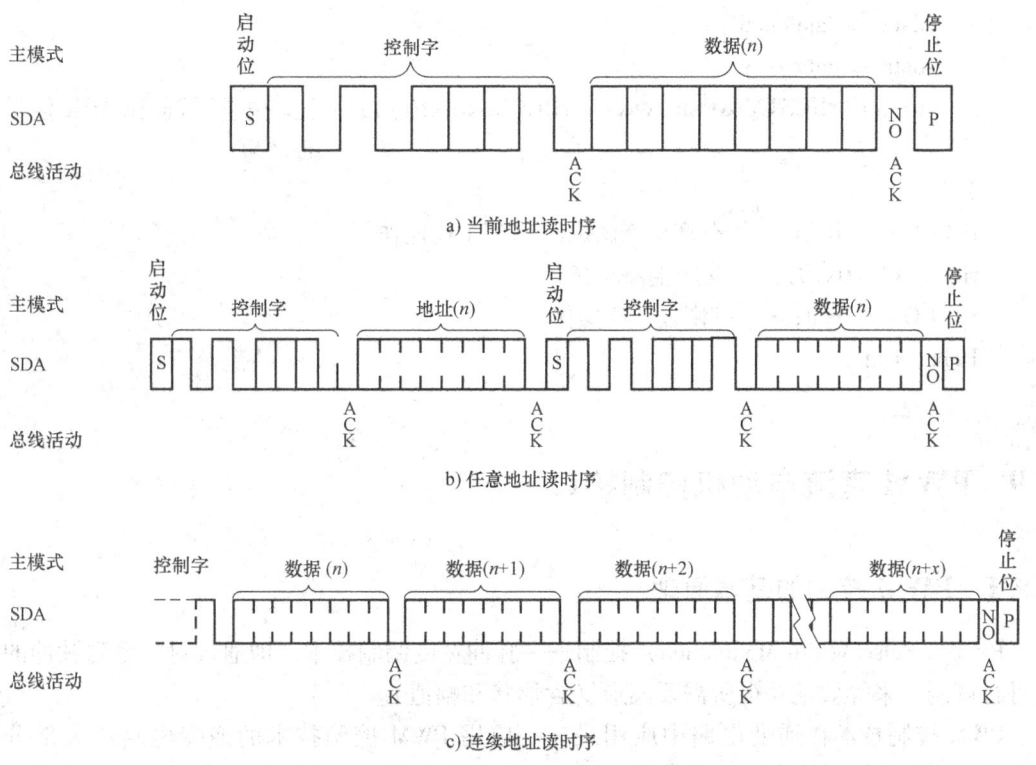

图 5-45 24LC04B 的读操作时序

```
if( data -> addr! =0)
{
    rIICDS =0xa0|(blockAddr&0x07)<<1; //将 EEPROM 控制字写入 rIICDS
    rIICSTAT = 0xf0; //主模式下发送,产生起始条件
    while((rIICSTAT&0xfe)&&!(rIICCON&0x10)); //比较中断标志和 ACK 信号是
                                              否产生
    rIICDS = data -> addr; //将需要读的字节地址写入 rIICDS
    rIICCON = 0xaf; //恢复 I²C 操作,发送字节地址
    while((rIICSTAT&0xfe)&&!(rIICCON&0x10)); //比较中断标志和 ACK 信号是
                                              否产生
}
rIICDS =0xa1|(blockAddr&0x07)<<1; //将 EEPROM 控制字写入 rIICDS
rIICSTAT = 0xb0; //主模式下接收,产生起始条件
rIICCON = 0xaf; //恢复 I²C 操作
while((rIICSTAT&0xfe)&&!(rIICCON&0x10)); //比较中断标志和 ACK 信号是否产
                                          生
while( data -> datalength >0){
    *data -> data = rIICDS;
    rIICCON = 0xaf;       //恢复 I²C 操作
```

```
            data -> datalength  -- ;
            data -> data ++ ;
            while((rIICSTAT&0xfe)&&!(rIICCON&0x10));    //比较中断标志和ACK信号是
                                                         否产生
        }
        rIICCON  = 0x2f;       //产生 NOACK,恢复 I²C 操作
        rIICSTAT = 0x90;       //产生停止条件
        rIICCON  = 0xaf;       //恢复 I²C 操作
        Delay(1);
    }
```

5.9 PWM 直流电动机控制接口

5.9.1 PWM 控制的基本原理

PWM（Pulse Width Modulation）控制——脉冲宽度调制技术，即通过对一系列脉冲的宽度进行调制，来等效地获得所需要波形（含形状和幅值）。

PWM 控制技术在逆变电路中应用最广。应用 PWM 控制技术的逆变电路绝大部分是 PWM 型，PWM 控制技术正是有赖于在逆变电路中的应用，才确定了它在电力电子技术中的重要地位。

冲量相等而形状不同的窄脉冲加在具有惯性的环节上时，其效果基本相同。冲量是指窄脉冲的面积；效果基本相同是指环节的输出响应波形基本相同，在低频段非常接近，仅在高频段略有差异。

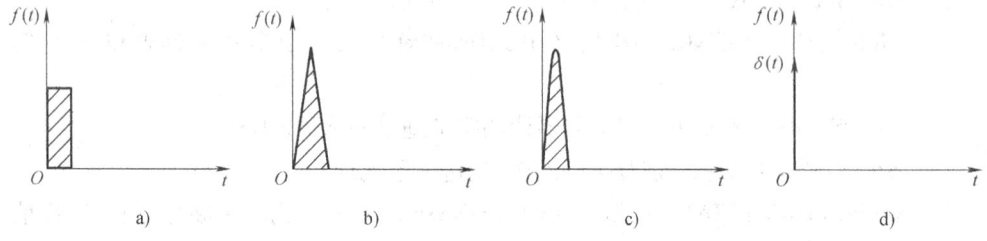

图 5-46 形状不同而冲量相同的各种窄脉冲

面积等效原理：分别将图 5-46 所示的电压窄脉冲加在一阶惯性环节（RL 电路）上，如图 5-47a 所示，其输出电流 $i(t)$ 对不同窄脉冲时的响应波形如图 5-47b 所示。从波形可以看出，在 $i(t)$ 的上升段，$i(t)$ 的形状也略有不同，但其下降段则几乎完全相同。脉冲越窄，各 $i(t)$ 响应波形的差异也越小。如果周期性地施加上述脉冲，则响应 $i(t)$ 也是周期性的。用傅里叶级数分解后将可看出，各 $i(t)$ 在低频段的特性将非常接近，仅在高频段有所不同。

用一系列等幅不等宽的脉冲来代替一个正弦半波。先将正弦半波 N 等分，可看成 N 个相连的脉冲序列，宽度相等，但幅值不等；然后用矩形脉冲代替正弦波，矩形波等幅不等宽，但矩形波和正弦波的中点重合，面积（冲量）相等，矩形波的宽度按正弦规律变化，

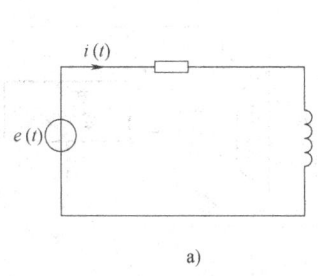
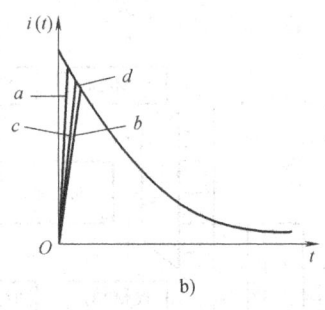

图 5-47 冲量相同的各种窄脉冲的响应波形

如图 5-48 所示。

SPWM 波形——脉冲宽度按正弦规律变化而和正弦波等效的 PWM 波形。要改变等效输出正弦波幅值,按同一比例改变各脉冲宽度即可。

5.9.2 S3C44B0X 直流电动机控制

1. S3C44B0X PWM 接口简介

S3C44B0X 具有 6 个 16 位定时器,每个定时器可以按照中断模式或 DMA 模式工作。定时器 0、1、2、3、4 具有 PWM 功能,如图 5-49 所示。定时器 5 是一个内部定时器,不具有对外输出口线。定时器 0 具有死区发生器,通常用于大电流设备。

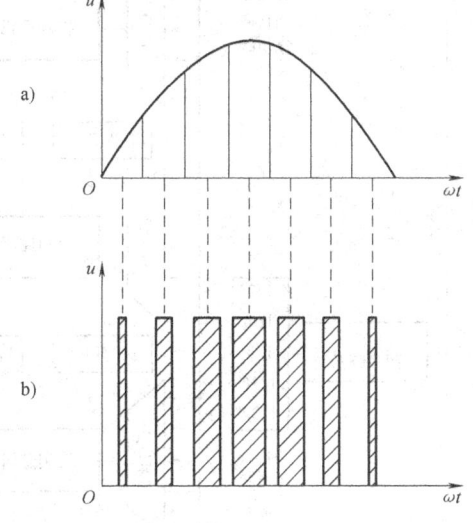

图 5-48 用 PWM 波代替正弦半波

其特性如下:

1) 6 个 16 位定时器可以工作在中断模式或 DMA 模式。

2) 3 个 8 位预分频器、2 个 5 位分割器和 1 个 4 位分割器。

3) 输出波形的占空比可编程控制(PWM)。

4) 自动加载模式或单触发脉冲模式。

5) 死区发生器。

由于 S3C44B0X 芯片自带六路 3 对 PWM 定时器,所以控制部分省去了三角波产生电路、脉冲调制电路和 PWM 信号延迟及信号分配电路,取而代之的是 S3C44B0X 芯片的定时器 0、1 组成的双极性 PWM 发生器。直接将 PWM 信号输出到直流电动机驱动电路上就可以控制直流电动机的转速。

PWM 发生器用到的寄存器主要有以下几个:

1) 定时器配置寄存器 0(TCFG0)。该寄存器主要用于设置死区长度和各个定时器的预分频器值。

2) 定时器配置寄存器 1(TCFG1)。该寄存器主要用于设置各个定时器的模式及分割器的值。

3) 定时器控制寄存器(TCON)。该寄存器主要用于设置各个定时值的加载模式。

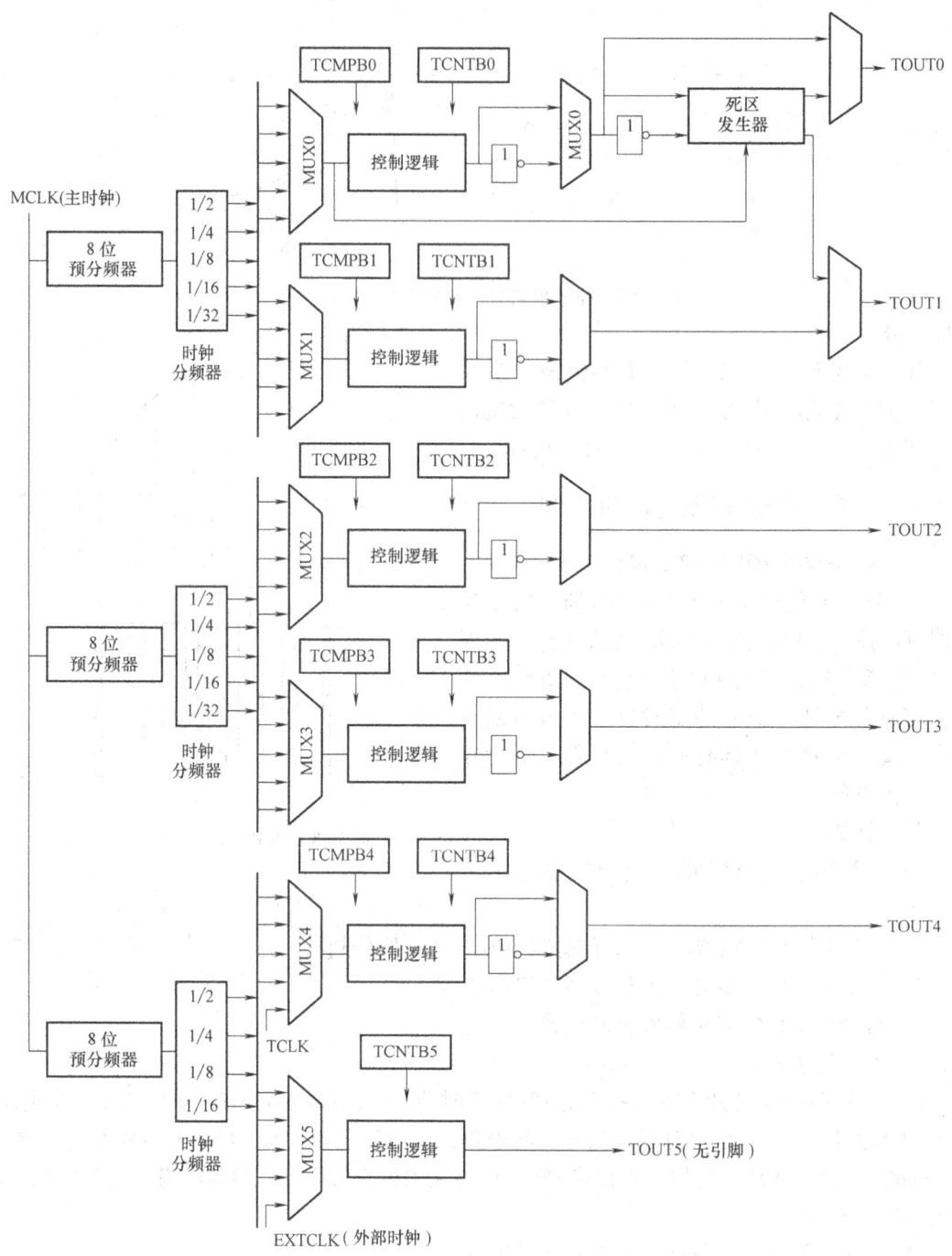

图 5-49　16 位 PWM 定时器的结构

4）定时器 n 计数缓冲区寄存器和比较缓冲区寄存器（TCNTB0 和 TCMPB0）。这两个寄存器用于配置 PWM 的占空比。TCNTB0 决定了脉冲的频率，TCMPB0 决定了正脉冲的宽度。当 TCMPB0 = TCNTB0/2 时，正负脉冲宽度相同；当 TCMPB0 由 0 变到 TCNTB0 时，负脉冲宽度不断增加。

2. 直流电动机驱动程序编程

（1）PWM 初始化

PWM 初始化主要是对死区长度、定时器分频等进行初始化。其流程如图 5-50 所示。

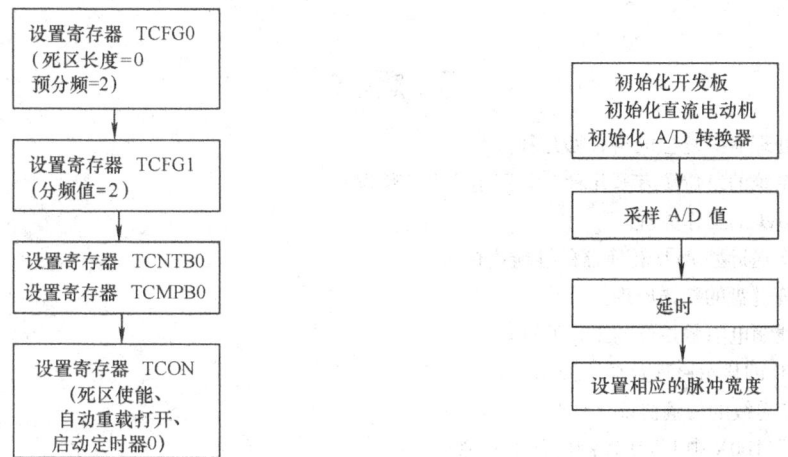

图 5-50 直流电动机初始化流程　　图 5-51 直流电动机控制流程

寄存器及参数宏定义如下：

```
#define rTCFG0     ( *(volatile unsigned *)0x1d50000 )
#define rTCFG1     ( *(volatile unsigned *)0x1d50004 )
#define rTCON      ( *(volatile unsigned *)0x1d50008 )
#define rTCNTB0    ( *(volatile unsigned *)0x1d5000c )
#define rTCMPB0    ( *(volatile unsigned *)0x1d50010 )
#define MOTOR_SEVER_FRE 1000  //当 MCLK=66MHz,定时器频率设置为 20kHz
#define MOTOR_CONT    (MCLK/2/2/MOTOR_SEVER_FRE)
#define MOTOR_MID     (MOTOR_CONT/2)
```

则初始化函数如下所示。

```
void Init_MotorPort()
{

    rTCFG0 = (0<<24)|2;     //Dead Zone = 24, PreScaleror1 = 2;
    rTCFG1 = 0;             //divider timer0 = 1/2;
    rTCNTB0 = MOTOR_CONT;
    rTCMPB0 = MOTOR_MID;
    rTCON = 0x2;            //更新 TCNTB0 和 TCMPB0
    rTCON = 0x19;           //设置 timer0,死区使能、自动重载打开、启动定时器 0
}
```

（2）电动机控制函数

电动机控制函数的功能主要是根据电动机转速参数设置对应的占空比，通过 PWM 输出控制电动机。其流程如图 5-51 所示。

```
void SetPWM(int value)
{
    rTCMPB0 = MOTOR_MID + value;
}
```

习 题 5

1. 嵌入式处理器的复位电路有哪几种？
2. 嵌入式系统的复位源有哪几种，分别用于哪些情况？
3. 说明 UART 的工作原理。
4. 说明逐次逼近型 A/D 转换器的性能指标。
5. 简述矩阵键盘的扫描原理。
6. 简述 4 线制电阻触摸屏的工作原理。
7. 简述 LCD 的显示原理及显示控制。
8. 简述 I^2C 总线的传输协议。
9. 简述 S3C44B0X 中 PWM 控制的基本原理？

第6章 嵌入式操作系统的基础知识

本章主要对操作系统的功能及结构进行介绍，重点介绍了嵌入式操作系统的一些基本概念，为后续章节学习操作系统的应用和移植打下基础。

6.1 操作系统的基础知识

6.1.1 操作系统的基本概念

1. 操作系统的定义

操作系统是计算机系统中的一个系统软件，它是这样一些程序模块的集合：它们能有效地组织和管理计算机系统中的硬件及软件资源，合理地组织计算机工作流程，控制程序的执行，并向用户提供各种服务功能和友好的接口，使得用户能够灵活、方便和有效地使用计算机，使整个计算机系统能高效地运行。这主要表现在两个方面：

1）操作系统是计算机系统的资源管理者，它含有对系统软硬件资源实施管理的一组程序，其作用是通过 CPU 管理、文件管理、存储管理、设备管理等对各种资源进行合理的分配，改善资源的共享和利用程度，最大限度地发挥计算机系统的工作效率。

2）从另一方面说，操作系统改善人机界面，为用户提供友好的工作环境。综合起来也可以这样表达，操作系统不仅是计算机硬件与软件之间的接口，也是用户与计算机之间的接口。

操作系统是用户和计算机之间的界面，一方面管理计算机的所有系统资源，另一方面为用户提供了一个抽象概念上的计算机。操作系统避免了对计算机系统硬件的直接操作，使得计算机系统的使用和管理更加方便，资源的利用效率更高。

对计算机系统而言，操作系统是对所有系统资源进行管理的程序集合；对用户而言，操作系统提供了对系统资源进行有效利用的简单抽象方法。

2. 操作系统的结构

操作系统的结构框图如图 6-1 所示。操作系统理论上可以分为四大部分：

1）驱动程序：最底层的、直接控制和监视各类硬件的部分，隐藏硬件的具体细节，并向其他部分提供一个抽象的、通用的接口。

2）内核：操作系统的最核心部分，通常运行在最高特权级，负责提供基础性、结构性的功能，如资源管理、进程调度与管理等。

3）接口库：将系统所提供的基本服务包装成应用程序所能够使用的编程接口（API），是最靠近应用程

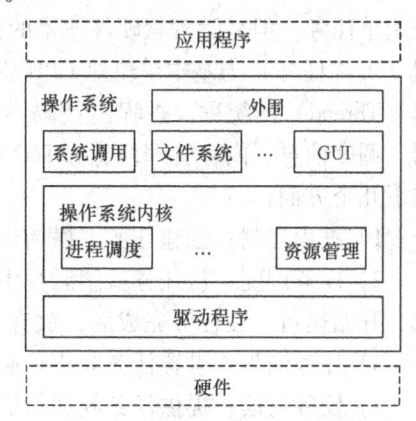

图 6-1 操作系统的结构框图

序的部分。例如，GNU C 运行库就属于此类，它把各种操作系统的内部编程接口包装成 ANSI C 和 POSIX 编程接口的形式。

4）外围：指操作系统中除以上三类以外的所有其他部分，通常是用于提供特定高级服务的部件。例如，在微内核结构中，大部分系统服务，以及 UNIX/Linux 中各种守护进程，都通常被划归此列。

操作系统的四层结构并不是强制性的，因为很多商用操作系统都没有清晰的整体结构，系统中的各个部件时常混杂在一起。这些操作系统往往是由很小的实验性项目逐步演化而来的，因而宏观结构非常模糊。MS-DOS 就是一个很好的例子，在设计之初，MS-DOS 的设计目标是在比较有限的硬件资源上运行比较有限的应用程序，因而模块之间的相对独立性几乎被忽略。

内核是操作系统最基本的部分，为应用程序提供对计算机硬件的安全访问。内核的结构可以分为单内核（Monolithic Kernel）、微内核（Microkernel）、超微内核（Nanokernel）以及外核（Exokernel）等。

单内核结构是操作系统中各核心部件混合的形态，该结构始于 1960 年，历史最久，是操作系统内核与外围分离时的最初形态。

微内核结构是 20 世纪 80 年代产生出来的较新的内核结构，强调结构性部件与功能性部件的分离。20 世纪末，基于微内核结构，理论界中又发展出了超微内核与外内核等多种结构。尽管自 80 年代起，大部分理论研究都集中在以微内核为首的"新兴"结构之上，然而，在应用领域之中，以单内核结构为基础的操作系统却一直占据着主导地位。

在众多常用操作系统之中，除了 QNX 和基于 Mach 的 UNIX 等个别系统外，几乎全部采用单内核结构，例如大部分的 Unix、Linux，以及 Windows。微内核和超微内核结构主要用于研究性操作系统，还有一些嵌入式系统使用外核。

6.1.2 操作系统的主要功能

操作系统主要有五大管理功能：进程与 CPU 管理、存储器管理、文件管理、设备管理和作业管理。

1. 进程与 CPU 管理

在早期的计算机系统，或者 8 位、16 位嵌入式操作系统中，由于任务简单，因此可以采用单任务。但是随着软硬件技术的提高，操作系统往往要支持多任务环境。操作系统以进程（又称任务）为基本单位对 CPU 资源进行分配和运行。任务通常为进程（Process）和线程（Thread）的统称。进程由代码、数据、堆栈和进程控制块（包含进程状态、CPU 寄存器、调度信息、内存管理信息和 I/O 状态信息等）共同构成。操作系统对进程的管理包含如下几个方面：

1）进程控制：创建任务、撤销任务，以及控制任务在运行过程中的状态转换。

2）任务调度：从任务就绪队列中，按照一定的算法选择一个任务，使其得到 CPU 控制权，开始运行。在任务完成后，放弃 CPU。

3）任务同步：设置任务同步机制，协调各任务的运行。

4）任务通信：提供任务间通信的各种机制。

2. 存储器管理

存储器管理的主要任务是为多任务的运行提供高效稳定的运行环境，一般包含：

1）地址重定位：在多任务环境下，每个任务动态创建，任务的逻辑地址必须转换为主存的物理地址。

2）内存分配：为每个任务分配内存空间，使用完毕后收回分配的内存。

3）内存保护：保证每个任务都在自己的内存空间内运行，各程序互不侵犯，尤其是保护操作系统占用的内存空间。

4）存储器扩展：通过建立虚拟存储系统来对主存容量进行逻辑扩展。虚拟存储器允许程序以逻辑方式寻址，而不用考虑物理内存的大小。当一个程序运行时，只有部分程序和数据保存在内存中，其余部分存储在介质上。

3. 文件管理

计算机系统或者嵌入式系统将程序和数据以文件的形式保存在存储介质中供用户使用。文件系统对用户文件和系统文件进行管理，保证文件的安全性，实现信息的组织、管理、存取和保护。文件管理的主要任务是：

1）目录管理：文件系统为每个文件建立一个目录项，包含文件名、属性、存放位置等信息。所有的目录项构成一个目录文件。目录管理为每个任务创建其目录项，并对其进行管理。

2）文件读写管理：文件系统根据用户的需要，按照文件名查找文件目录，确定文件的存储位置，然后利用文件指针进行读写操作。

3）文件存取控制：为了防止文件被非法窃取或者破坏，文件系统中需要建立文件访问控制机制，保证数据的安全。

4）存储空间管理：所有的数据文件和系统文件都存储在存储介质上，存储空间管理为文件分配存储空间，在文件删除后释放所占用的空间。存储空间管理提高存储空间的利用率，优化文件操作的速度。

4. 设备管理

设备管理的主要任务是：管理各类外围设备，完成用户提出的 I/O 请求，加快 I/O 信息的传送速度，发挥 I/O 设备的并行性，提高 I/O 设备的利用率；提供每种设备的设备驱动程序和中断处理程序，向用户屏蔽硬件使用细节。为实现这些任务，设备管理应该具有以下功能：

1）缓冲管理：由于 CPU 与 I/O 设备的速度相差很大，通常设备管理需要建立 I/O 缓冲区，并对缓存区进行有效管理。

2）设备分配：用户提出 I/O 设备请求后，设备管理程序对设备进行分配，使用完成后收回设备。

3）设备驱动：设备驱动程序提供 CPU 与设备控制器间的通信。CPU 向设备发出 I/O 请求，接收设备的中断请求，并能及时响应。

5. 作业管理

操作系统屏蔽了硬件操作的细节，用户通过操作系统提供的接口访问计算机的硬件资源。操作系统提供系统命令一级的接口，供用户组织和控制自己的作业运行，如命令行、菜单式或 GUI 联机、命令脚本"脱机"等。操作系统还提供编程一级接口，供用户程序和系统程序调用操作系统功能，如系统调用和高级语言库函数。

1)命令接口:分为联机命令接口和脱机命令接口。联机命令接口为联机用户提供,由一组命令和解释程序构成。用户在控制台输入一条指令后系统解释命令并执行,系统完成操作后返回控制台。脱机命令为批处理系统的用户提供。

2)程序接口:用户获得操作系统服务的惟一途径,由一组系统调用组成。在早期的操作系统中,系统调用由汇编语言编写。在高级语言(如 C 语言)中,提供与系统调用一一对应的库函数,应用程序通过调用库函数来完成操作。

3)图形接口:通过对屏幕上的对象进行操作,完成程序控制和操作,方便用户对软硬件资源的使用。为了推进图形接口的发展,1988 年制定了图形接口的标准。目前,良好的图形接口已经成为操作系统必备的要素。图形接口的主要构件是窗口、菜单和对话框。

6.1.3 操作系统的分类

操作系统按任务的多少可分为单任务操作系统和多任务操作系统。单任务操作系统(如 DOS 系统),只有一个任务。当前大多数操作系统都是多任务操作系统,系统中存在多个任务,但每次只有一个任务运行。操作系统按用途可分为网络操作系统(Network Operating System,NOS)、分布式操作系统(Distributed Operating System,DOS)、微机操作系统、嵌入式操作系统等,按实时性可分为实时操作系统和分时操作系统等。下面针对一些操作系统概念进行介绍。

1. 分时操作系统

早期的系统也是交互式系统,因为整个系统是在程序员或操作员的直接控制之下运行的,这个特点使程序员能灵活、自由地开发和调试程序。但这样安排使处理机要等待程序员或操作者的命令,导致 CPU 大量的空闲等待时间。

为了降低交互式系统的等待时间和运行时间的比率,分时操作系统使用多道程序设计技术来支持在一个计算机系统内运行多个用户的程序。每一个用户的程序都常驻在内存中,并按某一调度策略轮流运行。轮到某一用户程序运行时,它一次只能使用一段很少的时间,当分配给它的时间片用完并因等待 I/O 而不能继续运行下去时,就暂停该程序的运行,转而运行另一个用户的程序。当用户通过键盘命令与计算机交互时,即使键入的速度很快,但比起计算机来说还是极其缓慢的。计算机在所有用户之间快速切换,而用户并不感觉到需等待计算机要处理好别的用户的事务后才为自己服务。在分时操作系统中,用户觉得自己是在独自使用整个计算机系统。

分时操作系统将 CPU 的工作时间划为许多很短的时间片,轮流为各个终端的用户服务。分时操作系统具有以下几个基本特征:

1)多路性:一台主机可连接多台终端,多个终端用户可以同时使用计算机,共享系统的软硬件资源。

2)独立性:各个用户的操作互不干扰,每一个用户都认为整个计算机系统被他所独占,为他服务。

3)交互性:用户能与系统进行对话。在一个多步骤作业的运行过程中,用户能通过键盘等设备输入数据或命令,系统获得用户的输入后做出响应,显示执行的状况或结果。

4)及时性:系统一般能在较短时间内接受和响应用户的输入命令或数据,显示命令的执行结果。

2. 实时操作系统

实时操作系统是一种能在限定的时间内对输入进行快速处理并做出响应的计算机处理系统。根据对响应时间限定的严格程度，实时操作系统又可分为硬实时操作系统和软实时操作系统。

硬实时操作系统主要用于工业生产的过程控制、系统的跟踪和控制、武器的制导等。这类操作系统要求响应速度十分快，工作极其安全可靠，否则就有可能造成灾难性的后果。在一些重要的控制系统中，为了进一步提高系统的可靠性，除了一台计算机控制系统工作外，还需要有一套后备系统。

软实时操作系统主要应用于对响应的速度要求不像硬实时操作系统那么高，且时限要求也不那么严密的信息咨询和事务处理领域，如情报资料检索、订票系统、银行财务管理系统、信用卡记账取款系统和仓库管理系统等。

3. 网络操作系统

计算机网络是指用数据通信系统把分散在不同地方的计算机群和各种计算机设备连接起来的集合，它主要用于数据通信和资源共享，特别是软件和信息共享。随着信息时代的到来，人们对于区域内乃至世界范围内的信息传输和资源共享提出了越来越高的要求，计算机网络就是在这种情况下诞生和迅速发展起来的。

过去的所谓网络操作系统实际上是在原机器的操作系统之上附加上具有实现网络访问功能的模块。由于网络上的各计算机的硬件特性不同、数据表示格式不同及其他方面要求的不同，在互相通信时，为能正常进行通信并相互理解通信内容，彼此之间应有许多约定。此约定称为协议或规程。因此，通常将网络操作系统定义为：使网络上各计算机能方便而有效地共享网络资源，为网络用户提供所需的各种服务软件和有关协议的集合。

网络操作系统除了具有通常操作系统所具有的处理器管理、存储器管理、设备管理和文件管理外，还应具有以下两大功能：①提供高效、可靠的网络通信能力；②提供多种网络服务功能，如远程作业录入并进行处理的服务功能，文件传输服务功能，电子邮件服务功能，远程打印服务功能等。总而言之，网络操作系统要为用户提供访问网络中各计算机资源的服务。

网络操作系统与分布式操作系统不同，它不是一个集中、统一的操作系统，基本上是在各种各样自治的计算机原有操作系统基础上加上具有各种网络访问功能的模块，这些模块使网络上的计算机能方便、有效地共享网络资源，实现各种通信服务的有关协议。

常见的网络操作系统主要有 UNIX、Novell、Windows NT、Netware 等。

4. 分布式操作系统

在一般的计算机系统中，所有的计算或处理功能都由一台主机完成，具有封闭性。分布式操作系统是一种多计算机系统，这些计算机可以处于不同的地理位置和拥有不同的软硬件资源，并用通信线路连接起来，具有独立执行任务的能力。通常每台计算机没有完全独立的操作系统。分布式操作系统具有一个统一的操作系统，它可以把一个大任务划分成很多可以并行执行的子任务，并按一定的调度策略将它们动态地分配给各个计算机执行，并控制、管理各个计算机的资源分配、运行及计算机之间的通信，以协调任务的并行执行。以上所有的管理工作对用户都是透明的。

由于微型计算机的飞速发展，将一个大的计算任务分配到很多计算机上执行，比在一台巨型机上执行经济得多。分布式操作系统也便于实现文件、信息和设备的共享。

分布式操作系统负责管理分布式系统资源处理和控制分布式程序运行。它和集中式操作系统的区别在于资源管理、进程通信和系统结构等方面。

5. 多处理器操作系统

由于受到电磁速度的限制，单纯靠提高硬件的方法来提高计算机系统的运算速度总是有限的。类似气象、地震预报、核聚变反应模拟等应用都对计算机的运算速度提出了更高的要求，一般要求达到每秒数百亿、数千亿甚至更高的速度，这就需要打破单处理器的系统体系结构，使得在一个计算机系统中可具有多个 CPU 或处理器，由此诞生了多处理器操作系统。多处理器操作系统可大大提高系统运行的并行性。

多处理器操作系统一般分为主从式和对称式。主从式操作系统主要驻留并运行在一台主处理器上，它控制所有的系统资源，将整个任务分解成多个子任务并将子任务分配给其他的从处理器执行，并且它还要协调这些从处理器的运行过程。

对称式操作系统在每个处理器中都配有操作系统，它管理和控制本地资源和进程的运行。该类系统在一段时间内可以指定一台或几台处理器来执行管理程序，协调所有处理器的运行。

多处理器操作系统有很高的运算速度，一般用微处理器构成阵列系统，其运行速度可以达到上万亿次，相对以前的巨型机来说，成本又低得多，且可靠性强。当系统中某个处理器发生故障时，一般只影响系统的性能，可以用备用的单元取代它，故不会造成系统的垮台。

6.2 嵌入式操作系统及其特点

嵌入式操作系统是一种用途广泛的系统软件，过去它主要应用于工业控制和国防系统领域。嵌入式操作系统负责嵌入式系统的全部软、硬件资源的分配、调度工作，控制、协调并发活动；它必须体现其所在系统的特征，能够通过装卸某些模块来达到系统所要求的功能。随着 Internet 技术的发展、信息家电的普及应用及嵌入式操作系统的微型化和专业化，嵌入式操作系统开始从单一的弱功能向高专业化的强功能方向发展。

国际上用于信息电器的嵌入式操作系统有 40 种左右。现在，市场上非常流行的嵌入式操作系统产品，包括 3Corn 公司下属子公司的 Palm OS，全球占有份额达 50%，Microsoft 公司的 Windows CE 不过 29%。在美国市场，Palm OS 更以 80% 的占有率远超 Windows CE。开放源代码的 Linux 很适于作信息家电的开发。

6.2.1 嵌入式操作系统的特点

嵌入式操作系统属于实时操作系统，主要运行在嵌入式智能芯片的环境中，对整个智能芯片以及它所操作控制的各种部件装置等资源进行统一协调、处理、指挥和控制。

在嵌入式系统中，出于安全方面的考虑，要求系统不能崩溃，而且还要有自愈能力。这不仅要求在硬件设计方面提高系统的可靠性和抗干扰性，而且也应在软件设计方面提高系统的抗干扰性，尽可能地减少安全漏洞和不可靠的隐患。

嵌入式操作系统提高了系统的可靠性。带中断的轮询结构系统软件在遇到强干扰时，程序会产生异常、出错、跑飞，甚至死循环，造成了系统的崩溃。实时操作系统管理的系统中，这种干扰可能只是引起若干进程中的一个被破坏，而且还可以通过系统监控进程对其进行修复。通常情况下，这个系统监视进程监视各进程运行状况，并采取一些利于系统稳定可靠的措施，如把有问题的任务清除掉。

在嵌入式系统中使用嵌入式操作系统还可以提高开发效率，缩短开发周期。在嵌入式操作系统环境下，开发一个复杂的应用程序，通常可以按照软件工程中的解耦原则将整个程序分解为多个任务模块。每个任务模块的调试、修改几乎不影响其他模块。

嵌入式操作系统并非直接来源于通用的计算机操作系统，而是随着嵌入式系统的发展不断发展。嵌入式操作系统产品出现在 20 世纪 80 年代初，到目前为止已经有几十种嵌入式操作系统：从支持 8 位微处理器到 16 位、32 位甚至是 64 位微处理器；从支持一种微处理器到支持多种微处理器；从只有内核到丰富的外围模块，如文件系统、窗口图形系统、TCP/IP 系统等。

嵌入式操作系统通常包括与硬件相关的底层驱动软件、系统内核、设备驱动接口、通信协议、图形界面、标准化浏览器等。

嵌入式操作系统具有通用操作系统的基本特点，同时在系统实时高效性、硬件的相关依赖性、软件固态化以及应用的专用性等方面具有较为突出的特点。要完全准确地概括嵌入式操作系统的特点并不是一件容易的事情，如下是其中的几个特点。

(1) 实时性

实时操作系统的正确性不仅依赖于逻辑结果的正确性，还依赖于产生结果的时间。实时性是指系统能够在限定的时间内完成任务并对外部的异步事件做出及时响应，描述实时性的基本指标为响应时间。

按照对实时性能的要求，实时性又分为硬实时和软实时两类。硬实时系统是指系统中所有的截止期限必须被严格保证，否则将导致灾难性的后果，如控制系统。而软实时系统中虽然对系统响应时间有要求，但是在截止期限被错过的情况下，只造成系统性能下降而不会带来严重后果，如消费电子产品。

(2) 小内核

嵌入式系统是面向应用的专用计算机，硬件资源有限，因此应用于其上的嵌入式操作系统应占用尽可能少的硬件资源。与通用操作系统相比，嵌入式操作系统的内核较小，通常只有几千字节到几万字节。

(3) 可剪裁、可配置

嵌入式操作系统除了具有完善的功能，还具有开放性、可伸缩性的体系结构。对于特定应用不需要的功能模块可以被剪裁掉，比如文件系统。操作系统的可剪裁性取决于模块间的耦合程度，耦合程度越小越容易剪裁。对于操作系统中不具有的功能，也能够方便地添加。

在选定操作系统的功能模块后，可以对操作系统的规模进行配置，比如配置最大任务数、最大定时器数、最大信号量（Semaphore）数、任务堆栈大小、调度算法等。

(4) 易移植

随着硬件技术的不断发展，市场上出现了大量的嵌入式芯片，更好的硬件适应性，也就是良好的可移植性是嵌入式操作系统的一个重要特点。可移植性好的操作系统可以缩短系统开发周期、提高代码可重用度、减小维护量。

对于不同类型 CPU 的移植，需要对任务切换、中断控制和时间设备的驱动进行修改；

对于同类处理器（比如 ARM7 系列）间的移植，主要集中在对芯片控制器的操作上。

(5) 高可靠性

操作系统的可靠性指的是操作系统能够稳定运行的能力，嵌入式操作系统的可靠性是用户首先考虑的问题。为保证系统的可靠运行，嵌入式操作系统提供了多种机制，如异步信号、定时器、优先级继承、优先级天花板、异常处理、用户扩展和内存保护等。异常处理是嵌入式系统提高可靠性的关键手段之一，它为用户提供了处理应用程序异常的处理机制。对于内核运行的错误，异常处理判断错误来源，记录错误的性质，并消除错误或及时终止系统的运行。

(6) 低功耗

嵌入式系统一般采用电池供电，因此必须尽量降低系统的功耗。为了降低系统的功耗需要从各个方面采取措施，包括硬件的低功耗设计、软件的低功耗设计、操作系统的低功耗设计等。操作系统的低功耗设计有多种方法，比如利用空闲任务使系统在空闲状态下进入某种低功耗模式，降低系统功耗，利用时钟节拍周期性地唤醒 CPU。

6.2.2　嵌入式实时操作系统的一些基本概念

1. 任务及任务状态

在日常生活中，任务是指通过一定的努力，达到特定的目的；在嵌入式实时操作系统中，任务通常为进程和线程的统称，是内核调度的基本单元。

任务主要包含如下的几个方面：

1) 代码：一段可执行的程序。
2) 数据：程序运行的相关数据，如变量、工作空间、缓存区等。
3) 堆栈：保存程序运行参数和寄存器内容的一段连续内存空间。
4) 上下文环境：内核管理任务及处理器执行任务所需要的信息，如优先级、任务状态、处理器寄存器的内容。

在实际的嵌入式操作系统中，通常有多个任务同时运行。多任务的运行实际上是通过 CPU 在多个任务间进行切换，达到及时响应事件的发生、提高 CPU 利用率的目的；另一方面，可以将复杂的应用程序用多任务实现，便于程序设计和维护。

在多任务环境下，各个任务被内核进行切换，在不同的状态间进行转换，如图 6-2 所示。最常见的是将任务的运行划分为 4 种状态。

1) 休眠（Dormant）：任务驻留在存储空间内，还没有被操作系统激活。
2) 就绪（Ready）：任务运行的条件已经满足，进入任务等待列表，通过调度进入运行。
3) 挂起或等待（Waiting）：任务被阻塞，等待事件的发生。
4) 运行（Running）：任务获得 CPU 使用权，执行相应的代码。

任务被创建之前处于休眠状态，指示存储空间里的一段代码。在调用创建任务后，任务所处的状态由创建任务的时机决定。如果任务创建由事件驱动，那么新创建的任务直接进入就绪状态，等待内核的调度。如果任务由用户创建，那么任务处于挂起状态，等待事件的发生。就绪状态的任务可以通过内核的调度而进入运行状态，运行中的任务也可能因为占先式的调度而被切换到就绪状态。正在执行的任务可能被中断转入挂起状态，CPU 转而执行中

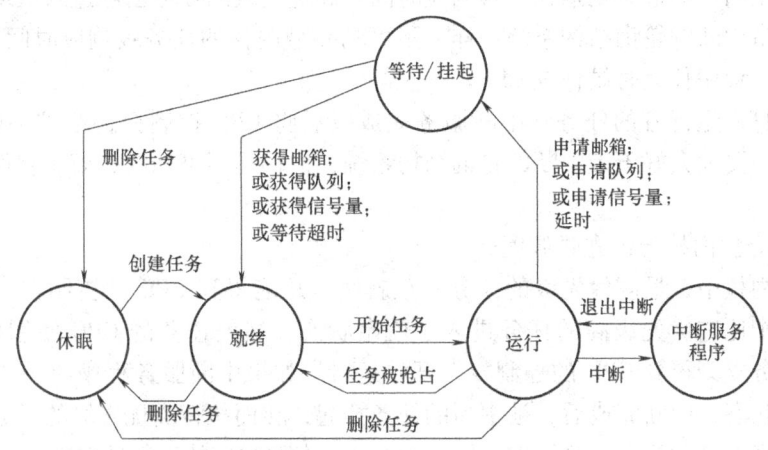

图 6-2 任务状态图

断处理程序。中断服务程序可能产生多个事件，使得多个任务进入就绪状态。如果就绪任务表中被中断任务的优先级最高，中断服务程序返回后继续执行被中断任务，否则内核对就绪的状态进行调度。一个在运行中的任务可能自行转入等待/挂起状态，比如延迟一段时间或者是等待某一事件的发生。在等待超时或者事件发生后，被挂起的等待任务进入就绪状态。

2. 优先级

在一个嵌入式操作系统中，每个任务被赋予一个优先级，两个任务的优先级一般不相同。任务的优先级可以分为动态优先级和静态优先级两种类型。静态优先级是指一个任务的优先级在任务运行的过程中保持不变。动态优先级是指内核可能根据系统运行的情况动态地改变任务的优先级。

3. 调度

调度是指 CPU 决定当前处于就绪状态的任务列表中的哪个任务得到 CPU 的使用权。多数实时内核都是基于优先级的调度算法。基于优先级调度的内核有占先式内核和非占先式内核两种类型。

（1）不可剥夺型内核与非占先式调度

不可剥夺型内核（Non-Preemptive Kernel）的异步事件由中断服务来处理。中断服务可以使一个高优先级的任务由挂起状态变为就绪状态，但中断服务完成后控制权还是回到原来被中断了的那个任务，直到该任务主动放弃 CPU 的使用权时，那个高优先级的任务才能获得 CPU 的使用权。不可剥夺型内核采用的调度方法称为非占先式调度。

不可剥夺型内核的一个优点是响应中断快。使用不可剥夺型内核时，任务级响应时间比前后台系统快得多，此时的任务级响应时间取决于最长的任务执行时间。

不可剥夺型内核的另一个优点是几乎不需要使用信号量保护共享数据。运行着的任务占有 CPU，而不必担心被别的任务抢占。图 6-3 为不可剥夺型内核的运行情况。如果任务运行过程产生了中断，CPU 进入中断服务子程序，中断服务子程序进行中断处理，使一个有更高级的任务进入就绪状态。中断服务完成以后，CPU 返回到原来被中断的任务，直到该任务完成，然后内核将 CPU 控制权交给那个优先级更高的就绪任务。

不可剥夺型内核的最大缺陷在于其响应时间。高优先级的任务已经进入就绪状态，但还不能运行。与带中断的轮询结构系统一样，不可剥夺型内核的任务级响应时间是不确定的，完全取决于应用程序什么时候释放 CPU。

中断可以打入运行着的任务，中断服务完成以后将 CPU 控制权还给被中断了的任务。任务级响应时间要大大好于带中断的轮询结构系统，但仍是不可知的，商业软件几乎没有不可剥夺型内核。

（2）可剥夺型内核与占先式调度

可剥夺型内核中，最高优先级的任务一旦就绪，总能得到 CPU 的控制权。当一个运行着的任务使一个比它优先级高的任务进入了就绪状态，当前任务的 CPU 使用权就被剥夺，高优先级的任务立刻得到 CPU 的控制权，开始运行。如果中断服务程序使一个高优先级的任务进入就绪状态，中断完成后，被中断的任务挂起，转而执行高优先级的任务。可剥夺型内核采用的调度方法称为占先式调度。图 6-4 为可剥夺型内核的运行情况。

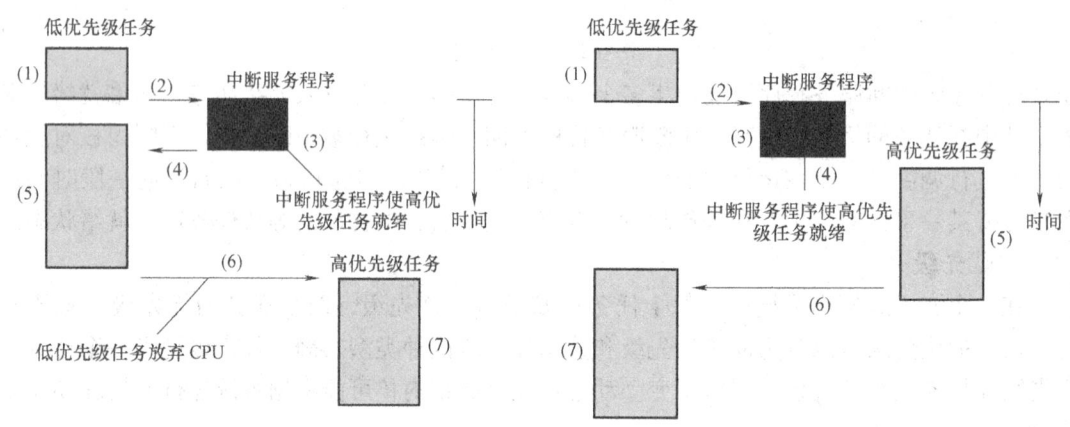

图 6-3　不可剥夺型内核的运行情况　　　图 6-4　可剥夺型内核的运行情况

使用可剥夺型内核，最高优先级的任务什么时候可以得到 CPU 的控制权是可知的。使用可剥夺型内核使得任务级响应时间得以最优化。可剥夺型内核总是让就绪状态的高优先级任务先运行，中断服务程序可以抢占 CPU，到中断服务完成时，内核让此时优先级最高的任务运行。这样，任务级系统响应时间得到了最优化，且是可知的。μC/OS-Ⅱ属于可剥夺型内核。

4. 实时性

严格地说，影响嵌入式操作系统实时性的因素有很多，这里只简单地列举如下几个因素：

（1）常用系统调用平均运行时间

常用系统调用平均运行时间，即系统调用效率，是指内核执行常用的系统函数调用，如创建/删除任务、创建/释放信号量/邮箱（Mail Box）/队列、分配/释放内存空间、加载卸载中断处理模块等，所需的平均时间。由于系统调用的情景和参数的差别，系统调用的时间每次执行都不相同，只能取平均值。

（2）任务切换时间

任务切换时间是指事件引发切换后，从当前任务停止运行、保存运行状态（CPU 寄存器内容）到装入下一个将要运行的任务状态、开始运行的时间间隔，如图6-5所示。

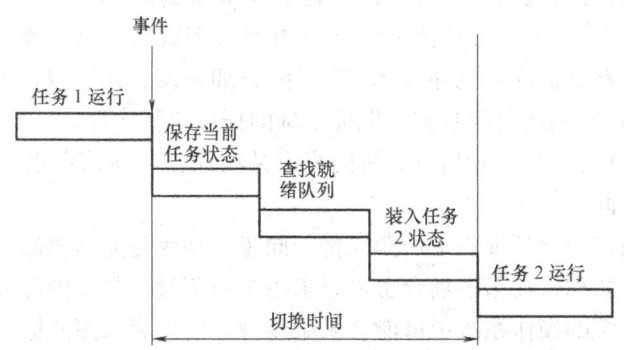

图 6-5　任务切换时间

（3）信号量混洗时间

信号量混洗时间是指从一个任务释放信号量到另一个等待该信号量的任务被激活之间的时间延迟，如图6-6所示。

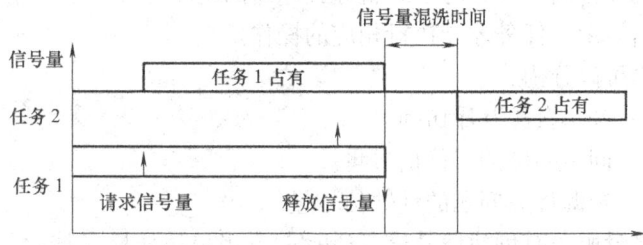

图 6-6　信号量混洗时间

在嵌入式操作系统中，通常有许多任务同时竞争某一共享资源，基于信号量的互斥访问保证了任一时刻只有一个任务能够访问公共资源。信号量混洗时间反映了与互斥有关的时间开销，是实时操作系统实时性的一个重要指标。

（4）系统响应时间

系统响应时间（System Response Time）一般是指由中断产生触发一个事件或消息到处理这个事件的任务开始处理事件之间的时间或系统发出处理请求到得到应答信号的时间。当中断发生时，会通过消息、事件或信号量等方式使对应的任务进入就绪状态，如果正好有一个比该就绪任务优先级高的任务在运行，那么进入就绪状态的任务必须等待当前任务运行完成后，内核才进行调度。如果就绪任务比当前任务的优先级高，内核就马上进行任务的切换。内核的调度算法决定了任务响应时间的大小，比如占先式调度的任务响应时间小于非占先式调度的任务响应时间。系统响应时间受到多个环节的影响，是中断延迟、中断服务程序、中断嵌套、调度、上下文切换时间的总和。

6.3　常用的通信机制

实时内核的重要功能是多任务的调度与通信。同一个嵌入式操作系统中，多个任务间存在着相互协同、相互竞争的关系，任务间的关系如下：

1）相互独立。任务的运行相互独立，只竞争 CPU 资源。

2）互斥。任务间竞争 CPU 和其他的资源，并且大多数的资源在特定的时刻只能被一个任务使用，并且不能被其他任务剥夺（除 CPU 外），如外设、共享内存等。

3）同步。协调任务间运行的步调，保证正确的任务执行次序。

4）通信。彼此间传递数据和信息，协同完成某项任务。通信可以是任务间，也可以是中断服务程序与任务间。

嵌入式的实时内核一般都提供了一套完善的同步、互斥与通信机制。常用的通信机制有信号量、邮箱、消息队列，在某些场合也可以采用全局变量、共享内存来实现任务通信。

在一个嵌入式系统的操作系统中可能会采用多种通信机制，因此嵌入式内核需要对任务间的通信进行统一的管理。在 μC/OS 操作系统中，将所有与通信相关的信号看作事件，采用事件和事件控制块（Event Control Block，ECB）来管理任务间的通信。

6.3.1 信号量

信号量是 20 世纪 60 年代中期由 Edgser Dijkstra 发明的一种约束机制，在多任务内核中广泛使用，可以实现任务间、任务与中断服务程序间的同步和互斥。一个信号量可以看作一把钥匙，只有得到信号量，任务才能执行相应的操作。

信号量按照用途可以分为：

1）互斥信号量：共享资源互斥访问。

2）二值信号量：同步问题的二值信号量。

3）计数信号量：资源计数问题的计数信号量。

内核提供的信号量服务有创建信号量（Create）、申请信号量（挂起，Pend）、释放信号量（Post）。

1. 互斥信号量

实现任务间交换信息最简便的方法是使用共享变量或共享资源。当一个任务使用共享资源时，必须保证任务的互斥性（排他性），以避免竞争和数据的破坏。实现排他性最一般的方法有关中断、禁止任务切换、信号量几种。

互斥信号量是一种特殊的二值信号量，用于实现共享资源访问的互斥。互斥信号量在创建或者是被释放后取值为 1；分配给任务后取值为 0，表明没有资源可以使用。

任务要使用某共享资源，必须首先申请相应的信号量。如果当前信号量不可用，或者未能竞争到信号量，任务被挂起。任务在等待一段时间后，由于等待超时，等待信号量的任务进入就绪状态，准备运行，在被内核调度转为运行后返回出错代码。如果任务获得信号量，则获得共享资源的访问。在完成访问后，任务释放信号量供其他的任务共享使用。互斥信号量的使用如图 6-7 所示。

2. 二值信号量

二值信号量用于任务间、任务与中断服务程序间的同步，两个任务间没有数据的交换。二值信号量初始化值为 0，表示同步事件没有发生。如果任务 1 需要与任务 2 同步，任务 2 的运行触发同步事件。任务 1 转入运行状态后开始执行代码，在需要同步的时刻，发出信号量申请。如果对应的同步事件发生，任务 1 继续运行；否则任务 1 被挂起，等待同步事件被

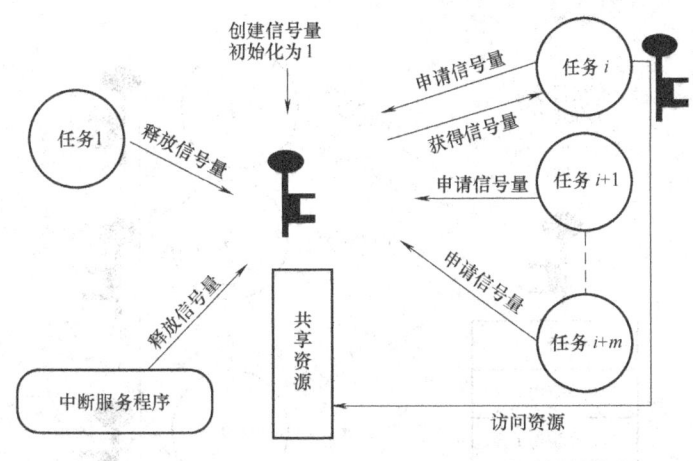

图 6-7 互斥信号量的使用

任务 2 触发。这样的同步称为单向同步，同步过程如图 6-8 所示。

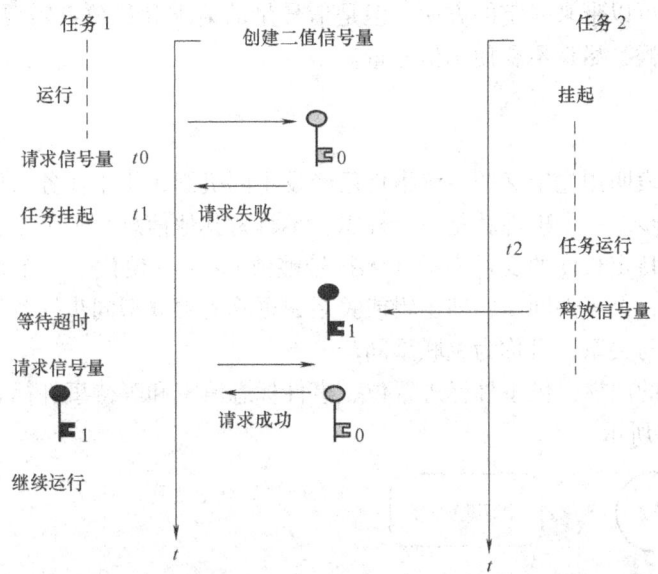

图 6-8 单向同步过程

如果两个任务需要相互同步，那么称为双向同步。双向同步与单向同步类似，只是需要两个信号量分别表示同步事件。双向同步不适于任务与中断服务程序间的同步，因为中断不可能等待一个信号量。

3. 计数信号量

计数信号量用于控制对多个共享资源的访问，允许多个任务访问。信号量计数器初始化值为 n，表示有 n 个共享资源。任务在使用共享资源前，首先要申请资源。申请成功后，计数信号量的计数器值减 1，计数器值为 0 表示没有资源可以分配。在任务使用完资源后，需要及时释放资源，供其他任务使用，资源释放后，计数器加 1。计数信号量的使用如图 6-9

所示。

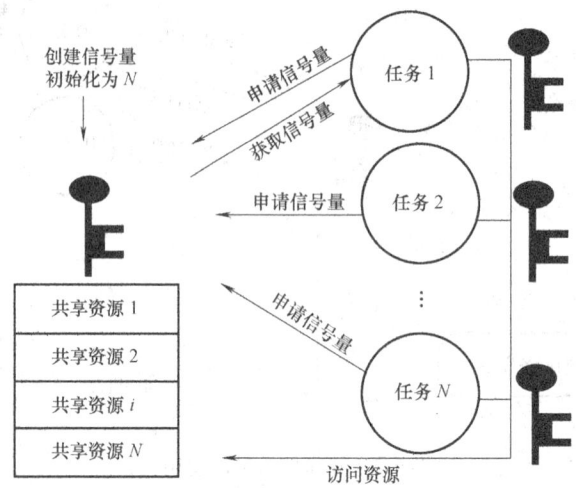

图 6-9 计数信号量的使用

信号量的使用可以带来一定的方便，但是信号量的请求和释放都需要消耗一定的时间，因此在不必要的时候，尽量不要使用信号量。

6.3.2 事件

事件是指一种表明预先定义的系统事件已经发生的机制，用于任务与任务、任务与中断服务程序之间的同步。一个事件就是一个标志，不具备其他信息。一个或者多个事件构成一个事件集，用一个特定长度的变量表示（无符号整数），每一位代表一个事件。若任务需要与事件集中的任何一个事件同步，即逻辑或关系，可称为独立型同步；若任务需要与若干个事件同步，即逻辑与关系，可称为关联型同步。

支持事件标志的内核提供事件标志置位、事件标志清零和等待事件标志等服务。事件标志的使用如图 6-10 所示。

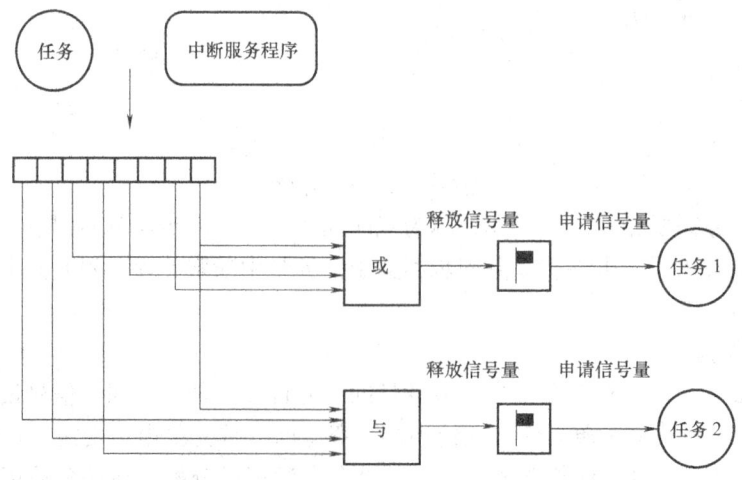

图 6-10 事件标志的使用

6.3.3 邮箱

任务间或者任务与中断服务程序间的信息交互称为任务间的通信。任务间的通信方式可以是使用全局变量和向任务发送消息。

使用全局变量时需要满足互斥条件，并且任务不知道全局变量何时被中断服务程序修改，因此任务只能周期性地查询该变量的值。消息是内存空间中一段长度可变的缓冲区，消息机制在任务间或者任务与中断间提供消息传输，实现数据的同步。

消息邮箱（简称邮箱）使用一个指针型变量，把一则消息放到邮箱里去。同样，一个或多个任务可以接收这则消息。发送消息的任务和接收消息的任务约定该指针指向的内容就是消息的内容。

在邮箱使用之前，必须创建一个邮箱。邮箱的指针指向一个零指针，表示没有消息可传送；也可以在创建邮箱的时候指向一段消息。需要接收邮箱消息的任务被记录在邮箱的消息等待队列里。当邮箱不为空时，内核调度将消息传递给消息等待队列里优先级最高的任务，其他的任务在等待超时后，转入就绪状态，并返回错误信息，报告等待超时任务。邮箱的使用如图 6-11 所示。

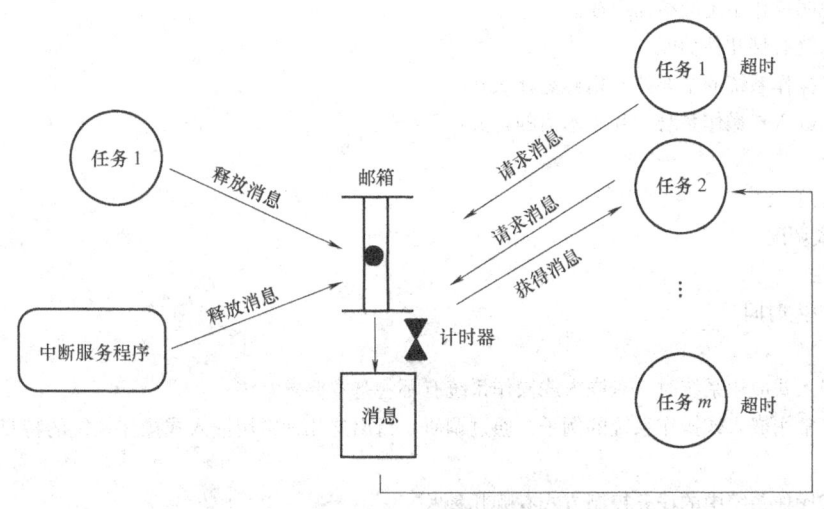

图 6-11 邮箱的使用

6.3.4 消息队列

消息队列实际上是邮箱队列。任务和中断程序将消息放入消息队列，多个任务可以从消息队列中得到消息。消息队列的深度在创建消息队列的时候给定，通常为 FIFO 队列。当队列装满消息时，丢弃新产生的消息。

需要从消息队列中获取消息的任务在等待任务列表中的对应位置位，任务被挂起。当队列中有消息时，内核调度使优先级最高的任务得到消息。未得到消息的任务，在等待超时后，进入就绪状态，并返回等待超时错误。

内核提供的消息队列主要有消息队列初始化（为空）、释放消息队列（将消息放到队列中去）、请求消息。消息队列的使用如图 6-12 所示。

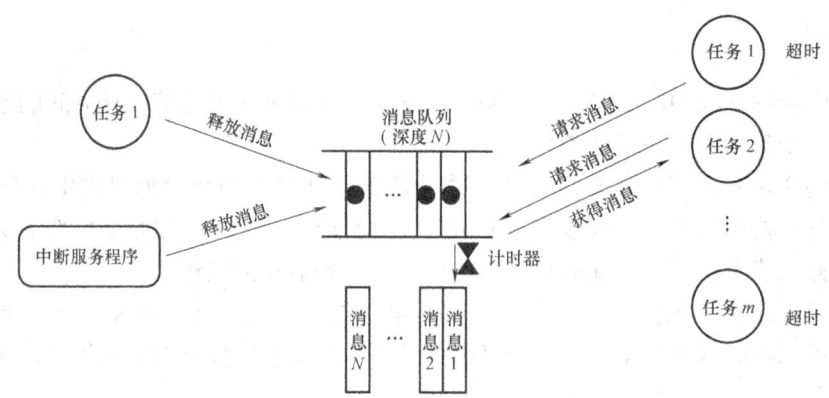

图 6-12 消息队列的使用

习 题 6

1. 什么是操作系统?
2. 操作系统分为哪几类?
3. 简要说明操作系统的结构组成。
4. 操作系统有哪几种功能?
5. 嵌入式操作系统的主要技术指标是什么?
6. 试说明嵌入式操作系统中几个术语的含义:
1) 任务
2) 任务上下文
3) 占先式调度
4) 实时性
5) 任务切换时间
6) 互斥
7. 设计嵌入式应用系统时,对嵌入式操作系统有哪些基本要求?
8. 试举出常用嵌入式操作系统的例子,通过调研,指出这几种常用嵌入式操作系统的特点是什么,常用在什么场合。
9. 嵌入式操作系统中的任务控制方式有哪几种?
10. 任务之间的通信方式有哪几种?每一种方式的特点是什么?

大 作 业 3

选择一种熟悉的嵌入式操作系统,写一个嵌入式应用软件的框架,要求使用嵌入式操作系统常用的系统调用。

提示:

1) 本题目的工作量比较大一些,通过本题目的训练,可以使读者掌握嵌入式操作系统的使用和开发方法。
2) 设计多个任务,数量自定。
3) 使用信箱、队列、信号量等任务间通信方式。
4) 使用定时器。
5) 程序中使用内存分区。

第7章 嵌入式实时操作系统 μC/OS-Ⅱ

μC/OS-Ⅱ是著名的源代码公开嵌入式实时内核,可用于8位、16位和32位单片机或数字信号处理器。由于μC/OS-Ⅱ仅是一个实时内核,这就意味着它不像其他实时操作系统那样。它提供给用户的仅是一些API函数接口,还有很多工作需要用户自己去完成。

μC/OS-Ⅱ在原版本μC/OS的基础上做了重大改进与升级,并有了近十年的使用实践,有许多成功应用实例。它的主要特点如下:

1)公开源代码。μC/OS-Ⅱ源代码是开放的,用户可登录μC/OS-Ⅱ的网站(www.μC/OS-Ⅱ.com)下载针对不同微处理器的移植代码。这极大地方便了实时嵌入式操作系统μC/OS-Ⅱ的开发,降低了开发成本。

2)可移植性。μC/OS-Ⅱ的源代码中,除了与微处理器硬件相关的部分是使用汇编语言编写的,其绝大部分是使用移植性很强的ANSI C来编写的。它把用汇编语言编写的部分已经压缩到最低的限度,以使μC/OS-Ⅱ更方便于移植到其他微处理器上使用,如Intel公司、Zilog公司、Motorola公司的微控制器和TI公司的DSP,以及ARM公司、Analog Device公司、三菱公司、日立公司、飞利浦公司和西门子公司的各种微处理器。

3)可固化。μC/OS-Ⅱ是为嵌入式应用而设计的操作系统,只要具备合适的软硬件工具,就可将μC/OS-Ⅱ嵌入到产品中去,从而成为产品的一部分。

4)可裁剪性。μC/OS-Ⅱ可根据实际用户的应用需要使用条件编译来完成对操作系统的裁剪,这样就可以减少μC/OS-Ⅱ对代码空间和数据空间的占用。

5)占先式。μC/OS-Ⅱ是完全可剥夺型的实时内核,运行就绪条件下优先级最高的任务。

6)多任务。μC/OS-Ⅱ可管理64个任务。一般情况下,建议用户保留8个任务给μC/OS-Ⅱ,这样,留给用户应用程序的任务最多可有56个。系统赋给每个任务的优先级必须不同,这意味着μC/OS-Ⅱ不支持时间片轮转调度法(Round-robin Scheduling)。

7)可确定性。绝大多数μC/OS-Ⅱ的函数调用和服务的执行时间具有确定性。在任何时候,用户都能知道μC/OS-Ⅱ的函数调用与服务的执行时间。

8)实用性和可靠性。2000年7月,μC/OS-Ⅱ在一个航空项目中得到了美国联邦航空管理局对商用飞机的符合RTCA/DO—178B标准的认证。可以说,μC/OS-Ⅱ的每一种功能、每一个函数及每一行代码都经过了考验与测试。

由于μC/OS-Ⅱ源代码开放,并且具有良好的性能,迅速成为学习嵌入式系统开发和嵌入式操作系统最受欢迎的工具。本章对μC/OS-Ⅱ的内核进行分析,以加深对嵌入式操作系统的理解。

7.1 μC/OS-Ⅱ的内核结构

μC/OS-Ⅱ提供任务管理、任务间的通信与同步、任务调度、中断管理和时间管理等基本功能。

7.1.1 任务管理

任务管理是实时内核的主要工作之一，完成任务的创建、删除、挂起、恢复和调度等工作。不仅如此，多任务的环境下，操作系统还要管理所有任务的上下文环境。

1. 任务控制块列表

任务控制块（Task Control Block，TCB）是用来实现任务管理的数据结构。不同的实时内核 TCB 的定义并不完全一致，但是都包含了任务执行过程中所需要的信息。通常，一个嵌入式操作系统能支持的最大任务数可以进行预先配置。在内核中每个任务对应一个 TCB，所有任务的 TCB 构成一个空闲任务控制块列表，如图 7-1 所示。

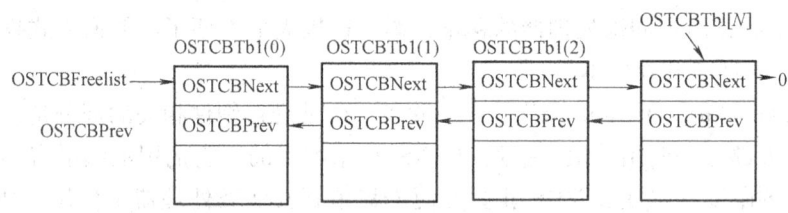

图 7-1 空闲任务控制块列表

创建任务的函数从空闲任务控制块列表中获取一个空的 TCB，在任务被删除时，任务所占用的 TCB 也被归还。任务的管理和调度都通过对 TCB 的操作来实现，在 μC/OS-Ⅱ 中，TCB 的结构体如下所示。

```
typedef struct os_tcb {
    OS_STK         *OSTCBStkPtr;  //当前任务栈顶的指针
#if OS_TASK_CREATE_EXT_EN > 0
    void           *OSTCBExtPtr;  //指向用户定义的任务控制块扩展
    OS_STK         *OSTCBStkBottom; //任务栈底的指针
    INT32U          OSTCBStkSize; //存有栈中可容纳的指针数目,而不是用字节表
                                  //示的栈容量总数
    INT16U          OSTCBOpt;
    INT16U          OSTCBId;      //用于存储任务的识别码
#endif
    struct os_tcb  *OSTCBNext;    //用于任务控制块 OS_TCBs 的双重链接
    struct os_tcb  *OSTCBPrev;
#if ( OS_Q_EN && ( OS_MAX_QS >= 2 )) || OS_MBOX_EN || OS_SEM_EN
    OS_EVENT       *OSTCBEventPtr;
#endif
#if ( OS_Q_EN && ( OS_MAX_QS >= 2 )) || OS_MBOX_EN
    void           *OSTCBMsg;     //指向传给任务的消息的指针
#endif
    INT16U          OSTCBDly;     //当需要把任务延时若干时钟节拍时要用到这个变量,或者用
```

于需要把任务挂起一段时间以等待某事件的发生,这种等待是有超时限制的

  INT8U OSTCBStat;//任务的状态字。当 OSTCBStat 为 0,任务进入就绪状态
  INT8U OSTCBPrio;//任务优先级
  INT8U OSTCBX;//用于加速任务进入就绪状态的过程或进入等待事件发生状态的过程
  INT8U OSTCBY;
  INT8U OSTCBBitX;
  INT8U OSTCBBitY;
#if OS_TASK_DEL_EN
  BOOLEAN OSTCBDelReq;//一个布尔量,用于表示该任务是否需要删除
#endif
} OS_TCB;

(1) 堆栈相关元素

.OSTCBStkPtr:指向当前任务栈顶的指针,μC/OS-Ⅱ允许每个任务有自己的栈,尤为重要的是,每个任务的栈的容量可以是任意的。需要说明的是,该指针的地址也是 TCB 的地址。

.OSTCBStkBottom:指向任务栈底的指针。如果微处理器的栈指针是递减的,即栈存储器从高地址向低地址方向分配,则栈底指针指向任务使用的栈空间的最低地址。如果内核对栈的操作是递增型的,则栈底指针指向任务可以使用的栈空间的最高地址。任务堆栈检查函数 OSTaskStkChk() 在运行中检验栈空间的使用情况,要用到该变量。用户可以用它来确定任务实际需要的栈空间。

.OSTCBStkSize:栈中可容纳的指针元数目,而不是用字节表示的栈容量总数,即如果栈中可以保存 1000 个入口地址,每个地址宽度是 32 位,则实际栈容量是 4000 字节。同样是 1000 个入口地址,如果每个地址宽度是 16 位,则总栈容量只有 2000 字节。

(2) TCB 列表相关元素

.OSTCBNext 和 .OSTCBPrev:用于 TCB 的双向链接,每个任务的 OS_TCB 在任务建立的时候被链接到链表中,在任务删除的时候从链表中被删除。双重连接的链表使得任一成员都能被快速插入或删除。

(3) 任务间通信相关元素

.OSTCBEventPtr:指向与任务关联的 EC 的指针。

.OSTCBMsg:指向传递给任务的消息的指针,其用法将在后面的章节中提到(见 7.2 节任务间通信与同步)。

(4) 任务等待时延

.OSTCBDly:指定任务延时 OSTCBDly 个时钟节拍。如果这个变量为 0,表示任务不延时,或者表示等待事件发生的时间没有限制。

(5) 任务状态

.OSTCBStat:任务的状态字。OSTCBStat 为 0 表示任务进入就绪状态,0x01 表示等待信号量,0x02 表示等待邮箱,0x04 表示等待消息队列等。

(6) 任务优先级

.OSTCBPrio:任务优先级。高优先级任务的 OSTCBPrio 值小。μC/OS-Ⅱ中每个任务的

优先级必须不同。

(7) 就绪表相关

.OSTCBX,.OSTCBY,.OSTCBBitX 和 .OSTCBBitY：用于加速任务进入就绪状态的过程或进入等待事件发生状态的过程（避免在运行中去计算这些值）。这些值在任务建立时依据任务的优先级计算，或者在改变任务优先级时计算。

.OSTCBDelReq：用于表示该任务是否需要删除，是一个布尔量。

2. 任务创建与删除

操作系统内核要管理用户的任务，就必须先建立任务。在 main( ) 函数内开始多任务调度前，必须至少建立一个任务，而且任务不能由中断服务程序建立。

创建任务函数利用函数的调用参数为任务分配和初始化相关的数据结构。首先，初始化一个 TCB，并通过 TCB 把任务代码和任务堆栈关联起来形成一个完整的任务。然后，使刚创建的任务进入就绪状态，并引发一次任务调度（取决于任务是否处于多任务工作状态）。

(1) 任务创建

μC/OS-Ⅱ通过 OSTaskCreate( ) 或 OSTaskCreateExt( ) 来建立任务。函数 OSTaskCreate( ) 的声明为

```
INT8U OSTaskCreate (
void ( * task) ( void * pd) , //指向任务的指针，任务名
void * pdata, //传递给任务的参数
OS_STK * ptos, ; //指向任务堆栈栈顶的指针
INT8U prio; //任务的优先级
)
```

OSTaskCreate( )建立任务的过程中调用 OSTaskStkInit( )建立任务的堆栈。该函数是与处理器的硬件体系相关的函数。OSTaskStkInit( )返回新的堆栈栈顶（psp），并被保存在任务的 OS_TCB 中。处理器的堆栈既可以从上（高地址）往下（低地址）递减，也可以从下往上递增。在调用 OSTaskCreate( )的时候，必须知道是递增堆栈，还是递减堆栈。传递给 OSTaskStkInit( ) 的第四个参数 opt 置 0，因为 OSTaskCreate( )与 OSTaskCreateExt( )不同，它不支持用户为任务的创建过程设置不同的选项，所以没有任何选项可以通过 opt 参数传递给 OSTaskStkInit( )。

OSTaskStkInt( )初始化任务的堆栈结构后，堆栈的内容和结构与发生中断时保存的堆栈内容一致。

OSTaskStkInit( )的伪代码如下：

```
OS_STK  * OSTaskStkInit (void ( * task) (void * pd), void * pdata, OS_STK * ptos, INT16U opt )
{
    模拟带参数 pdata 的函数调用；
    模拟中断向量；
    保存寄存器值；
    return (stk);
}
```

不同的处理器，在处理中断的时候，入栈的寄存器并不一定相同。一般而言，处理器至少保存程序计数器的值（ARM7 的 R15）、中断返回地址和处理器的状态字（CPSR），最后，将任务程序使用的处理器寄存器保存到堆栈中。

如果 C 编译器将 pdata 参数首先传递到寄存器，而不是直接保存到堆栈中，pdata 的内容就会随着寄存器的储存被放置在堆栈中。完成了堆栈初始化后，OSTaskStkInit()返回堆栈指针所指的地址。

图 7-2 显示了 OSTaskStkInt()放到正被建立的递减任务堆栈中的内容。

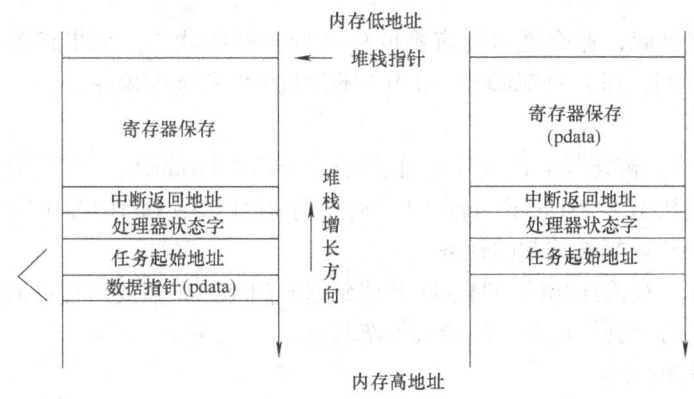

图 7-2 堆栈初始化

然后，OSTaskCreate()就调用 OSTCBInit()从空闲的 OS_TCB 队列中获得并初始化一个 OS_TCB。

当用 OSTaskCreate()或 OSTaskCreateExt()建立任务的时候，还会调用 OSTaskCreateHook()，并允许用户用自己的方式来扩展任务建立函数的功能。例如，用户可以初始化和存储与任务相关的浮点寄存器、MMU 寄存器以及其他寄存器的内容。该函数被调用的时候中断是禁止的，因此用户应尽量减少该函数中的代码，以缩短中断的响应时间。

（2）任务删除

当一个任务长期没有运行时，可以将其删除。删除任务函数 OSTaskDel()回收分配给任务的资源，但并不删除任务代码。

如果任务处于就绪列表中，它会直接被清除。如果任务处于邮箱、消息队列或信号量的等待列表中，它就从自己所处的列表中被清除。

在删除任务的过程中，需要防止任务再次被调用。

接着，OSTaskDel()调用用户自定义的 OSTaskDelHook()，用户可以在这里删除或释放自定义的 TCB 附加数据域。然后，OSTaskDel()减少 μC/OS-Ⅱ 的任务计数器，将指向被删除任务的 OS_TCB 的指针指向 NULL，从而达到将 OS_TCB 从优先级列表中移除的目的。接下来，OS_TCB 返回到空闲 OS_TCB 列表中，并允许其他任务的建立。

3. 任务挂起与恢复

（1）任务挂起

任务挂起函数完成任务运行状态和挂起等待状态间切换时的必要操作。挂起一个任务，就是停止这个任务的运行。在 μC/OS-Ⅱ 中，用户任务可以通过调用系统提供的函数 OSTask-

Suspend()来挂起自身或者处空闲任务之外的其他任务。挂起的任务，只能在其他任务中通过调用恢复函数 OSTaskResume()使其恢复为就绪状态。该函数并不要求和挂起函数 OSTaskSuspend()成对使用。

如果将要挂起的任务在任务就绪表中，那么直接从任务就绪表中移除该任务。注意，要被挂起的任务有可能没有在就绪表中，因为它有可能在等待事件的发生或延时的期满。在这种情况下，要被挂起的任务在 OSRdyTbl[ ]中对应的位已被清除了（即为0）。现在，OSTaskSuspend()就可以在该任务的 TCB 的 OSTCBStat 属性设置为 OS_STAT_SUSPEND，表明任务已被挂起。

由于有任务被挂起，那么就可能有新的任务处于就绪状态。如果任务调用 OSTaskSuspend()使自己被挂起，那么 OSTaskSuspend()还会调用任务调度程序。

（2）恢复任务

在 μC/OS-Ⅱ中，被挂起的任务只有通过调用 OSTaskResume()才能恢复，且被恢复的任务必须处于被挂起状态。OSTaskResume()是通过清除 TCB 中 OSTCBStat 域中的挂起标志位 OS_STAT_SUSPEND 恢复被挂起的任务。

但是，如果任务在被挂起的同时还在等待延迟时间到，则需要对任务取消挂起操作，并且要继续等待延迟时间到，任务才能转入就绪状态。

4. 其他任务管理函数

（1）任务优先级别修改

任务运行过程中，用户可以根据需要来改变任务的优先级别。调用的函数原型如下：

INT8U OSTaskChangePrio（
    INT8U oldprio;   //任务现在的优先级别
    INT8U newprio   //要修改的优先级别
）

（2）查询任务的信息

查询任务中信息的函数原型如下：

INT8U   OSTaskQuery（
        INT8U prio;
        OS_TCB * pdata
）

7.1.2 任务间同步与通信

在一个嵌入式系统中可能会采用多种任务间通信方式，因此嵌入式内核需要对任务间的通信进行统一的管理。

1. 事件控制块

在 μC/OS-Ⅱ中，将所有与通信相关的信号看做事件，采用事件和 ECB 来管理任务间的通信。ECB 包括等待任务列表在内的所有有关事件的数据，描述诸如信号量、邮箱和消息队列这些事件。

OS_EVENT 用来维护诸如信号量、邮箱和消息队列这些事件的所有信息，如用于信号量的计数器，用于指向邮箱的指针，以及指向消息队列的指针数组等。此外，还定义了等待该事件的所有任务的列表。TCB 的数据结构在 uCOS_Ⅱ.H 文件中定义，部分代码如下所示。

```
typedef struct {
    INT8U   OSEventType;                        // 事件类型
    INT8U   OSEventGrp;                         // 等待任务所在的组
    INT16U  OSEventCnt;                         // 计数器（当事件是信号量时）
    void    *OSEventPtr;                        //指向消息或者消息队列的指针
    INT8U   OSEventTbl [OS_EVENT_TBL_SIZE];     // 等待任务列表
} OS_EVENT;
```

. OSEventType：定义事件的具体类型，它可以是信号量（OS_EVENT_SEM）、邮箱（OS_EVENT_TYPE_MBOX）或消息队列（OS_EVENT_TYPE_Q）中的一种。用户根据该域的具体值来调用相应的系统函数，以保证对其进行的操作的正确性。

. OSEventCnt：当事件是一个信号量时，用于信号量的计数。

. OSEventPtr：指针，只有在所定义的事件是邮箱或者消息队列时才使用。当所定义的事件是邮箱时，它指向一个消息；而当所定义的事件是消息队列时，它指向一个数据结构。

. OSEventTbl [] 和 . OSEventGrp：记录系统中处于就绪态的任务，结构上与任务就绪列表 OSRdyTbl [] 和任务就绪组 OSRdyGrp 相同。对任务等待列表的操作主要有置位和清除。当某任务处于等待该事件的状态时，. OSEventGrp 以及 . OSEventTbl [] 中对应元素的对应位就被置位。

变量前面的"."说明该变量是数据结构的一个域。

下面的代码是将一个任务放到事件的等待任务列表中：

```
pevent -> OSEventGrp           | = OSMapTbl [prio >> 3];
pevent -> OSEventTbl [prio >> 3] | = OSMapTbl [prio & 0x07];
```

其中，参数 prio 是任务的优先级，pevent 是指向事件控制块的指针。任务优先级的最低 3 位决定了该任务在相应的 . OSEventTbl[] 中的位置，紧接着的 3 位则决定了该任务优先级在 . OSEventGrp[] 中的字节索引。查找表 OSMapTbl[] 的内容如表 7-1 所示。

表 7-1　查找表 OSMapTbl [] 的内容

索引号	二进制位模板
0	00000001
1	00000010
2	00000100
3	00001000
4	00010000
5	00100000
6	01000000
7	10000000

在一个任务获得了事件或者任务等待超时后，需要从等待任务列表中删除该任务，主要代码如下：

```
        if (((pevent - >OSEventTbl[prio >> 3] & = ~OSMapTbl[prio & 0x07]) == 0)
        {
                pevent - >OSEventGrp & = ~OSMapTbl[prio >> 3];
        }
```

代码首先清除任务在.OSEventTbl[]中的相应位。如果此操作导致该任务所在的优先级分组中不再有等待该事件的任务（即.OSEventTbl [prio >>3] 为0），同时清除.OSEventGrp 中的相应位。

在μC/OS-Ⅱ中，ECB 的总数由用户所需要的信号量、邮箱和消息队列的总数决定，所有 ECB 被链接成一个单向链表——空闲事件控制块链表（FreeEventList）。每建立一个信号量、邮箱或者消息队列时，就从该链表中取出一个空闲事件控制块，并对它进行初始化。ECB 的通用操作函数有：

1) OSEventWaitListInit()：初始化事件等待列表。
2) OSEventTaskRdy()：使一个任务进入就绪状态。
3) OSEventWait()：使一个任务进入等待该事件的状态。
4) OSEventTO()：因为等待超时而使一个任务进入就绪状态。

（1）初始化事件等待列表服务
void OSEventWaitListInit（OS_EVENT ＊pevent）

当建立一个信号量、邮箱或者消息队列时，相应的建立函数调用事件等待列表初始化函数 OSEventWaitListInit() 对 TCB 中的等待任务列表进行初始化。该函数初始化一个空的等待任务列表，其中没有任何任务等待该事件。该函数的调用参数是指向 ECB 的指针 pevent，代码如下：

```
        void OSEventWaitListInit(OS_EVENT *pevent)
        {
            INT8U i;
            pevent - >OSEventGrp = 0x00;
            for (i = 0; i < OS_EVENT_TBL_SIZE; i ++) {
                pevent - >OSEventTbl [i] = 0x00;
            }
        }
```

（2）事件任务就绪服务
void OSEventTaskRdy（OS_EVENT ＊pevent, void ＊msg, INT8U msk）

当发生了某个事件时，调用 OSEventTaskRdy() 将从等待任务队列中删除优先级最高的任务，并将其置为就绪状态，代码如下：

```
    INT8U OSEventTaskRdy(OS_EVENT *pevent, void *msg, INT8U msk)
    {
        OS_TCB  *ptcb;                          //1)
        y = OSUnMapTbl[pevent - >OSEventGrp];
        bity = OSMapTbl[y];
        x = OSUnMapTbl[pevent - >OSEventTbl[y]];
```

```
            bitx = OSMapTbl[x];
            prio = (INT8U)((y<3) + x);
            if (((pevent − >OSEventTbl[y] &=~ bitx) = = 0) {          //2)
                    pevent − >OSEventGrp &=~ bity;
            }
            ptcb = OSTCBPrioTbl[prio];     //3)
            ptcb –> OSTCBDly = 0;
            ptcb –> OSTCBEventPtr = (OS_EVENT * )0;
#if (OS_Q_EN && (OS_MAX_QS > =2)) || OS_MBOX_EN
            ptcb –> OSTCBMsg = msg;
#else
            msg = msg;
#endif
            ptcb − >OSTCBStat& = ~ msk;            //4)
            if (ptcb − >OSTCBStat== OS_STAT_RDY) {   //5)
                    OSRdyGrp| = bity;
                    OSRdyTbl[y]| = bitx;
            }
            return (prio);
}
```

1) 首先计算该任务在 .OSEventTbl[ ] 中的字节索引, 并利用该索引得到该优先级任务在 .OSEventGrp 中的位屏蔽码。然后, 判断该任务在 .OSEventTbl[ ] 中相应位的位置, 以及相应的位屏蔽码。根据以上结果, OSEventTaskRdy()函数计算出最高优先级。

2) 从事件的等待任务列表中清零该任务对应的位。

3) 利用任务的优先级得到指向该任务 TCB 的指针。因为任务运行条件已经得到满足, 任务不再被延时, OSEventTaskRdy()直接将该域清除。因为该任务等待的事件已经发生, 所以 OSEventTaskRdy()将其 TCB 中指向 ECB 的指针 OSTCBEventPtr 指向 NULL。如果 OSEvent-TaskRdy()是由 OSMboxPost()或者 OSQPost()调用, 该函数还要将相应的消息传递给任务, 放在它的 TCB 中。

4) 另外, 当 OSEventTaskRdy()被调用时, 位屏蔽码 msk 作为参数传递给它, 用于对 .OSTCBStat 的对应位清零, 表明 TCB 不再等待事件发生。

5) 如果任务不再等待任何事件, 即 OSTCBStat = = OS_STAT_RDY, 那么置位操作系统全局变量就绪组 OSRdyGrp 和就绪列表 OSRdyTbl[y]中的相应位, 使任务进入就绪状态。

(3) 任务等待事件服务

void OSEventTaskWait (OS_EVENT * pevent)

当某个任务要等待一个事件的发生时, 调用该函数使任务进入等待状态, 部分函数代码如下:

```
    void OSEventTaskWait (OS_EVENT * pevent)
    {
```

```
        OSTCBCur->OSTCBEventPtr = pevent;                    //1)
        if(((OSRdyTbl[OSTCBCur->OSTCBY] &= ~OSTCBCur->OSTCBBitX) == 0) //2)
        {
                OSRdyGrp &=  ~OSTCBCur->OSTCBBitY;
        }
        pevent->OSEventTbl[OSTCBCur->OSTCBY] |= OSTCBCur->OSTCBBitX ; //3)
        pevent->OSEventGrp                   |= OSTCBCur->OSTCBBitY;
}
```

1）将事件指针 pevent 赋值给调用该函数任务 TCB 的 . OSTCBEventPtr。
2）将当前任务从就绪任务列表中删除。
3）置位 ECB pevent 的等待任务列表中该任务对应的位。
（4）等待事件超时服务
void OSEventTO（OS_EVENT *pevent）

任务等待事件发生的时间超过了定时值，OSTimeTick( )会因为等待超时而将任务的状态置为就绪态。在这种情况下，事件的信号量请求函数 OSSemPend( )，或者邮箱请求函数 OSMboxPend( )或者队列请求函数 OSQPend( )会调用 OSEventTO ( ) 来完成这项工作。该函数从 ECB 的等待任务列表里将任务删除，并把它置成就绪态。最后，从 TCB 中将指向 ECB 的指针删除，任务不再等待事件发生。函数代码如下：

```
    void   OSEventTO（OS_EVENT *pevent）
    {
        if((pevent->OSEventTbl[OSTCBCur->OSTCBY] &= \
        ~OSTCBCur->OSTCBBitX) == 0) {           //1)
            pevent->OSEventGrp &=  ~OSTCBCur->OSTCBBitY;
        }
        OSTCBCur->OSTCBStat    = OS_STAT_RDY;           //2)
        OSTCBCur->OSTCBEventPtr = (OS_EVENT *)0;         //3)
    }
```

2. 信号量

μC/OS-Ⅱ 提供了 5 个对信号量进行操作的函数，它们是 OSSemCreate( )、OSSemPend( )、OSSemPost( )、OSSemAccept( )和 OSSemQuery( )。图 7-3 为任务、中断服务子程序和信号量之间的关系。图中用钥匙或者旗帜的符号来表示信号量：如果信号量用于对共享资源的访问，那么信号量就用钥匙符号，符号旁边的数字 N 代表可用资源数，对于二值信号量，该值就是 1；如果信号量用于表示某事件的发生，那么就用旗帜符号，这时的数字 N 代表事件已经发生的次数。从图 7-3 中可以看出，OSSemPost( )可以由任务或者中断服务子程序调用，而 OSSemPend( )和 OSSemQuery( )只能由任务程序调用。

系统通过 OSSemCreate( )创建信号量，假设信号量计数器的初始值为 N。任务 1 当前获得了信号量，因此处于就绪状态。在任务 1 使用完信号量后，通过 OSSemPost( )释放信号量。任务 2 在运行过程中，需要申请（请求）信号量才能进行下一步的操作，在任务发出

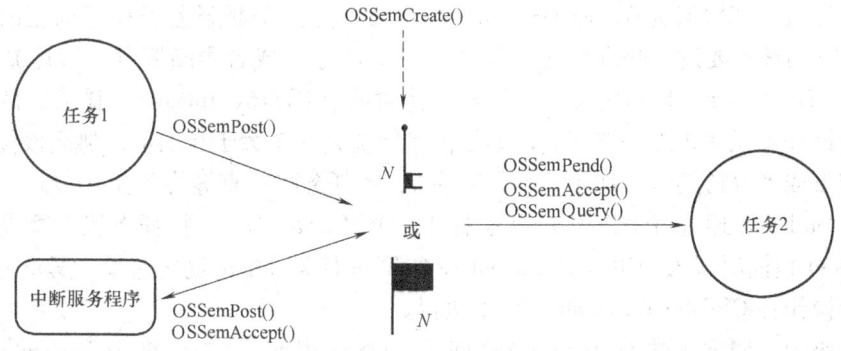

图 7-3 任务、中断服务子程序和信号量之间的关系

信号量申请后开始计时。如果在定时器超时前获得信号量,任务转入就绪状态,否则在定时器超时后任务转入就绪状态。

(1) 创建信号量服务

OS_EVENT *OSSemCreate (INT16U cnt)

创建信号量的部分代码如下:

```
OS_EVENT *OSSemCreate (INT16U cnt)
{
    OS_EVENT *pevent;
    ...
    if (pevent != (OS_EVENT *)0) {
        pevent->OSEventType = OS_EVENT_TYPE_SEM;
        pevent->OSEventCnt  = cnt;
        OSEventWaitListInit(pevent);
    }
    return (pevent);
}
```

首先,OSSemCreate()从空闲事件控制块链表中得到一个 ECB,并对空闲事件控制链表的指针进行适当的调整,使它指向下一个空闲的 ECB。将该 ECB 的事件类型设置成信号量 OS_EVENT_TYPE_SEM,其他的信号量操作函数通过检查该域来保证所操作的 TCB 类型的正确。例如,防止调用 OSSemPost()对一个用作邮箱的 TCB 进行操作。接着,用信号量的初始值对 ECB 进行初始化,并调用 OSEventWaitListInit()对 ECB 的等待任务列表进行初始化。最后,OSSemCreate()返回给调用函数一个指向 TCB 的指针。值得注意的是,在 μC/OS-Ⅱ 中,信号量一旦建立就不能再删除,因此也就不可能将一个已分配的 TCB 再放回到空闲 ECB 链表中。因为如果有任务正在等待某个信号量,或者某任务的运行依赖于某信号量的出现时,删除该信号量是很危险的操作。

(2) 请求信号量服务

void OSSemPend (OS_EVENT *pevent, INT16U timeout, INT8U *err)

程序首先检查指针 OS_EVENT *pevent 所指的 ECB 是否为信号量。如果信号量当前是可用的(信号量的计数值大于 0),将信号量的计数值减 1。

如果信号量的计数值为0，而OSSemPend()又不是由中断服务子程序调用的，则调用OSSemPend()的任务要进入睡眠状态，等待另一个任务（或者中断服务子程序）释放该信号量。OSSemPend()允许用户定义一个最长等待时间（INT16U timeout）作为它的参数，这样可以避免该任务无休止地等待下去。如果该参数值是一个大于0的值，那么该任务将一直等到信号有效或者等待超时。如果该参数值为0，该任务将一直等待下去。

OSSemPend()通过将TCB中的状态标志.OSTCBStat置1，把任务置于睡眠状态，等待时间timeout也同时置入TCB中。timeout在OSTimeTick()中被逐次递减。真正将任务置入睡眠状态的操作在OSEventTaskWait()中执行。

上述代码中，调度函数OSSched()返回后，OSSemPend()要检查TCB中的状态标志，看该任务是否仍处于等待信号量的状态。如果是，说明该任务还没有获得OSSemPost()发出的信号量。事实上，该任务是因为等待超时而由TimeTick()置为就绪状态的。这种情况下，OSSemPend()调用OSEventTO()将任务从等待任务列表中删除，并返回给它的调用任务一个超时的错误代码。如果任务的TCB中的OS_STAT_SEM标志位没有置位，就认为调用OSSemPend()的任务已经得到了该信号量，将指向信号量ECB的指针从该任务的TCB中删除，表明任务不再等待该事件。

（3）释放信号量服务

INT8U OSSemPost（OS_EVENT *pevent）

如果该ECB中的.OSEventGrp不是0，说明有任务正在等待该信号量。这时，就要调用OSEventTaskRdy()把其中的最高优先级任务从等待任务列表中删除，并使它进入就绪态。然后，调用OSSched()进行任务调度。如果是，这时就要进行任务切换，准备执行该就绪任务。如果不是，OSSched()直接返回，调用OSSemPost()的任务得以继续执行。如果这时没有任务在等待该信号量，该信号量的计数值就简单地加1。

上面是由任务调用OSSemPost()时的情况。当中断服务子程序调用该函数时，不会发生上面的任务切换。如果需要，任务切换要等到中断嵌套的最外层中断服务子程序调用OSIntExit()后才能进行。

（4）无等待地请求一个信号量

INT16U OSSemAccept（OS_EVENT *pevent）

当一个任务请求一个信号量时，如果该信号量暂时无效，也可以让该任务简单地返回，而不是进入睡眠等待状态。这种情况下的操作是由OSSemAccept()完成的。调用函数需要对函数返回值进行检查：如果该值是0，说明该信号量无效；如果该值大于0，说明该信号量有效，同时该值也暗示着该信号量当前可用的资源数。应该注意的是，这些可用资源中，已经被该调用函数自身占用了一个（该计数值已经被减1）。中断服务子程序要请求信号量时，只能用OSSemAccept()而不能用OSSemPend()，因为中断服务子程序是不允许等待的。

（5）查询信号量的状态

INT8U OSSemQuery（OS_EVENT* pevent, OS_SEM_DATA *pdata）

在应用程序中，用户随时可以调用函数OSSemQuery()来查询一个信号量的当前状态。该函数有两个参数：一个是指向信号量对应ECB的指针pevent。该指针是在产生信号量时，由OSSemCreate()函数返回的；另一个是指向用于记录信号量信息的数据结构OS_SEM_DATA（见uCOS_Ⅱ.H）的指针pdata。因此，调用该函数前，用户必须先定义该结构变量，用于存储信号量的有关信息。在这里，之所以使用一个新的数据结构的原因在于，调用函数应该只关心那些和特定信号量有关的信息，而不像 OS_EVENT 数据结构那样包含很全面的信息。

3. 邮箱

邮箱使一个任务或者中断服务子程序向另一个任务发送一个指针型的变量，该指针指向一个包含了特定"消息"的数据结构。发送消息的任务或中断服务子程序把这个变量送往邮箱，接收消息的任务从邮箱中取出该指针变量，完成信息交换。

μC/OS-Ⅱ提供了 5 种对邮箱的操作：OSMboxCreate( )，OSMboxPend( )，OSMboxPost( )，OSMboxAccept( )和 OSMboxQuery( )。图 7-4 为任务、中断服务子程序和邮箱之间的关系，这里用符号"I"表示邮箱。邮箱包含的内容是一个指向一条消息的指针。一个邮箱只能包含一个这样的指针（邮箱为满时），或者一个指向 NULL 的指针（邮箱为空时）。从图 7-4 可以看出，任务或者中断服务子程序可以调用 OSMboxPost( )，但是只有任务可以调用 OSMboxPend( )和 OSMboxQuery( )。

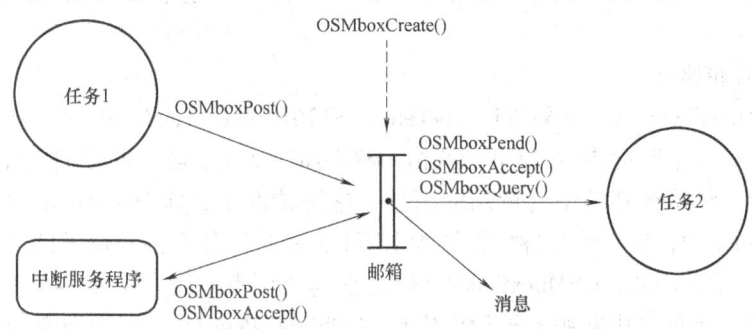

图 7-4 任务、中断服务子程序和邮箱之间的关系

使用邮箱之前，必须调用 OSMboxCreate( )创建邮箱，并且要指定指针的初始值。一般情况下，这个初始值是 NULL，但也可以初始化一个邮箱，使其在最开始就包含一条消息。如果使用邮箱的目的是用来通知一个事件的发生（发送一条消息），那么就要初始化该邮箱为 NULL。如果用户用邮箱来共享某些资源，那么就要初始化该邮箱为一个非 NULL 的指针。邮箱一旦建立，是不能被删除的。比如，如果有任务正在等待一个邮箱的信息，这时删除该邮箱，将有可能产生灾难性的后果。

（1）创建邮箱服务

OS_EVENT * OSMboxCreate (void * msg)

OSMboxCreate( )基本上和 OSSemCreate ( ) 相似。不同之处在于，ECB 的类型被设置成 OS_EVENT_TYPE_MBOX，以及使用 . OSEventPtr 保存消息指针。部分代码如下：

```
OS_EVENT * OSMboxCreate ( void * msg)
{
    …
    if ( pevent ! = ( OS_EVENT * )0) {
        pevent - > OSEventType = OS_EVENT_TYPE_MBOX;
```

                    pevent -> OSEventPtr = msg;
                    OSEventWaitListInit(pevent);
        }
        return (pevent);
    }

(2) 释放邮箱服务

INT8U OSMboxPost (OS_EVENT * pevent, void * msg)

OSMboxPost()在检查了 ECB 是否是一个邮箱后，还要检查是否有任务在等待该邮箱中的消息。如果 ECB 中的 OSEventGrp 包含非零值，就表明有任务在等待该消息。这时调用 OSEventTaskRdy()将其中的最高优先级任务从等待列表中删除，使其进入就绪态，加入系统的就绪任务列表中，准备运行。然后，调用 OSSched()，检查该任务是否是系统中最高优先级的就绪任务：如果是，执行任务切换，该任务得以执行；如果该任务不是最高优先级的任务，OSSched()返回，OSMboxPost()的调用函数继续执行。如果没有任何任务等待该消息，指向消息的指针（msg）就被保存到邮箱中。这样，下一个调用 OSMboxPend()的任务就可以得到该消息。

(3) 请求邮箱服务

void * OSMboxPend (OS_EVENT * pevent, INT16U timeout, INT8U * err)

OSMboxPend()首先检查该 ECB，若由 OSMboxCreate()建立的事件指针域是一个非 NULL 的指针时，说明该邮箱中有可用的消息。这种情况下，OSMboxPend()将该域的值复制到局部变量 msg 中，然后将事件指针置为 NULL，表明任务不再等待事件发生。如果此时邮箱中没有消息是可用的，OSMboxPend()检查它的调用者是否是中断服务子程序。像 OSSemPend()一样，不能在中断服务子程序中调用 OSMboxPend()，因为中断服务子程序是不能等待的。但是，如果邮箱中有可用的消息，即使从中断服务子程序中调用 OSMboxPend()，也一样是成功的。

如果邮箱中没有可用的消息，OSMboxPend()的调用任务就被挂起，直到邮箱中有了消息或者等待超时。当有其他的任务向该邮箱发送了消息后（或者等待时间超时），这时，该任务再一次成为最高优先级任务，OSSched()返回。这时，OSMboxPend()要检查是否有消息被放到该任务的 TCB 中。如果有，那么该次函数调用成功，对应的消息返回到调用函数。

如果没有获得消息，那么任务则由于等待超时而返回，函数 OSEventTo()将任务从邮箱的等待列表中删除。因为此时邮箱中没有消息，所以返回的指针是 NULL。

4. 消息队列

消息队列是 μC/OS-II 中另一种通信机制，它可以使一个任务或者中断服务子程序向另一个任务发送以指针方式定义的变量。消息队列可以看作是多个邮箱组成的数组，只是它们共用一个等待任务列表。每个指针所指向的数据结构是由具体的应用程序决定的。

μC/OS-II 内核在初始化时建立一个如图 7-5 所示的空闲队列控制块链表。当建立了一个消息队列时，一个队列控制块（OS_Q 结构，见 OS_Q.C 文件）也同时被建立，并通过 ECB 的 .OSEventPtr 链接到对应的队列控制块。

队列控制块是一个用于维护消息队列信息的数据结构，它包含了以下的一些域。

1) OSQPtr：在空闲队列控制块中，链接所有的队列控制块。

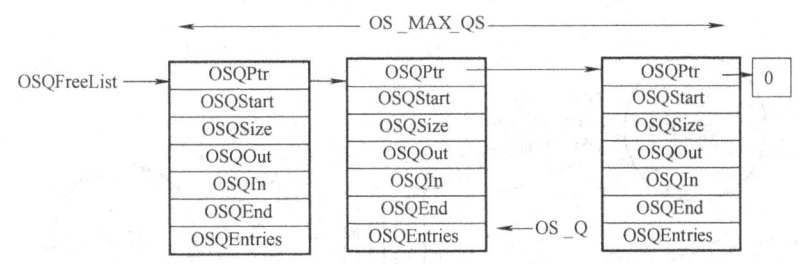

图 7-5　空闲队列控制块链表

2）OSQStart：指向消息队列的指针数组的起始地址指针。

3）OSQEnd：指向消息队列结束单元的下一个地址的指针。该指针使得消息队列构成一个循环的缓冲区。

4）OSQIn：向消息队列中插入下一条消息的位置指针。

5）OSQOut：指向消息队列中下一个取出消息的位置指针。

6）OSQSize：消息队列中总的单元数。

7）OSQEntries：消息队列中当前的消息数量。当消息队列是空的时，该值为 0。

消息队列可用图 7-6 所示的一个循环缓冲区实现，其中的每个单元包含一个指针。当 .OSQEntries 和 .OSQSize 相等时，说明队列已满。消息指针总是从 .OSQOut 指向的单元取出。指针 .OSQStart 和 .OSQEnd 定义了消息指针数组的头尾，以便在 .OSQIn 和 .OSQOut 到达队列的边缘时，进行边界检查和必要的指针调整，实现循环功能。

当 .OSQIn 和 .OSQEnd 相等时，.OSQIn 被调整指向消息队列的起始单元；当 .OSQOut 和 .OSQEnd 相等时，.OSQOut 被调整指向消息队列的起始单元。

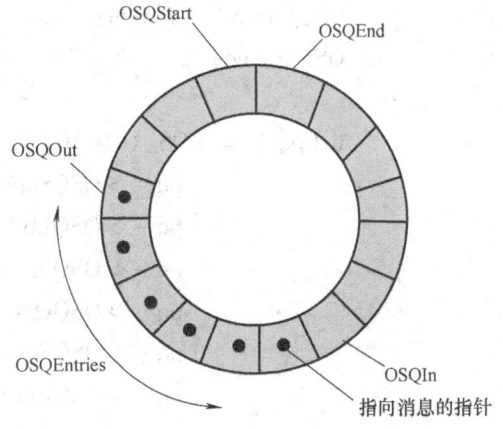

图 7-6　圆形缓冲指针的消息队列

μC/OS-Ⅱ提供了 7 个对消息队列进行操作的函数：OSQCreate( )，OSQPend( )，OSQPost( )，OSQPostFront( )，OSQAccept( )，OSQFlush( ) 和 OSQQuery( )。图 7-7 是任务、中断服务子程序和消息队列之间的关系。其中，消息队列的符号很像多个邮箱。实际上，可以将消息队列看作是多个邮箱组成的数组，只是它们共用一个等待任务列表。每个指针所指向的数据结构是由具体的应用程序决定的。N 代表了消息队列中的总单元数。当调用 OSQPend( ) 或者 OSQAccept( ) 之前，调用 N 次 OSQPost( ) 或者 OSQPostFront( ) 就会把消息队列填满。从图 7-7 中可以看出，一个任务或者中断服务子程序可以调用 OSQPost( )、OSQPostFront( )、OSQFlush( ) 或者 OSQAccept( )。但是，只有任务可以调用 OSQPend( ) 和 OSQQuery( )。

（1）创建消息队列服务

OS_EVENT * OSQCreate (void * * start, INT16U size)

在使用一个消息队列之前，必须先调用 OSQCreate( ) 建立消息队列，并定义消息队列的

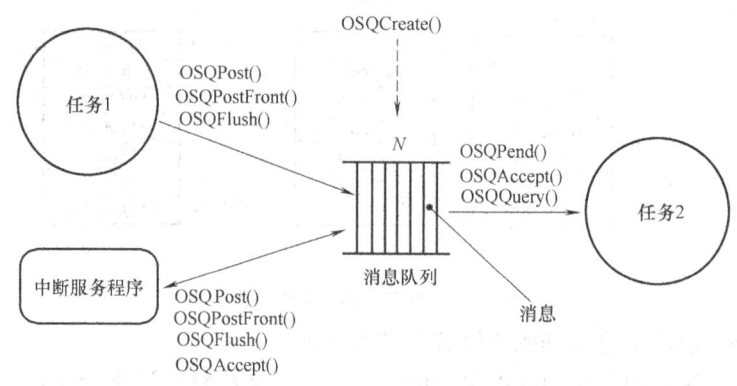

图 7-7　任务、中断服务子程序和消息队列之间的关系

消息指针数组，代码如下：

```
OS_EVENT *OSQCreate(void **start, INT16U size)
{
    OS_EVENT *pevent;
    OS_Q *pq;
    …
    if (pq != (OS_Q *)0) {
        pq->OSQStart      = start;
        pq->OSQEnd        = &start[size];
        pq->OSQIn         = start;
        pq->OSQOut        = start;
        pq->OSQSize       = size;
        pq->OSQEntries    = 0;
        pevent->OSEventType = OS_EVENT_TYPE_Q;
        pevent->OSEventPtr = pq;
        OSEventWaitListInit(pevent);
    return (pevent);
}
```

数组的起始地址以及元素数作为参数传递给 OSQCreate()。OSQCreate() 首先从空闲事件控制块链表中取得一个 ECB，接着从空闲队列控制块列表中取出一个队列控制块。如果有空闲队列控制块，就对其进行初始化。然后，该函数将 ECB 的类型设置为 OS_EVENT_TYPE_Q，并使其 .OSEventPtr 指针指向队列控制块。OSQCreate() 还要调用 OSEventWaitListInit() 对 ECB 的等待任务列表进行初始化。最后，OSQCreate() 向它的调用函数返回一个指向 ECB 的指针，该指针将在调用 OSQPend()、OSQPost() 等消息队列处理函数时使用，因此，该指针可以被看作是对应消息队列的句柄。消息队列一旦建立就不能再删除。

完成了队列的创建后得到的 ECB、队列控制块、队列间的关系示意图如图 7-8 所示。

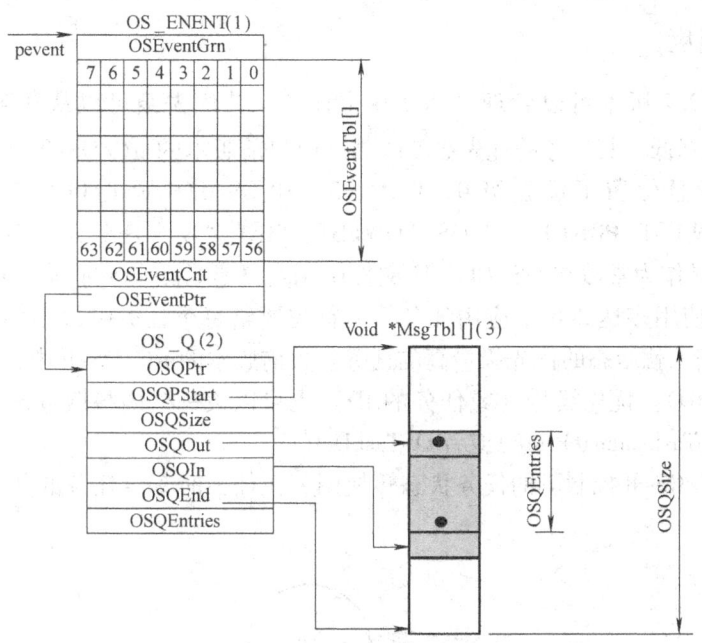

图 7-8 ECB、队列控制块、队列间的关系示意图

（2）消息队列请求服务

void ＊OSQPend（OS_EVENT ＊pevent，INT16U timeout，INT8U ＊err）

任务使用 OSQPend() 向系统请求消息队列，程序流程和邮箱类似。OSQPend() 首先检查 ECB 是否为消息队列类型，接着，该函数检查消息队列中是否有消息可用（即.OSQEntries 是否大于 0）。如果有，OSQPend() 将指向消息的指针复制到 msg 中，并让.OSQOut 指向队列中的下一个单元，然后将队列中的有效消息数减 1。因为消息队列是一个循环的缓冲区，OSQPend() 需要检查.OSQOut 是否超过了队列中的最后一个单元。当发生这种越界时，就要将.OSQOut 重新调整到指向队列的起始单元。

如果消息队列中没有消息，调用 OSQPend() 的任务被挂起，当有其他的任务向该消息队列发送了消息或者等待时间超时，并且该任务成为最高优先级任务时，调用调度函数。然后，OSQPend() 检查是否有消息被放到该任务的 TCB 中。如果有，那么该次函数调用成功，把任务的 TCB 中指向消息队列的指针删除，并将对应的消息返回到调用函数。

（3）消息队列释放服务

INT8U OSQPost（OS_EVENT ＊pevent，void ＊msg）

1）首先，检查是否有任务在等待该消息队列中的消息。如果有，调用 OSEventTaskRdy()，使一个任务进入就绪态。然后，调用 OSSched() 进行任务的调度。如果上面取出的任务的优先级在整个系统就绪的任务里也是最高的，执行任务切换，该最高优先级任务被执行。

2）如果没有任务等待该消息队列中的消息，而且此时消息队列未满，指向该消息的指针被插入到消息队列中。这样，下一个调用 OSQPend() 的任务就可以马上得到该消息。如果此时消息队列已满，那么该消息将由于不能插入到消息队列中而被丢弃。

7.1.3 任务调度

μC/OS-Ⅱ V2.7 版本可以管理多达 256 个任务，其优先级可以从 0 到 OS_LOWEST_PRIO，优先级号越低，其任务的优先级就越高。但目前版本的 μC/OS-Ⅱ 有两个任务已经被系统占用了，而且保留了优先级 0、1、2、3、和 OS_LOWEST_PRIO-3、OS_LOWEST_PRIO-2、OS_LOWEST_PRIO-1 以及 OS_LOWEST_PRIO 这 8 个任务，已备将来使用。OS_LOWEST_PRIO 是作为常数在 OS_CFG.H 文件中用定义常数语句#define constant 来定义的。因此，用户可以使用多达 248 个应用任务，但首先要给每个任务赋以不同的优先级。μC/OS-Ⅱ 总是运行进入就绪态的优先级最高的任务。目前版本的 μC/OS-Ⅱ 中，任务的优先级号就是任务编号（ID）。优先级号（或任务的 ID）也可以被一些内核服务函数调用，比如改变优先级函数 OSTaskChangePrio( )或者 OSTaskDel( )。

图 7-9 是 μC/OS-Ⅱ 控制下的任务状态转换图，在任一时刻，任务的状态一定是这 5 种状态之一。

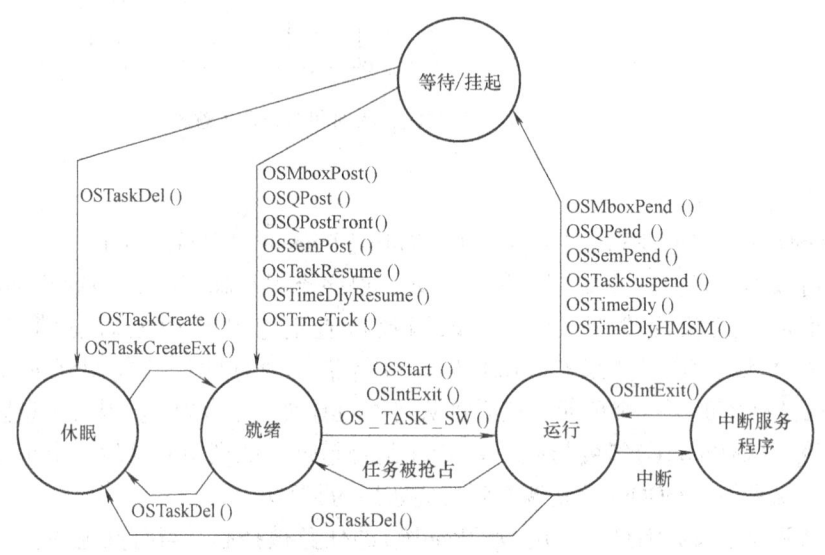

图 7-9 任务状态转换图

由于，μC/OS-Ⅱ 总是运行进入就绪态任务中优先级最高的那个任务。确定哪一个任务优先级最高、该哪个任务将要运行，这样的工作是由调度器完成的。μC/OS-Ⅱ 任务调度所花的时间是常数，与应用程序中建立的任务数无关。任务切换很简单，一般由以下两步完成：首先将被挂起任务的微处理器寄存器推入堆栈，然后将较高优先级的任务的寄存器值从堆栈中恢复到寄存器中。在 μC/OS-Ⅱ 中，就绪任务的栈结构总是看起来跟刚刚发生过中断一样，所有微处理器的寄存器都保存在栈中。换句话说，μC/OS-Ⅱ 运行就绪态的任务所要做的一切，只是恢复所有的 CPU 寄存器并运行中断返回指令。

μC/OS-Ⅱ 的 uCOS_Ⅱ.H 文件中使用如下两个全局变量记录内核建立的所有任务的状态：

    OS_EXT INT8U OSRdyGrp; // 就绪组

OS_EXT   INT8U   OSRdyTbl [OS_RDY_TBL_SIZE];   // 任务就绪列表

每个任务的状态（是否就绪）用数组中的 1 位表示，每个数组元素对应 8 个任务。就绪列表中元素的数目（OS_RDY_TBL_SIZE）由系统支持的最低优先级 OS_LOWEST_PRIO（见文件 OS_CFG.H）决定。由于每个任务都具有不同的优先级，所以可以用优先级当作任务的 ID。任务就绪组 OSRdyGrp 中的每一位代表一组任务中有一个或者多个任务处于就绪态。任务就绪列表与任务就绪组的关系、任务优先级与任务就绪列表的关系如图 7-10 所示。

从图 7-10 中可以看到，任务优先级的低 3 位对应任务在任务就绪列表中的位置，高 3 位对应任务的优先级分组。当任务进入就绪态时，内核将任务在就绪列表中相应字节的相应位置为 1。

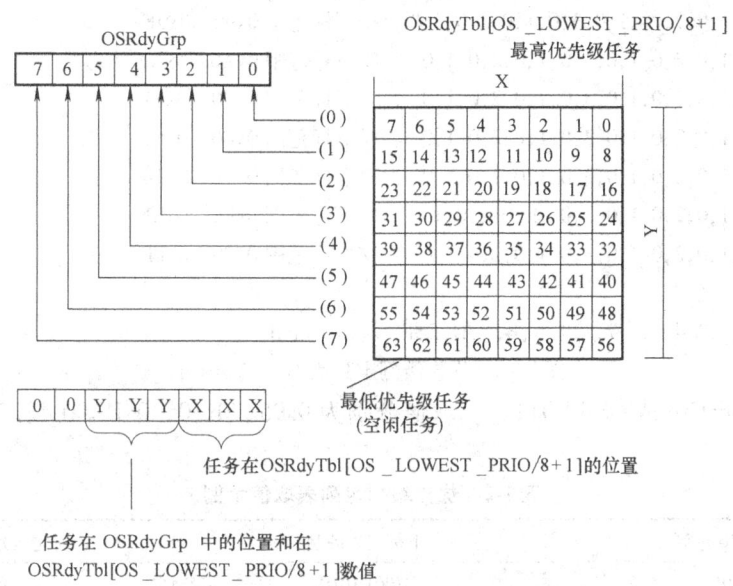

图 7-10   µC/OS-II 就绪列表

使优先级为 prio 的任务进入就绪态的代码如下所示：
　OSRdyGrp　　　　　　　　　|= OSMapTbl[prio >> 3];
　OSRdyTbl[prio >> 3] |= OSMapTbl[prio & 0x07];
将优先级为 prio 的任务从就绪列表中删除的代码如下所示：
　if((OSRdyTbl[prio >> 3]&= ~OSMapTbl[prio & 0x07]) == 0)
　　　OSRdyGrp &= ~OSMapTbl[prio >> 3];

以上代码将就绪任务列表数组 OSRdyTbl[ ] 中相应元素的相应位清零，而对于 OSRdyGrp，只有当被删除任务所在任务组中全组任务没有一个进入就绪态时，才将相应位清零。也就是说，OSRdyTbl[prio >>3] 所有的位都是零时，OSRdyGrp 的相应位才清零。

为了找到进入就绪态所有任务中优先级最高的任务，并不需要从 OSRdyTbl[0] 开始扫描整个就绪任务列表，只需要查优先级判定列表 OSUnMapTbl [256]（见图 7-11）。OSUnMapTbl[ ] 中下标为 OSRdyGrp 或 OSRdyTbl[ ] 中元素的取值，代表就绪队列中最高优先级或者最高优先级分组。

```
INT8U const OSUnMapTbl[256] = {
0,0,1,0,2,0,1,0,3,0,1,0,2,0,1,0 , //下标范围 0x00~0x0F
4,0,1,0,2,0,1,0,3,0,1,0,2,0,1,0 , //下标范围 0x10~0x1F
5,0,1,0,2,0,1,0,3,0,1,0,2,0,1,0 , //下标范围 0x20~0x2F
④,0,1,0,2,0,1,0,3,0,1,0,2,0,1,0 , //下标范围 0x30~0x3F
6,0,1,0,2,0,1,0,3,0,1,0,2,0,1,0 , //下标范围 0x40~0x4F
4,0,1,0,2,0,1,0,3,0,1,0,2,0,1,0 , //下标范围 0x50~0x5F
5,0,1,0,2,0,1,0,3,0,1,0,2,0,1,0 , //下标范围 0x60~0x6F
4,0,1,0,2,0,1,0,3,0,1,0,2,0,1,0 , //下标范围 0x70~0x7F
7,0,1,0,2,0,1,0,3,0,1,0,2,0,1,0 , //下标范围 0x80~0x8F
4,0,1,0,2,⓪,1,0,3,0,1,0,2,0,1,0 , //下标范围 0x90~0x9F
5,0,1,0,2,0,1,0,3,0,1,0,2,0,1,0 , //下标范围 0xA0~0xAF
4,0,1,0,2,0,1,0,3,0,1,0,2,0,1,0 , //下标范围 0xB0~0xBF
6,0,1,0,2,0,1,0,3,0,1,0,2,0,1,0 , //下标范围 0xC0~0xCF
4,0,1,0,2,0,1,0,3,0,1,0,2,0,1,0 , //下标范围 0xD0~0xDF
5,0,1,0,2,0,1,0,3,0,①,0,2,0,1,0 , //下标范围 0xE0~0xEF
4,0,1,0,2,0,1,0,3,0,1,0,2,0,1,0   //下标范围 0xF0~0xFF
};
0,1,2,3,4,5,6,7,8,9,A,B,C,D,E,F   //0x0~0xF
```

图 7-11 优先级判定列表 OSUnMapTbl

例如：OSRdyGrp 或 OSRdyTbl [ ] 取值分别为 0x95、0x30、0xEA 在判定列表中的取值如表 7-2 所示。

表 7-2 优先级判定列表取值示例

下标（16 进制）	下标（2 进制）	优先级判定表值
0x95	1001 0101	0
0x30	0011 0000	4
0xEA	1110 1010	1

利用 OSUnMapTbl 计算出当前就绪的最高优先级，代码如下：

y = OSUnMapTbl[OSRdyGrp];
x = OSUnMapTbl[OSRdyTbl[y]];
prio = (y << 3) + x;

由查表得到的优先级的值，就可以计算出就绪表列中的最高优先级，找到指向相应任务的 TCB。

μC/OS-Ⅱ采用的基于优先级的调度，由函数 OS_Sched ( ) 完成。

调度函数首先计算出全局变量 OSPrioHighRdy 的值，然后查找对应的 TCB OSTCBHighRdy，最后调用上下文切换函数完成任务的调度。

7.1.4 中断和时间管理

1. 中断管理

中断是一种硬件机制，用于通知 CPU 发生了外部事件，比如按钮按下、传感器检测到异常信号、通信模块接收到数据等。对实时系统来说，中断是保证系统实时操作或功能得以实现的关键。

在 CPU 检测到中断后，首先保存正在运行任务的上下文，然后转入中断服务程序，中断服务运行完成后返回到被中断的任务。

在操作系统中，代码的临界段（Critical Section）是指一段必须连续执行的代码，临界段代码在开始执行后就不允许被中断。因此，在进入临界段时必须进行关中断的操作，在离开临界段时必须及时开中断。通常每种 CPU 都会提供通过汇编指令来开、关中断。

为了增强可移植性，μC/OS-Ⅱ通过两个宏定义来实现开、关中断：

define OS_ENTER_CRITICAL( ) disable_int( ) //关中断
define OS_EXIT_CRITICAL( ) enable_int( ) //关中断

在执行完中断服务程序后，需要调用 OSIntExit( )，用于判断是否有新的优先级更高的任务因中断服务程序的运行而进入就绪态。如果有，就切换到高优先级的任务，否则就对 CPU 进行出栈，返回被中断的任务继续执行。

OSIntExit( )通过调用 OSIntCtxSw( )在中断服务程序中进行任务的切换。由于是在中断服务程序中调用，所有寄存器的值都在进入中断服务程序时被保存。OSIntCtxSw( )的代码必须用汇编语言编写。如果编译器支持插入汇编语言代码，可以将 OSIntCtxSw( )代码放在 OS_CPU_C.C 中，否则就要放在 OS_CPU_A.ASM 中。

OSIntCtxSw( )代码大部分与 OSCtxSw 函数是一样的，只是不需要首先保存寄存器的值。

在 OSIntCtxSw( )中，首先执行用户定义的 OSTaskSwHook( )，然后将优先级最高就绪任务的 TCB 赋给当前 TCB，得到该任务的堆栈指针，并从中恢复寄存器值，实现中断退出时任务的切换。

2. 时间管理

实时系统中，时钟的作用非常重要。通过时钟可以查询当前时间，定时完成各项工作，将系统功能与时间对应起来。嵌入式系统有实时时钟和定时器两种时钟源。实时时钟靠电池供电，即使系统断电也能维持时间和日期，数据包含秒、分、时、日、月、年等内容。由于实时时钟独立于操作系统，也称为硬件时钟。此外，实时内核需要一个定时器作为系统时钟。在不同的操作系统中，实时时钟与系统时钟的关系是不同的。实时时钟与系统时钟间的关系称为操作系统的时钟运行机制。通常，实时时钟是系统时钟的基准，实时内核通过读取实时时钟来初始化系统时钟，此后两者保持同步。系统时钟只有系统运行起来后才有效，因此并不是本质意义上的时钟。

与大部分内核一样，μC/OS-Ⅱ要求提供定时中断，以实现延时与超时控制等功能。这个定时中断也可以被叫作时钟节拍。系统的延时操作就是通过在时钟的中断服务子程序（ISR）中调用时钟节拍函数 OSTimeTick( )来实现的。时钟节拍函数的作用是用于通知 μC/OS-Ⅱ发生了时钟节拍中断。

系统时钟是由定时器的输出脉冲触发中断而产生的，输出脉冲的周期对应于系统时钟周期（Tick）。一个 Tick 对应的时间长短可以通过初始化定时器来设定，可以 5ms 产生一个 Tick，也可以 10ms 产生一个 Tick。

操作系统需要精确的周期性信号源，μC/OS-Ⅱ的时钟频率为 10～100Hz。时钟节拍的频率取决于应用程序的精度。时钟节拍在开启多任务后开始计数。

任务在等待事件发生的时候，如果等待超过了设定的时延，那么就被转入就绪态。μC/OS-Ⅱ内核在时钟定时器中断服务子程序中调用OSTimeTick()，跟踪所有任务的时延计数器，判断任务是否等待超时。时钟节拍中断服务子程序的示意代码如下：

```
void OSTickISR(void)
{
    保存处理器寄存器的值；
    调用 OSIntEnter()或是将 OSIntNesting 加1；
    调用 OSTimeTick()；
    调用 OSIntExit()；
    恢复处理器寄存器的值；
    执行中断返回指令；
}
```

OSTimtick()调用用户定义的时钟节拍钩子函数OSTimTickHook()，这个钩子函数扩展时钟节拍函数OSTimtick()。

```
void OSTimeTick (void)
{
    OS_TCB  *ptcb;
    OSTimeTickHook();
    ptcb = OSCBList;
    while (ptcb->OSTCBPrio != OS_IDLE_PRIO) {
        OS_ENTER_CRITICAL();
        if (ptcb->OSTCBDly != 0) {
            if (--ptcb->OSTCBDly ==0) {
                if (!(ptcb->OSTCBStat & OS_STAT_SUSPEND)) {
                    OSRdyGrp |= ptcb->OSTCBBitY;
                    OSRdyTbl[ptcb->OSTCBY] |= ptcb->OSTCBBitX;
                } else {
                    ptcb->OSTCBDly = 1;
                }
            }
        }
        ptcb = ptcb->OSTCBNext;
        OS_EXIT_CRITICAL();
    }
    OS_ENTER_CRITICAL();
    OSTime ++;
    OS_EXIT_CRITICAL();
}
```

OSTimTick()从OSCBList开始，沿着OS_TCB链表为每个OS_TCB中的时间延时项

OSTCBDly 减 1。如果某 TCB 的时间延时项 OSTCBDly 减到了 0，就将这个任务转入就绪态，而确切被任务挂起函数 OSTaskSuspend() 挂起的任务则不会进入就绪态。OSTimTick() 的执行时间直接与应用程序中建立了多少个任务成正比。

μC/OS-Ⅱ 与时钟节拍有关的系统服务：OSTimeDly()、OSTimeDlyHMSM()、OSTimeDlyResume()、OSTimeGet()、OSTimeSet()。下面再介绍几个可以处理时间问题的函数。

(1) 延时函数

void OSTimeDly (INT16U ticks)

任务延时函数 OSTimeDly() 将任务延迟一段时间，这段时间的长短以时钟节拍为单位，调用该函数会使 μC/OS-Ⅱ 进行一次任务调度，并且执行下一个优先级最高的就绪态任务。任务调用 OSTimeDly() 后，一旦规定的时间期满或者有其他任务通过调用 OSTimeDlyResume() 取消了延时，它就会立即进入就绪态。只有当该任务在所有就绪任务中具有最高的优先级时，它才会立即运行。

程序清单如下：

```
void OSTimeDly (INT16U ticks)
{
    if (ticks > 0) {
        OS_ENTER_CRITICAL();
        if (((OSRdyTbl[OSTCBCur->OSTCBY] &=
~OSTCBCur->OSTCBBitX) == 0) {
            OSRdyGrp &= ~OSTCBCur->OSTCBBitY;
        }
        OSTCBCur->OSTCBDly = ticks;
        OS_EXIT_CRITICAL();
        OSSched();
    }
}
```

函数首先将任务从就绪列表中删除，然后将 TCB 的属性 OSTCBDly 赋值为函数的参数 ticks。OSTimeTick() 每隔一个时钟节拍就会为 OSTCBDly 减 1，直到为 0（延时期满）。调用该函数会使 μC/OS-Ⅱ 进行一次任务调度，并且执行下一个优先级最高的就绪态任务。

(2) 按时、分、秒、毫秒延时函数 OSTimeDlyHMSM()

OSTimeDly() 是一个非常有用的函数，但用户的应用程序需要知道延时时间所对应的时钟节拍的数目。增加了函数 OSTimeDlyHMSM() 后，就可按时、分、秒和毫秒来定义时间了，这样会显得更加方便。与 OSTimeDly() 一样，调用 OSTimeDlyHMSM() 也会使 μC/OS-Ⅱ 进行一次任务调度，并且执行下一个优先级最高的就绪态任务。任务调用 OSTimeDlyHMSM() 后，一旦规定的时间期满或有其他任务通过调用 OSTimeDlyResume() 取消了延时，它就会立即处于就绪态。同样，只有当该任务在所有就绪态任务中具有最高的优先级时，它才会立即运行。

(3) 恢复延时的任务函数 OSTimeDlyResume()

μC/OS-Ⅱ 具有允许结束正处于延时期的任务的功能。具体方法是调用 OSTimeDlyResume

( )和指定要恢复的任务的优先级,这样延时的任务就可以不用等待延时期满,而是通过其他任务取消延时来使自己处于就绪态。实际上,OSTimeDlyResume( )也可唤醒正在等待事件的任务。

(4) 系统时间函数 OSTimeGet( )和 OSTimeSet( )

无论时钟节拍何时发生,µC/OS-Ⅱ都会将一个 32 位的计数器加 1。这个计数器在调用 OSStart( )初始化多任务和 4294967295 个节拍执行完一遍后,从 0 开始计数。在时钟节拍频率等于 100Hz 时,这个 32 位的计数器每隔 497 天就重新开始计数。在任务执行的过程中,可以通过调用 OSTimeGet( )来获得该计数器的当前值,也可以通过调用 OSTimeSet( )来改变该计数器的当前值。

7.2 µC/OS-Ⅱ应用程序举例

在多任务操作系统中,任务之间的通信通常是通过发送消息来实现的。邮箱是 µC/OS-Ⅱ操作系统的一种通信机制,它可以使一个任务或者中断服务程序向另一个任务发送以指针方式定义的变量。

本节将采用两个任务来管理通过使用消息队列接收键盘任务发出的按键消息和读取 A/D 转换器的值通过串口发送到 PC 终端上,一个任务监视 A/D 转换,一个任务响应键盘输入。在创建任务之前,必须对任务的函数名、堆栈空间大小和优先级进行定义。

```
#define   STACKSIZE    50
#define   Key_Scan_Prio    12
#define   ADC_Prio    20
OS_STK ADC_Stack[STACKSIZE*8]={0,};        //ADC_Task 堆栈
OS_STK Key_Scan_Stack[STACKSIZE*8]={0,};   //Key_Task 堆栈
void Key_Scan_Task(void *Id);              //Key_Task
void ADC_Task(void *Id);                   //ADC_Task
```

在该工程中,键盘的响应是通过键盘中断服务程序向键盘邮箱中发送一个消息,通知键盘扫描任务发生按键事件,因此在使用邮箱之前必须先创建邮箱。

```
void ISR_Key ( )
{
OSMboxPost (Key_MailBox,(void*) 1);
}
```

当键盘扫描任务等到该邮箱的消息后就会从键盘扫描芯片读取扫描码,继而将该扫描码对应的键码用键盘消息发送到消息队列:

```
char * KeyTable[ ] = {"NumLock","/"," * ","-","7","8","9"," +","4","5",
"6","1","2",\ "3","Enter","0","."};
void Key_Scan_Task(void * Id)   //键盘扫描任务
{
    U32 key;
    INT8U err;
```

```
    void * Key_MailBox = NULL;
    OSMboxCreate(Key_MailBox);
    for(;;){
        OSMboxPend(Key_MailBox, 0, &err);
        key = ZLG7289_ReadKey();
        Uart_Printf("Key_Value = %d\n", ,KeyTable[key]);
    }
}
```

A/D 转换器扫描程序是在规定周期内读取 A/D 转换器值,并通过串口发送到 PC 终端。程序代码如下:

```
void ADC_Task(void * Id)          //ADC_Task
{   int i;
    int ADC[8];
    for(;;)
    {
        for(i = 0;i < 7;i + +){
            result_AD[i] = Get_ADresult(i) * 33/1024;
            Uart_Printf("result_AD%d", i);
            Uart_Printf(" = %d\n",result_AD0);
            OSTimeDly(100);
        }
    }
}
```

主函数负责硬件平台初始化、操作系统初始化、创建任务、初始化时钟及启动操作系统等操作。键盘扫描程序和 A/D 转换程序见第 5 章。主函数程序代码如下:

```
void main(void)
{
        ARMTargetInit();    //开发板初始化
        OSInit();           //操作系统初始化
        OSTaskCreate(Key_Scan_Task,(void *)0,(OS_STK *)&\
        Key_Scan_Stack[STACKSIZE*8-1],Key_Scan_Prio);  // 创建键盘任务
        OSTaskCreate(ADC_Task,(void *)0,(OS_STK *)&ADC_Stack[STACKSIZE-1],
                                    ADC_Prio);
                // 创建 A/D 转换任务
        InitRtc();//初始化系统时钟
        OSStart();//操作系统任务调度开始
        return 0;
}
```

系统启动后首先运行 Key_Scan_Task,该任务等待键盘中断发送的消息,如果邮箱没有

消息，则任务切换至等待状态；如果有，则取得键值通过串口发送给 PC。当 Key_Scan_Task 处于等待状态时，调度器检查 ADC_Task 是否处于就绪态，如果处于就绪态则将该任务切换至运行态运行；如果没有，则运行空闲任务。当 ADC_Task 读取所有 A/D 转换器通道值后，调用 OSTimeDly 进行延时，任务切换至等待状态。如果此时两个任务都处于等待状态，则运行空闲任务。当键盘中断产生时，向邮箱发送一个消息，该消息触发任务 Key_Scan_Task 从等待状态进入就绪态，由于其优先级高于 ADC_Task，只要它进入就绪态就抢占运行。

7.3 µC/OS-Ⅱ 在 S3C44B0X 上的移植

本章针对 µC/OS-Ⅱ 的移植方法进行讲解，重点分析了 µC/OS-Ⅱ 操作系统移植需要编写的代码和注意事项，并对 µC/OS-Ⅱ 在 S3C44B0X 的移植进行了详细介绍。本章可以为 µC/OS-Ⅱ 在其他处理器上的移植提供很好的参考。

7.3.1 µC/OS-Ⅱ 移植的基础知识

操作系统移植指的是一个操作系统（或实时内核）代码经过一定修改使其能在特定的处理器平台上运行。移植 µC/OS-Ⅱ 对目标处理器是有一定的要求的。µC/OS-Ⅱ 在设计时已经充分考虑了可移植性，大部分的 µC/OS-Ⅱ 代码是用 C 语言编写的，但仍需要用 C 和汇编语言写一些与处理器相关的代码，这是因为 µC/OS-Ⅱ 在读写处理器寄存器时只能通过汇编语言来实现。

1. 移植条件

要使 µC/OS-Ⅱ 可以正常工作，处理器必须满足以下要求：

1）处理器的 C 编译器能产生可重入代码。

2）在程序中用 C 语言可以打开或者关闭中断。在 µC/OS-Ⅱ 中，可以通过 OS_ENTER_CRITICAL () 或者 OS_EXIT_CRITICAL () 来控制系统关闭或者打开中断。这需要处理器的支持。

3）处理器支持中断，并且能产生定时中断（通常在 10 ~ 100Hz 之间）。µC/OS-Ⅱ 是通过处理器产生的定时器的中断来实现多任务之间的调度的。

4）处理器支持能够容纳一定量数据（可能是几千字节）的硬件堆栈。

5）处理器有将堆栈指针和其他 CPU 寄存器存储和读出到堆栈（或者内存）的指令。µC/OS-Ⅱ 进行任务调度的时候，会把当前任务的 CPU 寄存器存放到此任务的堆栈中，然后，再从另一个任务的堆栈中恢复原来的工作寄存器，继续运行另一个任务。所以，寄存器的入栈和出栈是 µC/OS-Ⅱ 多任务调度的基础。

2. 开发工具

移植 µC/OS-Ⅱ 需要一个 C 编译器，并且是针对用户用的 CPU 的。因为 µC/OS-Ⅱ 是一个可剥夺型内核，用户只有通过 C 编译器来产生可重入代码；C 编译器还要支持汇编语言程序。绝大部分的 C 编译器都是为嵌入式系统设计的，它包括汇编器、连接器和定位器。连接器用来将不同的模块（编译过和汇编过的文件）连接成目标文件。定位器则允许用户将代码和数据放置在目标处理器的指定内存映射空间中。

3. 移植文件分析

基于 μC/OS-Ⅱ 操作系统的软件层主要分为 4 个部分：实时操作系统内核、与处理器相关的部分、与应用相关的部分和用户的应用程序，如图 7-12 所示。

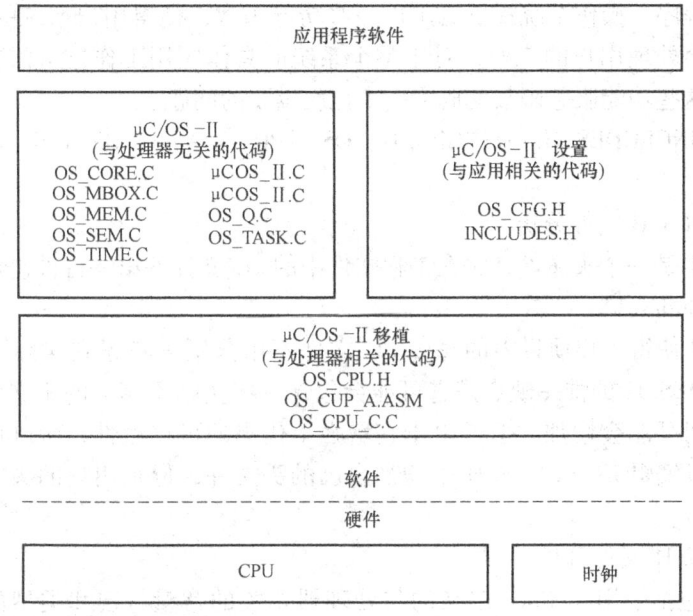

图 7-12　μC/OS-Ⅱ 的文件构架

- 与处理器无关的代码

与处理器无关的代码主要包括操作系统内核、任务管理、邮箱、消息队列、信号量、存储管理及时间管理等相关的代码。在操作系统移植时，这些代码不需要改变，开发者根据自己应用系统的需要来配置实时操作系统，开发者不能对内核随意访问，只能使用内核提供的功能服务来开发自己的应用系统。

- 与处理器相关的代码

与处理器相关的代码是操作系统移植中最关键的部分。内核将应用系统和底层硬件有机结合成一个实时系统，要使同一个内核能适用于不同的硬件体系，就需要在内核和硬件之间有一个中间层，这就是与处理器相关的代码。处理器不同，这部分代码也不同。

在操作系统移植时需要用户处理这部分代码，可以自己编写，也可以直接参照已经修改成功的代码。

在 μC/OS-Ⅱ 中，这一部分代码分成 3 个文件：OS_CPU.H、OS_CPU_A.ASM、OS_CPU_C.C。

- 与应用相关的代码

与应用相关的代码部分允许用户根据自己的应用系统来定制合适的内核服务功能，它包括两个文件：OS_CFG.H、INCLUDES.H。

OS_CFG.H 是用来配置内核的，用户根据需要对内核进行定制，留下需要的部分，去掉不需要的部分，并设置系统的基本情况，比如系统可提供的最大任务数量、是否定制邮箱服务、是否需要系统提供任务挂起功能、是否提供任务优先级动态改变功能等。

INCLUDES.H 是系统头文件，也是整个实时系统程序所需要的文件，包括了内核和用户的头文件。

- 用户应用软件

用户应用软件是整个实时系统的最高层,用户可以通过利用实时操作系统提供的服务来开发自己的具体程序。操作系统提供给用户一些功能函数,使得用户系统的建立更加方便,但是内核内部不会处理用户的工作,对于整个系统的具体应用工作还得需要用户自己去考虑,如何利用好这些功能服务函数就成为一个比较重要的问题。

下面分别对 INCLUDES. H、OS_CPU. H、OS_CPU_A. ASM、OS_CPU_C. C 4 个文件进行分析说明。

（1）INCLUDES. H 文件分析

INCLUDES. H 是一个头文件,它在工程文件中的 . C 文件的第一行被包含,代码如下:
#include "includes. h"

INCLUDES. H 使得用户项目中的每个 . C 文件不用分别去考虑它实际上需要哪些头文件。使用 INCLUDES. H 的惟一缺点是它可能会包含一些实际不相关的头文件,这意味着每个文件的编译时间可能会增加。但是由于它增强了代码的可移植性,所以还是使用这一方法。用户可以通过编辑 INCLUDES. H 来增加自己的头文件,但是用户的头文件必须添加在头文件列表的最后。

（2）OS_CPU. H 文件分析

OS_CPU. H 包括了用#defines 定义的与处理器相关的常量、宏和类型的定义,具体来讲,有系统数据类型的定义、堆栈增长方向的定义、关中断和开中断的定义、系统软中断的定义等。

- 与编译器相关的数据类型

因为不同的微处理器有不同的字长,所以 μC/OS-Ⅱ 的移植包括了一系列的类型定义以确保其可移植性。μC/OS-Ⅱ 代码从不使用 C 语言的 short、int 和 long 等数据类型,因为它们是与编译器相关的,不可移植。相反的,本操作系统作者定义的整型数据结构既是可移植的又是直观的。

例如,INT16U 数据类型总是代表 16 位的无符号整数。现在,μC/OS-Ⅱ 和用户的应用程序就可以估计出声明为该数据类型的变量的数值范围是 0 ~ 65535。将 μC/OS-Ⅱ 移植到 32 位的处理器上,也就意味着 INT16U 实际被声明为无符号短整型数据结构,而不是无符号整型数据结构。但是,μC/OS-Ⅱ 所处理的仍然是 INT16U 数据类型。用户必须将任务堆栈的数据类型告诉给 μC/OS-Ⅱ,这个过程是通过为 OS_STK 声明正确的 C 代码数据类型来完成的。如果用户的处理器上的堆栈成员是 32 位的,并且用户的编译文件指定整型为 32 位数,那么就应该将 OS_STK 声明为无符号整型数据类型。所有的任务堆栈都必须用 OS_STK 来声明数据类型。用户所必须要做的就是查看编译器手册,并找到对应于 μC/OS-Ⅱ 的标准 C 代码数据类型。

- 关中断和开中断

与所有的实时内核一样,μC/OS-Ⅱ 需要先禁止中断再访问代码的临界段,并且在访问完毕后重新允许中断。这就使得 μC/OS-Ⅱ 能够保护临界段代码免受多任务或中断服务例程(ISRs)的破坏。中断延迟时间是商业实时内核公司提供的重要指标之一,因为它将影响到用户的系统对实时事件的响应能力。虽然 μC/OS-Ⅱ 尽量使中断禁止时间达到最短,但是

μC/OS-Ⅱ的中断禁止时间还主要依赖于处理器结构和编译器产生的代码的质量。通常每个处理器都会提供一定的指令来禁止/允许中断,因此用户的 C 编译器必须要有一定的机制来直接从 C 代码中执行这些操作。有些编译器能够允许用户在 C 源代码中插入汇编语言声明。这样就使得插入处理器指令来允许和禁止中断变得很容易了。其他一些编译器实际上包括了语言扩展功能,可以直接从 C 代码中允许和禁止中断。为了隐藏编译器厂商提供的具体实现方法,μC/OS-Ⅱ定义了两个宏来禁止和允许中断:OS_ENTER_CRITICAL () 和 OS_EXIT_CRITICAL ()。

- 堆栈的生长方式

绝大多数的微处理器和微控制器的堆栈是从上往下长的,但是某些处理器是用另外一种方式工作的。μC/OS-Ⅱ被设计成两种情况都可以处理,只要用结构常量 OS_STK_GROWTH 来指定堆栈的生长方式就可以了。置 OS_STK_GROWTH 为 0,表示堆栈从下往上长;置 OS_STK_GROWTH 为 1,表示堆栈从上往下长。

- 任务切换

OS_TASK_SW () 是一个宏,它是在 μC/OS-Ⅱ 从低优先级任务切换到最高优先级任务时被调用的。OS_TASK_SW () 总是在任务级代码中被调用。另一个函数 OSIntExit () 被用来在中断服务程序使得更高优先级任务处于就绪态时执行任务切换功能。任务切换只是简单地将处理器寄存器保存到将被挂起的任务的堆栈中,并且将更高优先级的任务从堆栈中恢复出来。

在 μC/OS-Ⅱ 中,处于就绪态的任务的堆栈结构看起来就像刚发生过中断并将所有的寄存器保存到堆栈中的情形一样。换句话说,μC/OS-Ⅱ 要运行处于就绪态的任务必须要做的事就是将所有处理器寄存器从任务堆栈中恢复出来,并且执行中断的返回。为了切换任务,可以通过执行 OS_TASK_SW () 来产生中断。大部分的处理器会提供软中断或是陷阱 (Trap) 指令来完成这个功能。中断服务程序或是陷阱处理函数 (也叫做异常处理函数) 的向量地址必须指向汇编语言函数 OSCtxSw ()。

(3) OS_CPU_A. ASM 文件分析

μC/OS-Ⅱ的移植实例要求用户必须编写四个简单的汇编语言函数:OSStartHighRdy ()、OSCtxSw ()、OSIntCtxSw ()、OSTickISR ()。这部分需要对处理器的寄存器进行操作,所以必须用汇编语言来编写。如果用户的编译器支持插入汇编语言代码的话,用户就可以将所有与处理器相关的代码放到 OS_CPU_C. C 文件中,而不必再拥有一些分散的汇编语言文件。

- OSStartHighRdy ()

在操作系统启动时,使就绪态的任务开始运行的函数叫作 OSStart ()。在用户调用 OSStart () 之前,用户必须至少已经建立了一个自己的任务。OSStartHighRdy () 假设 OSTCBHighRdy 指向的是优先级最高的任务的 TCB。前面曾提到过,在 μC/OS-Ⅱ 中处于就绪态的任务的堆栈结构看起来就像刚发生过中断并将所有的寄存器保存到堆栈中的情形一样。要想运行最高优先级任务,用户所要做的是将所有处理器寄存器按顺序从任务堆栈中恢复出来,并且执行中断返回。为了简单一点,堆栈指针总是储存在 TCB (即它的 OS_TCB) 的开头。换句话说也就是,想要恢复的任务的堆栈指针总是储存在 OS_TCB 的 0 偏址内存单元中。OSStartHighRdy () 在多任务系统启动函数 OSStart () 中调用,完成的功能是:设置系统运行标志位 OSRunning = TRUE；将就绪列表中最高优先级任务的堆栈指针装载到 SP（堆栈指针寄存器）中，并强制中断返回。这样，就绪的最高优先级任务就如同从中断里返回到运行态一样，使得整个系统得以运转。

下面是这个函数的原型：
void OSStartHighRdy（void）
{
  调用用户定义的 OSTaskSwHook（）；
  获得将要运行任务的堆栈指针；
  Stack pointer = OSTCBHighRdy - > OSTCBStkPtr；
  OSRunning = TRUE；
  从堆栈中恢复任务的所有寄存器值；
  执行中断返回指令；
}

- OSCtxSw( )

OSCtxSw( ) 在任务级任务切换函数中调用。任务级切换是通过软件中断或者陷阱人为制造中断来实现的。中断服务程序的向量地址必须指向 OSCtxSw( )。这一中断完成的功能：保存任务的环境变量（主要是寄存器的值，通过入栈来实现），将当前 SP（堆栈指针）存入任务的 TCB 中，载入就绪最高优先级任务的 SP，恢复就绪最高优先级任务的环境变量，中断返回。这样就完成了任务级切换。

下面是 OSCtxSw（）的函数原型：
void OSCtxSw（void）
{
  保存处理器寄存器；
  将当前任务的堆栈指针保存到当前任务的 OS_TCB 中：
  OSTCBCur - > OSTCBStkPtr = Stack pointer；
  调用用户定义的 OSTaskSwHook（）；
  OSTCBCur = OSTCBHighRdy；
  OSPrioCur = OSPrioHighRdy；
  得到需要恢复的任务的堆栈指针：
  Stack pointer = OSTCBHighRdy - > OSTCBStkPtr；
  将所有处理器寄存器从新任务的堆栈中恢复出来；
  执行中断返回指令；
}

任务级的切换问题是通过发软件中断命令或依靠处理器执行陷阱指令来完成的。中断服务例程、陷阱或异常处理例程的向量地址必须指向 OSCtxSw( )。如果当前任务调用 μC/OS-Ⅱ 提供的系统服务，并使得更高优先级任务处于就绪态，μC/OS-Ⅱ 就会借助上面提到的向量地址找到 OSCtxSw( )。在系统服务调用的最后，μC/OS-Ⅱ 会调用 OSSched( )，并由此来推断当前任务不再是要运行的最重要的任务了。OSSched( ) 先将最高优先级任务的地址装载到 OSTCBHighRdy 中，再通过调用 OS_TASK_SW( ) 来执行软件中断或陷阱指令。注意：变量 OSTCBCur 早就包含了指向当前任务的 TCB（OS_TCB）的指针。软件中断（或陷阱）指令会强制一些处理器寄存器（比如返回地址和处理器状态字）到当前任务的堆栈中，并使处理器执行 OSCtxSw( )。OSCtxSw( )的代码必须写在汇编语言中，因为用户不能直接从 C 语言中访问 CPU 寄存器。

- OSIntCtxSw（ ）

OSIntCtxSw( )在退出中断服务函数 OSIntExit( )中调用，实现中断级任务切换。由于是在中断里调用，所以处理器的寄存器入栈工作已经做完，但进入中断时的堆栈保护寄存器的个数和任务级任务切换时的入栈寄存器个数不相等，因此需要调整堆栈指针，然后保存当前任务 SP，载入就绪最高优先级任务的 SP，恢复就绪最高优先级任务的环境变量，中断返回。这样就完成了中断级任务切换。

下面是 OSIntCtxSw( )函数的原型：
 void OSIntCtxSw（void）
 {
  调整堆栈指针来去掉在调用 OSIntExit( )和 OSIntCtxSw( )过程中压入堆栈的多余内容；
  将当前任务堆栈指针保存到当前任务的 OS_TCB 中；
  OSTCBCur- > OSTCBStkPtr ＝ 堆栈指针；
  调用用户定义的 OSTaskSwHook（ ）；
  OSTCBCur = OSTCBHighRdy；
  OSPrioCur = OSPrioHighRdy；
  得到需要恢复的任务的堆栈指针；
  堆栈指针 = OSTCBHighRdy- > OSTCBStkPtr；
  将所有处理器寄存器从新任务的堆栈中恢复出来；
  执行中断返回指令；
 }

OSIntExit( )通过调用 OSIntCtxSw( )来从中断服务程序中执行切换功能。因为 OSIntCtxSw( )是在中断服务程序中被调用的，所以可以断定所有的处理器寄存器都被正确地保存到了被中断任务的堆栈之中。根据 OS_ENTER_CRITICAL( )的不同执行过程，处理器的状态寄存器会被保存到被中断任务的堆栈中。图 7-13 所示是在中断服务程序执行过程中的堆栈内容。

- OSTickISR（ ）

OSTickISR( )即系统时钟节拍中断服务函数，它是一个周期性中断，为内核提供时钟节拍。因为 μC/OS-Ⅱ 要求用户提供一个时钟资源来实现时间的延时和期满功能，时

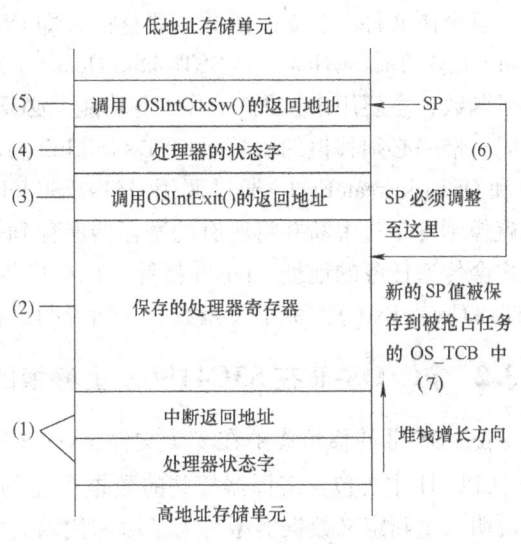

图 7-13 在中断服务程序执行过程中的堆栈内容

钟节拍应该每秒发生 10～100 次，为了完成该任务，可以使用硬件时钟，也可以从交流电中获得 50Hz/60Hz 的时钟频率，频率越高系统负荷越重。其周期的大小决定了内核所能给应用系统提供的最小时间间隔服务，一般只限于 ms 级（跟 MCU 有关），对于要求更加苛刻的任务需要用户自己建立中断来解决。该函数的具体内容：保存寄存器（如果硬件自动完成就可以省略），调用 OSIntEnter()，调用 OSTimeTick()，调用 OSIntExit()，恢复寄存器，中断返回。用户必须在开始多任务调度后（即调用 OSStart()后）允许时钟节拍中断。换句话说，就是用户应该在 OSStart()运行后，μC/OS-Ⅱ启动运行的第一个任务中初始化节拍中断。通常所犯的错误是在调用 OSInit()和 OSStart()之间允许时钟节拍中断，有可能在 μC/OS-Ⅱ开始执行第一个任务前时钟节拍中断就发生了。在这种情况下，μC/OS-Ⅱ的运行状态不确定，用户的应用程序也可能会崩溃。

时钟节拍中断服务程序的程序代码必须写在汇编语言中，因为用户不能直接从 C 语言中访问 CPU 寄存器。如果用户的处理器可以通过单条指令来增加 OSIntNesting，那么用户就没必要调用 OSIntEnter()了。增加 OSIntNesting 要比通过函数调用和返回快得多。OSIntEnter()只增加 OSIntNesting，并且作为临界段代码受到保护。

下面是时钟节拍中断服务程序的原型：
void OSTickISR (void)
{
　　保存处理器寄存器；
　　调用 OSIntEnter () 或者直接将 OSIntNesting 加 1；
　　调用 OSTimedTick ()；
　　调用 OSIntExit ()；
　　恢复处理器寄存器；
　　执行中断返回指令；
}

(4) OS_CPU_C.C 文件分析

这个源文件中有 6 个函数需要移植，即 OSTaskStkInit()、OSTaskCreatHook()、OSTaskDelHook()、OATaskSwHook()、OSTaskStatHook()和 OSTASKTickHook()。后面 5 个函数又称为钩子函数，主要用来扩展 μC/OS-Ⅱ功能。必须声明，这 5 个钩子函数并不一定要包含任何代码。惟一必须移植的函数是 OSTaskStkInit()。该函数在任务创建时被调用，OSTaskCreate()和 OSTaskCreateExt()通过调用 OSTaskStkInt()来初始化任务的堆栈结构，因此堆栈看起来就像刚发生过中断并将所有的寄存器保存到堆栈中的情形一样。在用户建立任务的时候，用户会传递任务的地址、pdata 指针、任务的堆栈栈顶和任务的优先级给 OSTaskCreate()和 OSTaskCreateExt()。关于该函数的详细说明请参考 7.1.1 任务管理一节。

7.3.2　μC/OS-Ⅱ在 S3C44B0X 上移植的实现

μC/OS-Ⅱ的移植集中在 3 个文件：OS_CPU.H、OS_CPU_A.S、OS_CPU_C.C。其中，OS_CPU.H 主要包含编译器相关的数据类型的定义、堆栈类型的定义以及几个宏定义和函数说明。重新定义数据类型是为了增加代码的可移植性，因为不同编译器所提供的同一数据类型的数据长度并不相同。所以，为了便于移植，需重新定义数据类型，如 INT32U 代表无符号 32 位整型。OS_CPU_C.C 中则包含与移植有关的函数，包括堆栈初始化函数和一些钩子（Hook）函数。OS_CPU_A.S 则包含与移植有关的汇编函数，包括开/关中断、上下文切换、时钟节拍中断服务程序等。

1. 与编译器相关的数据类型

虽然 μC/OS-Ⅱ 不使用浮点数据，但可能应用程序需要用到浮点运算，因此还是需要定义浮点数据类型。例如，INT16U 总是代表 16 位的无符号整数。现在，μC/OS-Ⅱ 和用户的应用程序就可以估计出声明为该数据类型变量的取值范围是 0~65535。将 μC/OS-Ⅱ 移植到 32 位的处理器上也就意味着 INT16U 实际被声明为无符号短整型数据类型，而不是无符号整数。但是，μC/OS-Ⅱ 所处理的仍然是 INT16U。

用户必须将任务堆栈的数据类型告诉给 μC/OS-Ⅱ。这个过程是通过为 OS_STK 声明正确的 C 语言数据类型来完成的。S3C44B0X 处理器上的堆栈单元是 16 位的，所以将 OS_STK 声明为无符号整形数据类型。所有的任务堆栈都必须用 OS_STK 声明数据类型。

```
typedef unsigned char BOOLEAN;
typedef unsigned char INT8U;
typedef signed char INT8S;
typedef unsigned int INT16U;
typedef signed int INT16S;
typedef unsigned long INT32U;
typedef signed long INT32S;
typedef float FP32;
typedef double FP64;
typedef unsigned int OS_STK;
typedef unsigned int OS_CPU_SR;
```

2. 开/关中断函数

与所有的实时内核一样，μC/OS-Ⅱ 需要先禁止中断再访问代码的临界区，并且在访问完毕后重新允许中断。这就使得 μC/OS-Ⅱ 能够保护临界区代码免受多任务或中断服务程序的破坏。在 S3C44B0X 上是通过两个函数（在 OS_CPU_A.S 文件中）实现开/关中断的。

```
extern int INTS_OFF (void);
extern void INTS_ON (void);
INTS_OFF
    mrs r0, cpsr ;   //获得当前 CPSR 的值
    orr r0, r0, #0xC0 ;   //屏蔽中断位
    msr CPSR, r0 ;   //关中断（IRQ 和 FIQ）
    mov pc, lr ;   //返回
INTS_ON
    mrs r0, cpsr ;   //获得当前 CPSR 的值
    bic r0, r0, #0xC0 ;
    msr CPSR, r0 ;   //开中断（IRQ 和 FIQ）
    mov pc, lr ;   //返回
```

μC/OS-Ⅱ提供了两个宏定义：OS_ENTER_CRITICAL( )和OS_EXIT_CRITICAL( )，用来开/关中断。这两个宏定义有三种实现方法，最简单的方法是仅用关中断指令实现OS_ENTER_CRITICAL( )，仅用开中断指令实现宏OS_EXIT_CRITICAL( )。

```
extern int INTS_OFF (void);
extern void INTS_ON (void);
#define OS_ENTER_CRITICAL ()    {INTS_OFF ();}
#define OS_EXIT_CRITICAL ()     {INTS_ON ();}
```

这种方法可以减少中断延迟时间，但它可能存在问题：如果程序在调用OS_ENTER_CRITICAL( )之前，中断已经被禁止，那么在OS_EXIT_CRITICAL( )之后，中断就被允许了，这可能导致程序错误。

为解决上述问题，实现方法为：实现OS_ENTER_CRITICAL( )时，先将当前程序中断状态保存到堆栈，然后关中断，而宏OS_EXIT_CRITICAL( )的实现只需将堆栈中的中断状态恢复。

OS_ENTER_CRITICAL( )的汇编程序如下：

```
STMFD    sp!, {r0};    //保存中间寄存器r0的值cpsr
MRS      r0, cpsr
ORR      r0, r0, #NoInt;  //设置中断屏蔽位屏蔽中断
MSR      cpsr_scxf, r0
LDMFD    sp!, {r0};    //恢复中间寄存器r0的值
MOV      PC, LR;       //返回
```

在OS_EXIT_CRITICAL( )中清除中断屏蔽位，其余的程序与上面都相同。

上述方法虽不会破坏原来程序的中断状态，但每次都会增加保存中断状态的时间负担，会影响到系统的实时性。下面的第三种方法会解决上述问题。在cpu_sr中存储中断状态，cpu_sr在所有需要关中断的地方都会被分配空间，再次禁止中断时要从cpu_sr复制回CPU状态寄存器。

```
extern int INTS_OFF (void);
extern void INTS_ON (void);
#define OS_ENTER_CRITICAL () {cpu_sr = INTS_OFF ();}
#define OS_EXIT_CRITICAL () {if (cpu_sr == 0) INTS_ON ();}
```

3. 堆栈增长方向设置

绝大多数的微处理器和微控制器的堆栈是从上往下长的，但是某些处理器是用另外一种方式工作的。μC/OS-Ⅱ被设计成两种情况都可以处理，只要在cfg.h中设置结构常量OS_STK_GROWTH指定堆栈的生长方式即可。

1) 置OS_STK_GROWTH为0，表示堆栈从下往上长。
2) 置OS_STK_GROWTH为1，表示堆栈从上往下长。

在ARM处理器中，堆栈的增长方向是从高地址向低地址增长，因此可设置如下：
#define OS_STK_GROWTH 1

4. 任务堆栈初始化

任务堆栈初始化在OS_CPU_C.C文件中完成。ARM的系统用R13做堆栈指针。因为每

个处理器操作模式下，都有自己独立的 R13，并且还访问不到别的模式下的 R13，所以各个模式都有自己独立的堆栈。在系统的初始化阶段，必须分别进入各个模式然后给每个模式下的 R13 都分配一个指针值，规划好各个模式的栈空间。μC/OS-Ⅱ 的任务在刚建立未执行的时候就像是刚刚被中断过一样，任务一经创建就是这样的。堆栈则是任务上下文（context）的一部分，OSCreateTask( ) 调用 OSTaskStkInit( ) 来初始化任务的上下文堆栈。

堆栈初始化 OSTaskStkInit( ) 的代码如下：

```
#include "includes.h"
#define    SUPMODE        0x13              //定义管理模式
OS_STK * OSTaskStkInit (void ( * task)(void * pd), void * pdata, OS_STK * ptos, INT16U opt)
{
    unsigned int * stk;
    stk = (unsigned int *)ptos;             //装载堆栈指针
    opt ++;
    //为新任务建立堆栈
    * -- stk = (unsigned int) task;         //PC
    * -- stk = (unsigned int) task;         //LR
    * -- stk = 12;                          // R12
    * -- stk = 11;                          //R11
    * -- stk = 10;                          //R10
    * -- stk = 9;                           //R9
    * -- stk = 8;                           //R8
    * -- stk = 7;                           //R7
    * -- stk = 6;                           //R6
    * -- stk = 5;                           //R5
    * -- stk = 4;                           //R4
    * -- stk = 3;                           //R3
    * -- stk = 2;                           //R2
    * -- stk = 1;                           //R1
    * -- stk = (unsigned int) pdata;        // r0 = pdata 只是为了防止编译警告
    * -- stk = (SUPMODE);                   //CPSR
    * -- stk = (SUPMODE);                   //SPSR
    return ((OS_STK *)stk);                 //返回堆栈栈顶指针
}
```

初始化堆栈的标准结构如图 7-14 所示，所有的任务开始时都必须按照这样的结构构造堆栈。在 ARM 体系结构下，任务堆栈空间由高至低依次将保存着 PC、LR、R12、R11、…、R1、R0、CPSR、SPSR。本系统中使任务运行在 SVC 模式（禁止 FIQ 中断），只能被中断进入其他模式。

当前任务堆栈初始化完成后，将返回新的堆栈指针 stk，且新栈指针会被保存到该任务的 TCB 中；初始状态的堆栈其实是模拟了一次中断发生后的堆栈结构，因为任务被创建后通过 OSSched ( ) 调度运行。

5. 钩子函数移植分析

μC/OS-Ⅱ中在 OS_CPU_C.C 文件中共定义了 5 个钩子函数：OSTaskCreateHook ( )、OSTaskDelHook ( )、OSTaskSwHook ( )、OSTaskStatHook ( )、OSTimeTickHook ( )。这 5 个函数必须得声明，但没必要包含代码，他们都是对系统内核扩展时用的。只有当 OS_CFG.H 中的 OS_CPU_HOOKS_EN 被置为 1 时才会产生这些代码。

（1）OSTaskCreateHook ( )

当用 OSTaskCreate ( ) 或 OSTaskCreateExt ( ) 建立任务的时候就会调用 OSTaskCreateHook ( )。该函数允许用户或使用用户的移植实例的用户扩展 μC/OS-Ⅱ 的功能。当 μC/OS-Ⅱ 设置完了自己的内部结构后，会在调用任务调度程序之前调用 OSTaskCreateHook ( )。

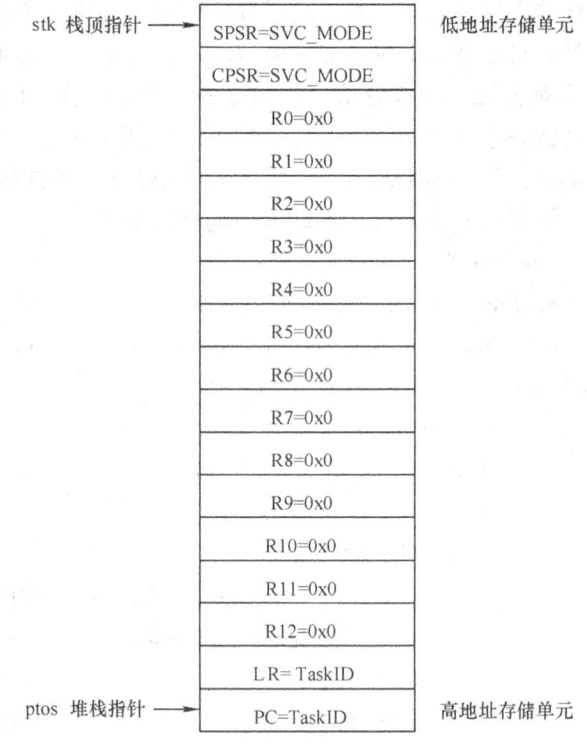

图 7-14 初始化堆栈的标准结构

该函数被调用的时候中断是禁止的，因此用户应尽量减少该函数中的代码以缩短中断的响应时间。

当 OSTaskCreateHook ( ) 被调用的时候，它会收到指向已建立任务的 OS_TCB 的指针，这样它就可以访问所有的结构成员了。当使用 OSTaskCreate ( ) 建立任务时，OSTaskCreateHook ( ) 的功能是有限的。但当用户使用 OSTaskCreateExt ( ) 建立任务时，用户会得到 OS_TCB 中的扩展指针（OSTCBExtPtr），该指针可用来访问任务的附加数据，如浮点寄存器、MMU 寄存器、任务计数器的内容，以及调试信息。

（2）OSTaskDelHook ( )

当任务被删除的时候就会调用 OSTaskDelHook ( )。该函数在把任务从 μC/OS-Ⅱ 的内部任务链表中解开之前被调用。当 OSTaskDelHook ( ) 被调用的时候，它会收到指向正被删除任务的 OS_TCB 的指针，这样它就可以访问所有的结构成员了。OSTaskDelHook ( ) 可以用来检验 TCB 扩展是否被建立了（一个非空指针），并进行一些清除操作。OSTaskDelHook ( ) 不返回任何值。

（3）OSTaskSwHook ( )

当发生任务切换的时候调用 OSTaskSwHook ( )。不管任务切换是通过 OSCtxSw ( ) 还是 OSIntCtxSw ( ) 来执行，都会调用该函数。OSTaskSwHook ( ) 可以直接访问 OSTCBCur 和 OSTCBHighRdy，因为它们是全局变量。OSTCBCur 指向被切换出去任务的 OS_TCB，而 OSTCBHighRdy 指向新任务的 OS_TCB。注意：在调用 OSTaskSwHook ( ) 期间，中断一直是被禁止的。因为代码的多少会影响到中断的响应时间，所以用户应尽量使代码简化。OSTask-

SwHook()没有任何参数，也不返回任何值。

（4）OSTaskStatHook()

用户可以用 OSTaskStatHook()来扩展统计功能。OSTaskStatHook()每秒都会被 OSTaskStat()调用一次。例如，用户可以保持并显示每个任务的执行时间，每个任务所用的 CPU 份额，以及每个任务执行的频率等。OSTaskStatHook()没有任何参数，也不返回任何值。

（5）OSTimeTickHook()

OSTaskTimeHook()在每时钟节拍都会被 OSTaskTick()调用。实际上，OSTaskTimeHook()是在时钟节拍被 μC/OS-Ⅱ 真正处理、并通知用户的移植实例或应用程序之前被调用的。OSTaskTimeHook()没有任何参数，也不返回任何值。

6. 需要用汇编实现的 4 个函数

（1）启动最高优先级任务

在 ARM 处理器中，OSStartHighRdy()是在 OSStart()多任务启动之后，负责从最高优先级任务的 TCB 中获得该任务的堆栈指针 R13，通过 R13 依次将 CPU 现场恢复，这时系统就将控制权交给用户创建的该任务进程，直到该任务被阻塞或者被其他更高优先级的任务抢占 CPU。该函数仅仅在多任务启动时被执行一次，用来启动第一个，也就是最高优先级的任务，之后多任务的切换就是由两个任务切换函数来实现。

OSStartHighRdy()首先把 OSRuning 设置为 TRUE，标志系统开始运行；然后，从全局变量 OSTCBHighRdy 所指 TCB 中得到堆栈指针；最后，从堆栈中恢复其他相关寄存器，随后任务函数从 Task 第一条指令执行。

```
OSStartHighRdy
    LDR    R4, _OSTCBCur     ;//得到当前任务的 TCB 地址
    LDR    R5, _OSTCBHighRdy ;//得到最高优先级任务的 TCB 地址
    LDR    R5, [R5]          ;//获得堆栈指针
    LDR    SP, [R5]          ;//转移到新的堆栈中
    STR    R5, [R4]          ;//设置新的当前任务 TCB 地址
    LDMFD  SP!, {R4}         ;//堆栈中第一个寄存器 SPSR 出栈
    MSR    SPSR, R4          ;//SPSR、CPSR 只能通过 MSR 指令赋值
    LDMFD  SP!, {R4}         ;//从栈顶获得新的状态 CPSR
    MSR    CPSR, R4          ;//CPSR 处于 SVC32Mode 模式
    LDMFD  SP!, {R0-R12, LR, PC} ;//运行新的任务
```

（2）任务级的任务切换

μC/OS-Ⅱ 中的任务级调度函数 OS_TASK_SW()是一个宏，它是在 μC/OS-Ⅱ 从低优先级任务切换到最高优先级任务时被调用的。OS_TASK_SW()总在任务级代码中被调用。任务切换前后堆栈指针的变化情况如图 7-15 所示。

任务切换的核心思想：把切换出去的任务的现场保存到它的 TCB 中，从切换进来的任务的 TCB 中恢复它的所有现场。任务切换的主要任务首先是保存当前运行任务的状态，比如堆栈指针、寄存器等，分为以下步骤：

1）通过查任务就绪列表，得到处于就绪态的最高优先级任务的 Prio，将该优先级保存在全局变量 OSPrioHighRdy 中。

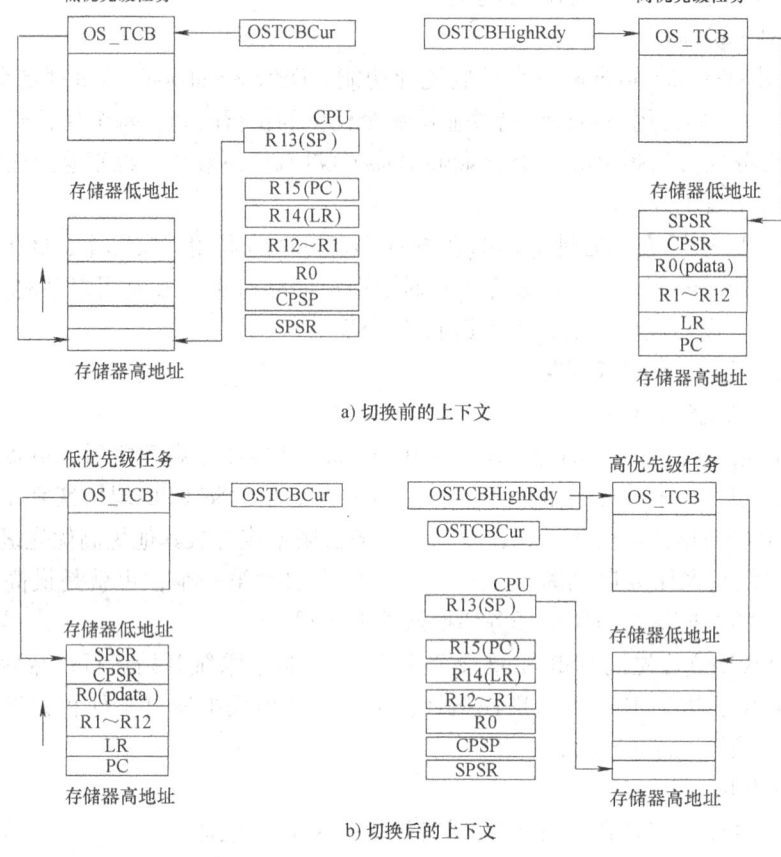

图 7-15 任务切换前后堆栈指针的变化过程

2）如果处于就绪态任务的最高优先级（OSPrioHighRdy）不等于当前运行态任务的优先级（OSPrioCur），则需要发生任务切换。首先通过 OSTCBPrioTbl[OSPrioHighRdy] 得到 TCB 指针 OSTCBHighRdy，该指针指向就绪的最高优先级任务的 TCB，然后再通过调用 OS_TASK_SW() 实现任务级的任务切换。如果处于就绪态任务的最高优先级等于当前运行态任务的优先级，则不需要进行任务切换。

3）接下来就要用硬件相关的汇编语句来实现 OS_TASK_SW()，进行任务切换。如果需要进行任务切换，则 OSPrioHighRdy 已经指向了就绪的最高优先级任务的 TCB。OS_TASK_SW() 需要做的是：首先将当前运行态任务的环境（通用寄存器、状态寄存器、返回地址）保存在当前任务的堆栈中，形成统一的任务栈，再保存当前运行任务的堆栈指针到该任务的 TCB 的堆栈指针 *OSTCBStkPtr 中，然后通过 OSTCBHighRdy 得到新任务的堆栈指针以恢复新任务的现场，从而完成任务切换。

OS_TASK_SW

  //以下代码是将当前任务进行压栈

  STMFD SP!,{LR} ;//保存当前 PC

  STMFD SP!,{LR} ;//保存返回地址 LR

  STMFD SP!,{R0-R12} ;//保存寄存器 R0 ~ R12

  MRS R4,CPSR;//保存寄存器 CPSR

```
    STMFD   SP!,{R4} ;//CPSR 压栈
    MRS     R4,SPSR;//保存寄存器 SPSR
    STMFD   SP!,{R4} ;//SPSR 压栈
    //下面代码是将最该优先级任务的优先级传递给 OSPrioCur
    LDR     R4,addr_OSPrioCur;//R4← OSPrioCur
    LDR     R5,addr_OSPrioHighRdy;//R5← OSPrioHighRdy
    LDRB    R6,[R5];//R6← [OSPrioHighRdy]
    STRB    R6,[R4]; //OSPrioCur ← OSPrioHighRdy
    //下面代码是将最高优先级任务的 TCB 传递给 OSTCBCur
    LDR     R4,addr_OSTCBCur; //R4← addr_OSTCBCur
    LDR     R5,[R4];//R5← [addr_OSTCBCur],即 OSTCBStkPtr
    STR     SP,[R5] ;// *OSTCBStkPtr← SP
    LDR     R6,addr_OSTCBHighRdy;//获得最高优先级任务的 TCB 指针
    LDR     R6,[R6] ;//将第一个地址值 OSTCBStkPtr 取出
    LDR     SP,[R6] ;//得到新任务堆栈指针,即 SP← *OSTCBStkPtr; OSTCBCur = OS-
                    TCBHighRdy
    STR     R6,[R4] ;//设置新的当前任务的 TCB 地址
    //下面代码是将新任务的寄存器值从堆栈中恢复
    LDMFD   SP!,{R4};//恢复 SPSR,SP 自减
    MSR     SPSR,R4;
    LDMFD   SP!,{R4};//恢复 CPSR,SP 自减
    MSR     CPSR,R4;
    LDMFD   SP!,{R0-R12,LR,PC} ;//返回到新任务的上下文
```

(3) 中断级的任务切换

移植中最困难的工作体现在 OSIntCtxSw( )和 OSTickISR( )这两个函数的实现上,因为其实现与移植者的移植方法以及硬件定时电路、中断寄存器的设置有关。

OSIntCtxSw( )最重要的作用就是它完成了在中断服务程序完成后直接进行任务切换,从而提高了实时响应的速度。它发生的时机是在中断服务程序执行到 OSIntExit( )时,如果发现有高优先级的任务因为等待的时钟节拍到来获得了执行的条件,则该任务立即被调度执行,而不用返回被中断的那个任务之后再进行任务切换。还有一种情况是任务在等待一个中断驱动的外部事件的到来,此时任务因等待一个未到达的信号量或邮箱而处于阻塞状态。中断到来时,中断处理子程序中发送(Post)该信号量或邮箱,使等待的任务就绪,并在中断退出的时候调用 OSIntExit( )执行任务切换。

由于在 ARM 处理器中,当工作模式从其他模式进入中断模式时,中断模式中有独立的 SP、LR、SPSR,在中断模式执行代码时,不会影响其他模式下的这些寄存器,因此不需要对其他模式下的这些寄存器进行堆栈保护。在进入中断服务程序时,寄存器的保存比在任务级的任务切换时少 3 个寄存器,因此在中断返回时作任务切换时,需要调整堆栈任务模式下的堆栈指针,使得任务切换前后的堆栈内容和顺序保持一致。因此,不能直接采用任务级的任务切换函数。

代码如下：
OSIntCtxSw
 MRS R1, CPSR；//得到当前的 CPSR
 ORR R1, R1, #0xC0；
 MSR CPSR, R1；//关闭 IRQ、FIQ
 LDMFD SP!, {R0-R12, LR_irq}；//从中断堆栈中恢复寄存器
 STMFD SP!, {R0-R2}；//将 R0~R2 重新压入中断堆栈中保护
 SUBS R0, R14_irq, #4；//将 R14_irq-4 保存到 R0 中
 MRS R1, CPSR；//保存中断模式状态
 MRS R2, SPSR_irq；//获取中断前模式及状态
MSR CPSR, R2；//切换到先前的模式
 STMFD SP!, {R3-R12, R0, R0}；//将 PC、LR、R12~R3 依次压入任务堆栈
MSR CPSR, R1；//切换到中断模式
 LDMFD SP!, {R0-R2}；//恢复 R0~R2
 MRS R3, SPSR_irq；
 MSR CPSR, R3；//切换到中断前模式
 STMFD SP!{R0-R2}；//将 R2~R0 依次压入任务堆栈
MRS R4, CPSR；
BIC R4, R4, #0xC0；//使中断位处于使能态
STMFD SP!, {R4}；//在任务堆栈上保存 CPSR
MRS R4, SPSR；
STMFD SP!, {R4}；//在任务堆栈上保存 SPSR
OSPrioCur = OSPrioHighRdy；// 改变当前程序
LDR R4, addr_OSPrioCur；//得到被抢占的任务优先级指针
LDR R5, addr_OSPrioHighRdy；
 LDRB R6, [R5]；
 STRB R6, [R4]；
OSPrioCur = OSPrioHighRdy；//得到被占先的任务的 TCB
LDR R4, addr_OSTCBCur；
 LDR R5, [R4]；
 STR SP, [R5]；//保存 SP 在被占先的任务的 TCB
//下面代码是得到新任务的 TCB 地址
 LDR R6, addr_OSTCBHighRdy；
 LDR R6, [R6]；
 LDR SP, [R6]；//得到新任务的堆栈指针
 STR R6, [R4]；
OSTCBCur = OSTCBHighRdy；//设置新的当前任务的 TCB 地址
 LDMFD SP!, {R4}；//将新任务的 SPSR 从任务堆栈中推出
 MSR SPSR, R4；

        LDMFD SP!, {R4} ;//将新任务的 CPSR 从任务堆栈中推出
        BIC R4, R4, #0xC0 ;// 新任务允许中断
        MSR CPSR, R4;
        LDMFD SP!, {R0-R12, LR, PC} ; //将其他寄存器从堆栈中推出

（4）时钟节拍的中断实现

多任务操作系统的任务调度是基于时钟节拍中断的，μC/OS-Ⅱ也需要处理器提供一个定时器中断来产生节拍，借以实现时间的延时功能。程序中必须在开始多任务调度之后再允许时钟节拍中断，即在 OSStart() 调用过后，μC/OS-Ⅱ运行的第一个任务中启动节拍中断。如果在调用 OSStart() 启动多任务调度之前就启动时钟节拍中断，μC/OS-Ⅱ运行状态可能不确定甚至导致崩溃，请参考 μC/OS-Ⅱ移植一节。

_OS_CPU_Tick_ISR
        STMFD SP!, {R0-R12, LR} ;//保护现场，将 R0～R12、LR 压入中断堆栈空间
        BL   OSIntEnter;//进入中断
        BL   OSTimeTick ;//调用系统时钟中断服务程序
        BL   OSIntExit;//退出中断服务程序，判断是否需要进行任务切换
        LDMFD SP!, {R0-R12, LR} ;//恢复现场，将 R0～R12、LR 推出中断堆栈空间
        MRS   R1, SPSR_irq; //得到中断前的 CPSR
        MSR   CPSR, R1
        SUBS   PC, LR, #4;//返回被中断点

习 题 7

1. μC/OS-Ⅱ的内核包括哪几部分？调度策略是什么？
2. μC/OS-Ⅱ中 TCB 的作用是什么？
3. 结合中 TCB 说明任务就绪列表的工作原理。
4. μC/OS-Ⅱ的任务同步和通信方式有哪些？分别说明其原理。
5. 时钟中断在 μC/OS-Ⅱ的作用是什么？试说明其工作原理。
6. 在 μC/OS-Ⅱ应用程序开发时，为什么时钟初始化要放在 OSStart() 之后？
7. 在创建任务时需要完成哪些工作？
8. 系统移植时需要对哪几个函数采用汇编语言进行编写？为什么？
9. 分析系统时钟中断服务程序工作流程。

第8章 家庭安防远程监控系统设计

随着信息社会的发展,网络和信息家电已越来越多地出现在人们的生活之中,而这一切发展的最终目标都是给人类提供一个舒适、便捷、高效、安全的生活环境。如何建立一个高效率、低成本的智能家居系统已成为当今社会的一个热点问题。本章针对智能家庭网络家电和家政设备的远程控制、家庭安防系统的电话报警以及电话留言等功能,设计一种基于家用电话线、移动通信方式的家庭远程监控系统。

8.1 功能需求分析及总体设计

家庭安防监控系统主要是通过远程安防监控器实现对家庭智能化系统中各种与信息相关的通信设备、家用电器和家庭保安装置进行集中的或异地的控制和家庭事务性管理,实现对家庭中重要设备进行远程信息查询、安防报警、远程监控等功能。

信息查询的主要功能是中央处理器通过通信单元接收到用户指令,对指定的设备进行数据采集分析,通过通信端口发送给用户。

安防报警的主要功能是中央处理器定时查询各个设备的工作状态,并进行相应比较处理,如果设备工作异常,则通过设定的通信方式将异常的设备及相应状态通知用户,以便用户作出相应处理。这类操作主要有水、电、气、火、盗等异常报警。

远程控制的主要功能是用户通过有线或无线通信方式远距离发送相应指令查询指定设备的工作状态,并根据反馈信息作出相应操作,如发送指令控制继电器开关关闭某个设备的电源、控制电动机打开窗帘等操作,并返回控制结果。

本章将构建一个基于移动通信和公共交换电话网(Public Switched Telephone Network,PSTN)结合的家庭远程报警与监控系统。它采用短信息系统进行无线通信,实现远程监控,具有节约建设费用、节约维护费用、节约使用费、方便实施等优点;采用有线电话来进行监控,可以利用现有的资源实现信息的可靠传输。

根据上述分析可以将远程监控系统划分成以下几个部分,如图8-1所示。整个系统由家庭安防监控控制器、信息家电、远程监控终端组成。控制器是系统的核心,主要由中央处理器、移动通信模块、语音录放模块、PSTN模块等模块等组成,然后通过串口、I/O端口接上各种功能的传感器实现各种不同功能的安全报警,如煤气泄漏报警、防盗报

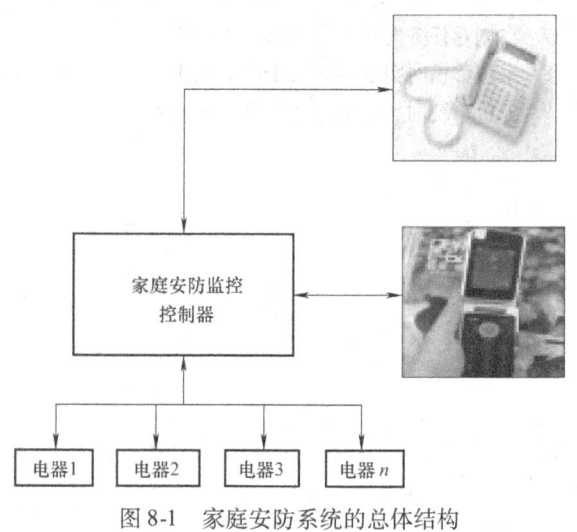

图8-1 家庭安防系统的总体结构

警、紧急呼救等；同时负责接收远程监控终端的指令、处理家电采集信息和控制家电相应动作等工作。家电设备是指能够通过家庭安防监控控制器进行控制的家庭设备，是系统的控制对象。远程监控终端是用户用于接收家电状态和发送控制指令的设备，主要由有线电话和手机组成。本章主要针对家庭安防监控控制器进行设计。

整个系统的电路框图如图8-2所示，由电源模块、人机交互模块、主控模块、移动通信模块、设备控制模块、数据采集模块、PSTN模块、语音录放模块等电路组成。

数据采集模块：负责对指定设备及传感器进行数据采集，如读取烟雾浓度、室内湿度、室内温度、检查电视、冰箱、微波炉等设备的电源状态等。

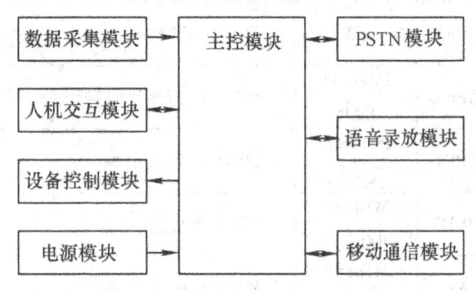

图8-2 家庭安防远程监控系统的电路框图

主控模块：负责数据的处理及保存，如解析用户的控制指令、采集信息分析处理、从电话簿中选取电话号码拨号等；主要由处理器、存储器、电源等部分组成。

语音录放模块：负责语音录放，用于报警时根据报警类型播放已经录存的语音信息，还可以用于用户语音留言；一般由录放电路、语音存储芯片等部分组成。

移动通信模块：负责和用户进行信息交互，主要包括报警信息的发送、接收用户查询指令、发送查询信息、接收语音留言等功能；主要有有线通信和无线通信两种方式；主要由PSTN和GSM或CDMA模块组成。

人机交互模块：负责设置报警电话号码、显示报警信息、播放电话留言等功能；主要包括键盘、LCD、扬声器和传声器。

设备控制模块主要是完成对家电设备的电源管理，主要由继电器等电子开关组成。信息监测电路主要是对安防监测的传感器信号进行查询，主要有信号放大、滤波、A/D转换等电路组成。这两部分电路根据不同的设备和传感器不同而不同，因此不作为本章分析的重点。复位电路、电源电路详见第5章。GSM模块可以直接购买，和串口进行连接，只需软件设计。因此，本章主要对语音模块、PSTN模块设计进行分别分析介绍。

8.2 系统硬件设计

目前，很多基于微控制器架构的智能控制系统在实用性、易用性和专业性方面有了很大程度上的提高。根据上节分析，系统功能较多，考虑到系统对实时性、功耗、成本、扩展性等要求，故采用S3C44B0X作为处理器，采用双音多频（Dual Tone Multi Frequency，DTMF）解码集成电路芯片MT8888和ISD4004语音芯片实现报警器的主要功能。PSTN模块主要由主控芯片电路、语音模块电路、振铃检测电路、摘挂机电路、双音频信号收发器电路、输出放大电路和输入放大电路等部分组成。根据控制器的主要功能，对S3C44B0X的端口进行分配（见表8-1）。下面分别介绍各个模块的功能及设计。

监控器所涉及的关键技术主要在以下几个方面：①DTMF收发芯片MT8888CE的电路设计；②基于语音芯片ISD4004的录放音电路设计；③电话控制模块中家电控制语音提示信息的存放和寻址。本章主要对这几个模块的电路设计进行介绍，其他电路如电源、串口、键盘、LCD 等电路设计请参考第 5 章。

表 8-1　S3C44B0X 主要端口分配表

端口号	连接端口	功能描述	端口号	连接端口	功能描述
GPF0	K1	继电器 K1 控制，接通电话通道	nOE	MT8888/RD	MT8888 读控制引脚
GPF1	K2	继电器 K2 控制，选择播放录音通道	nWE	MT8888/WR	MT8888 写控制引脚
GPF2	K3	继电器 K3 控制，选择录音通道	ExINT0	D4A 74LS123/Q	电话振铃输入检测
GPF3	ISD4004 RAR	ISD4004 行地址时钟引脚	ExINT1	D4B 74LS123/Q	MT8888 按键输入信号检测
GPF4	ISD4004 /SS	ISD4004 片选引脚	ExINT2	ISD4004 /INT	ISD4004 中断引脚
D0-D3	MT8888 D0-D3	MT8888 数据引脚	SIOCK	ISD4004 SCLK	ISD4004 时钟引脚
A1	MT8888 RS0	MT8888 地址选择引脚	SIOTxD	ISD4004 MOSI	ISD4004 数据输入引脚
nGCS3	MT8888 /CS	MT8888 片选引脚	SIORxD	ISD4004 MISO	ISD4004 数据输出引脚

8.2.1　振铃检测电路设计

振铃检测电路主要负责检测电话的振铃信号，然后通过中断的方式通知 CPU。该电路由分压电阻 R4，R5，晶体管 V16，单稳态触发器 D4A 以及外围电路构成，如图 8-3 所示。当

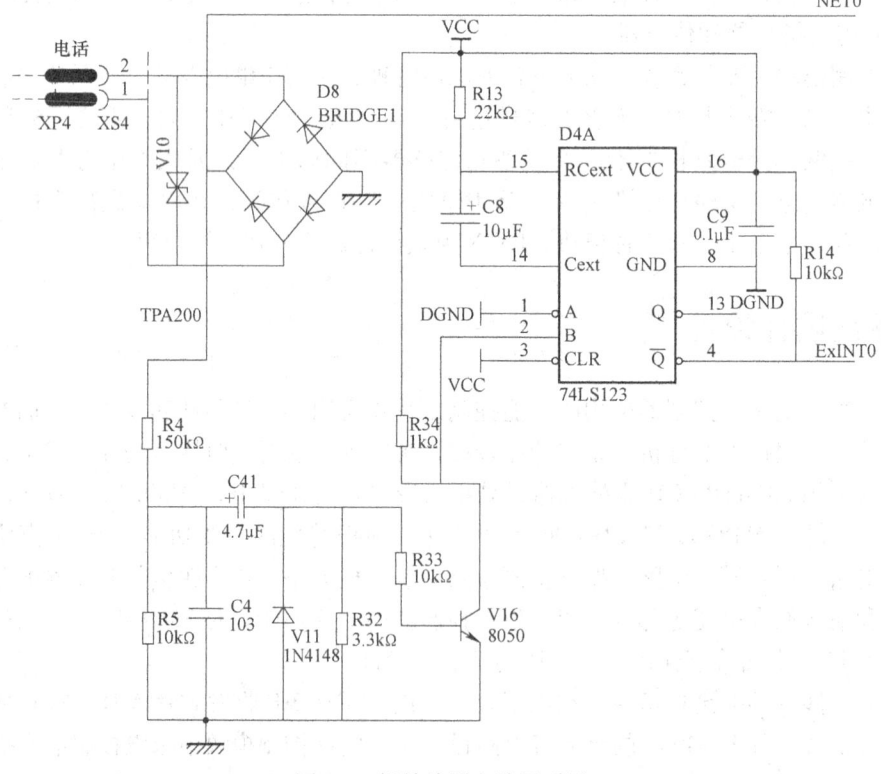

图 8-3　振铃检测电路原理图

有电话打入时,PSTN 的程控交换机将通过电话线送来振铃信号,振铃检测电路检测到有振铃信号送来时,将向处理器的外部中断引脚 ExINT0 提供一个单脉冲信号。由于采用了巧妙的设计,使得振铃信号不再是传统设计的方波信号,而是一个单脉冲信号,这就大大减轻了软件资源的消耗,降低了软件产生 BUG 的可能性,提高了整个系统的稳定性。图中的 XP4 连接电话线,NET0 连接摘挂机电路的 K1。

8.2.2 摘挂机电路设计

摘挂机电路主要实现监控器对电话信号的摘挂机控制。该电路由电阻 R7、稳压管 V5、继电器 K1 以及保护电路组成,如图 8-4 所示。PSTN 要求电话机摘机时必须保持不小于 300mA 的电流,摘挂机电路则可以完成上述功能。在需要拨打电话或有电话打入时,摘挂机电路通过继电器 K1 触点的吸合可以将摘机电路接入电话线两端,当电话打完需要挂机时则断开继电器 K1 触点,与电话线断开连接,完成挂机功能。用于控制 K1 的是 GPF0 引脚,信号接通后通过 NET1 传递给电话 DTMF 收发器电路将语音信号转换为可以进行处理的数字信号,或者直接送至语音存储芯片进行存储。

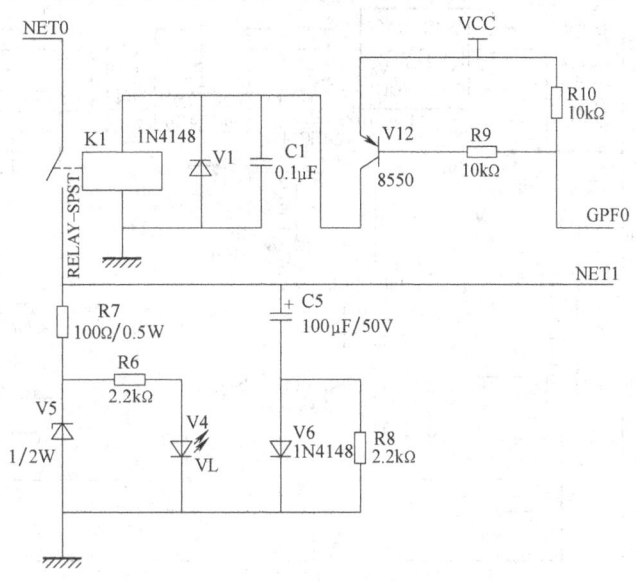

图 8-4 摘挂机电路原理图

8.2.3 电话 DTMF 收发器电路设计

电话控制器拨打电话时需要通过电话线向电话局送出 DTMF 信号,用户的远程控制和留言功能也需要通过远端电话键盘发送 DTMF 信号到电话控制器来实现,因此电话控制器需要有 DTMF 收发器来实现 DTMF 信号的接收和发送。同时,电话控制器作为主叫方拨打电话时,交换机会根据对方电话机使用状态的不同送回载波频率为 450Hz 的各种信号音,因此电话控制器还应具有检测信号音的功能。电话 DTMF 收发器电路的主要作用是将电话语音信号转换成数字信号便于进行处理,以及将数字信号转换成语音信号通过电话线或本地扬声器发送出去。电话 DTMF 收发器电路如图 8-5 所示,该电路由 DTMF 收发器、单稳态触发器 D4B 以及保护电路组成。电话 DTMF 收发器是采用 MITEL 公司的 MT8888 来实现的,该芯片不仅集成了 DTMF 信号的接收和发送功能,而且具有检测 450Hz 信号音的功能。采用该芯片的优点是增加了集成度,有效减少了整个电话控制器的体积。

电路中 NET1 接电话摘挂机电路的输入信号,D0~D3 用于和主控芯片 S3C44B0X 交互数据,MT8888 的引脚 RS0 连接 S3C44B0X 的引脚 A1,片选 CS 接 nGCS3,ExINT1 用于检测语音信号接收状态,GPF1 用于控制继电器 K2,NET2 连接语音存储电路输入端。

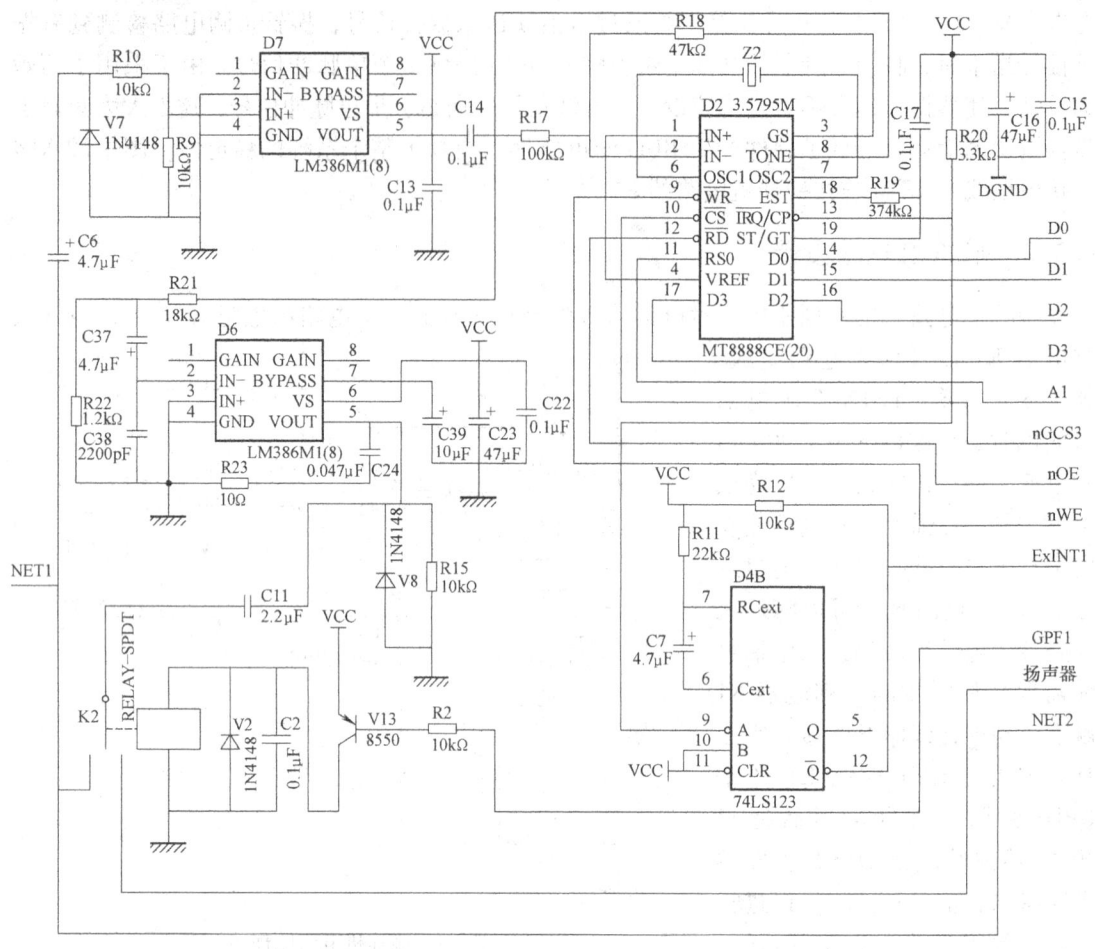

图 8-5 电话 DTMF 收发器电路

8.2.4 语音模块设计

语音模块主要实现语音存储功能,可以方便地实现本地语音录制、本地语音播放、远程语音录制、远程语音播放等功能。语音录放电路如图 8-6 所示。语音芯片采用了美国 ISD 公司的长时语音录放芯片 ISD4004,该芯片采用了多电平直接模拟量存储技术,将每个采样值直接存储在片内的闪存中,因此能够非常真实、自然地再现语音、音乐、音调和效果声,避免了一般固体录音电路因量化和压缩造成的量化噪声和金属声。

音频信号输入放大器电路由音频放大器 U7(LM386)以及外围电路组成。该放大器将从用户电话线耦合过来的音频信号放大后供给 DTMF 收发器 D2 做解码用,用于通过电话控制器实现远程控制的操作。

输出电路由音频放大器 D6 LM386 以及外围电路组成。该放大器有两个功能:一是将 DTMF 收发器产生的 DTMF 信号放大至标准电平后耦合到用户电话线上;二是将语音模块 D3 播放的语音信号放大后耦合至扩音器 S1,作为在本地播放语音使用。这两个功能的切换在电路上是由处理器通过控制一个单刀双掷的继电器 K2 来实现的。此处,LM386 的电源采用 12V,可以大大提高放大语音信号时的动态范围。

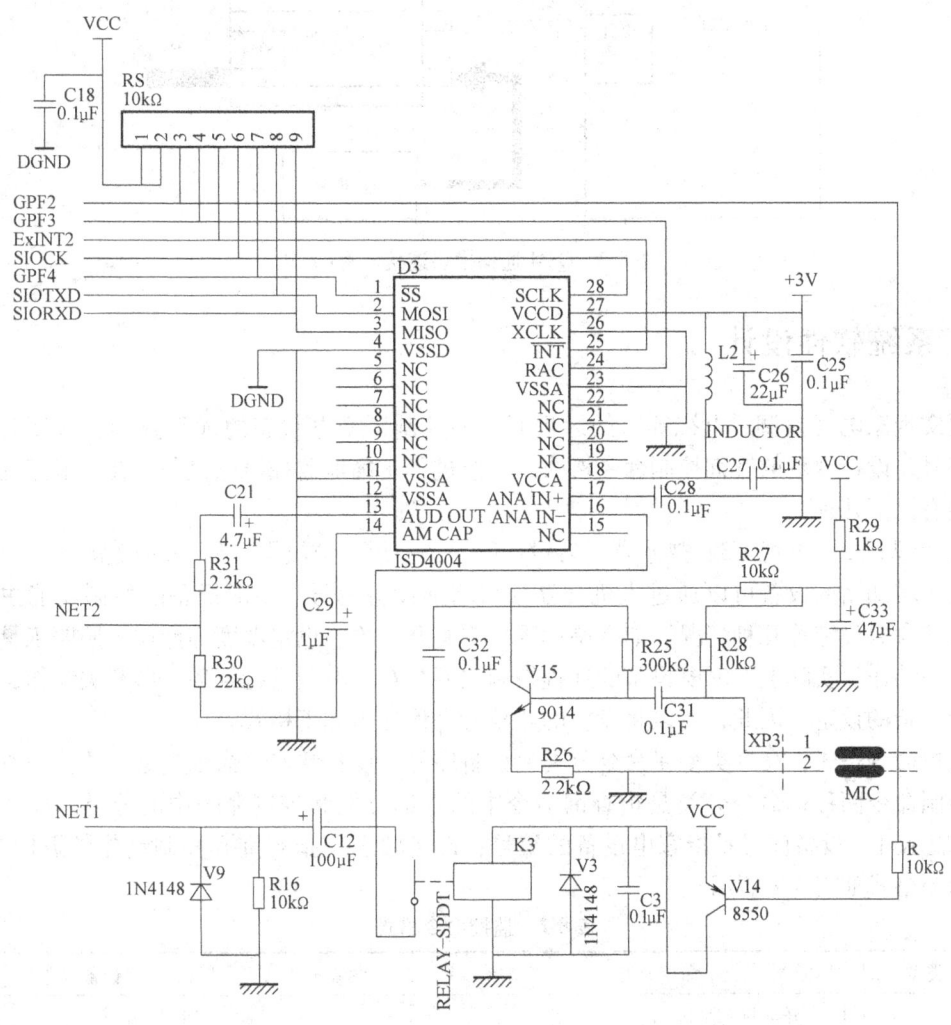

图 8-6 语音录放电路

在该电路中，GPF2 用于控制继电器 K3 来实现电话录音和本地录音选择；GPF3 连接 ISD4004 的 RAC 引脚，用于行地址时钟控制；GPF4 用于控制 ISD4004 的选通。

8.2.5 GSM 通信模块

短信监控功能是通过 GSM 通信模块对短信进行操作实现的，采用 AT 指令进行通信操作。当需要对家电设备进行监控时，手持 GSM 设备发送短信给远程监控器，监控器通过 GSM 通信模块实现短信的接收，然后处理器根据接收的短信内容对家电设备进行控制或查询家电状态，并以短信的形式返回相应的状态。当需要报警时，处理器根据报警信息种类，以短信的形式将报警状态及种类发送给设定的 GSM 用户，从而实现报警功能。GSM 通信模块不需要设计，市面上有多种 GSM 通信模块供选择，在本系统中采用 WAVECOM WMOD2 通信模块，通过 44B0 的 UART0 端口进行连接，如图 8-7 所示。

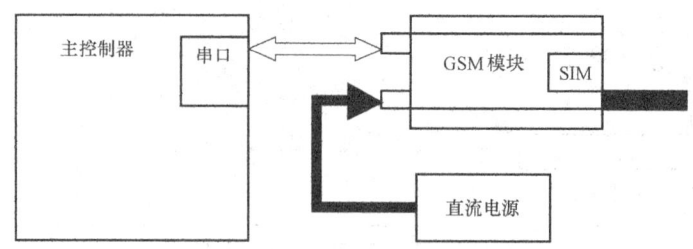

图 8-7　GSM 通信模块连接示意图

8.3　系统软件设计

要实现家电（空调、电视等）的远程开、关控制，家电状态的远程查询，必须对设备进行编号，设计规范的查询控制命令格式，才能进行正确地监控家电设备。在一般家庭中电器类型有以下几种：

1：空调　2：电视　3：热水器　4：灯开关　5：煤气监测器　6：火焰监测器

用户增加新的设备可以通过人机交互接口增加设备编号。一般设备的控制功能主要有开、关和参数设定等几种情况，如空调远程控制有开、关、设定温度等操作，照明工具主要有开、关动作。实际上，家电设备的远程控制主要是对其电源进行管理，即开关动作，不需要其他复杂的设定。因此，可以将设备的监控命令设计为如下格式。

监控命令格式：命令类型 + 命令分类 + 设备序号 + 设备状态。命令类型主要分为查询命令和控制命令两种；命令分类是指查询命令中的查询分类和控制命令中的分类，如 0 表示关、1 表示开；设备序号是指家电设备的编号；设备状态是指查询和控制动作的返回结果。监控命令格式如表 8-2 所示。

表 8-2　监控命令格式

命令类型	命令分类		设备序号		设备状态[3]	
0 查询命令 1 控制命令	1	开空调（控制[1]）	1	空调	1	开
	0	关空调（控制、查询[2]）			0	关
	1	开电视（控制）	2	电视	1	开
	0	关电视（控制、查询）			0	关
	1	开热水器（控制）	3	热水器	1	开
	0	关热水器（控制、查询）			0	关
	1	开灯（控制）	4	灯开关	1	开
	0	关灯（控制、查询）			0	关
	1	开煤气开关（控制）	5	煤气监测器	1	浓度高
	0	关煤气开关（控制、查询）			0	无煤气
	1	开喷水开关（控制）	6	火焰监测器	1	有火焰
	0	关喷水开关（控制、查询）			0	无火焰

[1]　表示该参数只能用于控制命令。

[2]　表示当命令类型为查询命令时，该参数为 0。

[3]　表示查询和控制返回状态。

在本系统中采用 μC/OS-Ⅱ 来管理报警与监控任务。根据系统功能将任务划分为 GSM 短信查询控制任务、报警任务、电话查询控制任务、键盘设置等任务，本章主要针对前 3 个任务进行设计分析，编程内容包括：

1）主函数设计。
2）报警任务。
3）GSM 短信查询控制任务。
4）PSTN 电话查询控制任务。
5）串口中断服务程序。
6）外部中断 0 服务程序。

报警任务是监控器主动发起的通信，可以直接调用通信 API 函数，不需要操作系统的其他通信机制参与。而 GSM 短信查询控制任务需要通过串口来和 GSM 通信模块进行通信，由于通信时间是偶然性的，如果采用轮转方式接收数据，会占用大量 CPU 时间，因此采用中断方式来进行数据接收。通过 GSM 通信模块接收的数据主要有消息类型、消息种类、监控的设备等数据，因此需要根据这些数据设计一个结构体来进行管理，然后进行数据传送。在操作系统中能进行这种方式通信的是邮箱，自己定义一个消息结构体通过邮箱来进行短信数据传输。

而电话查询控制任务需要检测的信号有两种：一种是电话拨入信号，这要用于检测是否有电话到来，如果有，产生一个脉冲信号提供给通过外部中断 0，告诉 CPU 有电话到来；一种是远端电话按键输入信号，通过 DTMF 模块产生一个脉冲信号给外部中断 1，告诉 CPU 有按键输入，需要读取按键值。因此，在这个任务中，需要和两个外部中断进行数据交换，而外部中断 0 只提供一个事件标志，不需要传送具体的值，因此可以采用操作系统中的信号量来通信；外部中断 1 不仅要传递事件，还有消息内容，但每次只有一个值，因此可以采用邮箱来进行通信。

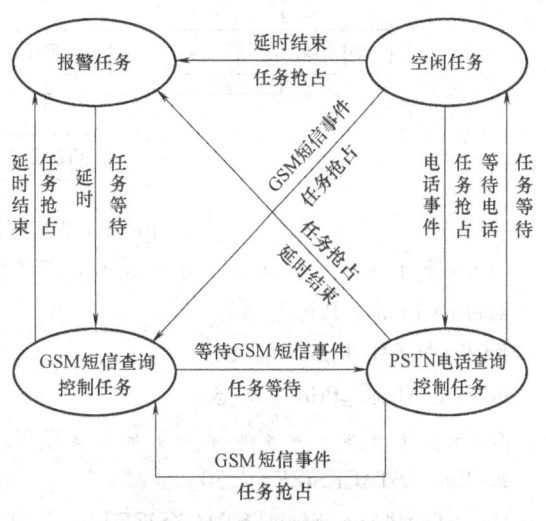

图 8-8 任务状态切换图

根据这三个消息的紧急程度来看，报警任务的优先级应设为最高，其他两个任务中，GSM 通信更为方便，其优先级设定比电话任务高。

报警任务、GSM 短信查询控制任务、PSTN 电话查询控制任务和空闲任务之间的切换过程及条件如图 8-8 所示。

任务启动时，先运行报警任务，报警任务检查各个设备的状态，根据异常情况进行报警，然后延时进入等待状态，交出 CPU 控制权。系统根据优先级启动 GSM 短信查询控制任务，任务查询是否有短信事件到来，如果没有则进入事件等待状态，交出 CPU 控制权；如果在 GSM 任务运行过程中报警任务延时结束，则会抢占 GSM 任务，直到报警任务运行结束才恢复 GSM 任务执行。当 GSM 任务进入事件等待状态后，而报警任务延时还未结束，则运行 PSTN 电话查询控制任务查看是否有电话事件，如果没有则进入等待电话事件状态，任务交出 CPU 控制权。如果在 PSTN 任务运行过程中报警任务延时结束，则会抢占 PSTN 任务，直到报警任务运行结束才恢复 PSTN 任务执行；如果有 GSM 短信事件产生，则 GSM 任务也会抢占 PSTN 任务执行，直到 GSM 任务运行结束才恢复 PSTN 任务执行。当 PSTN 任务处于等待状态又无其他更高优先级任务处于就绪态时，则系统切换至空闲任务，空闲任务可以被其他任何任务抢占。

8.3.1 主程序设计

主程序主要负责系统运行环境初始化、任务创建、消息事件的创建等工作。其程序流程如图 8-9 所示。

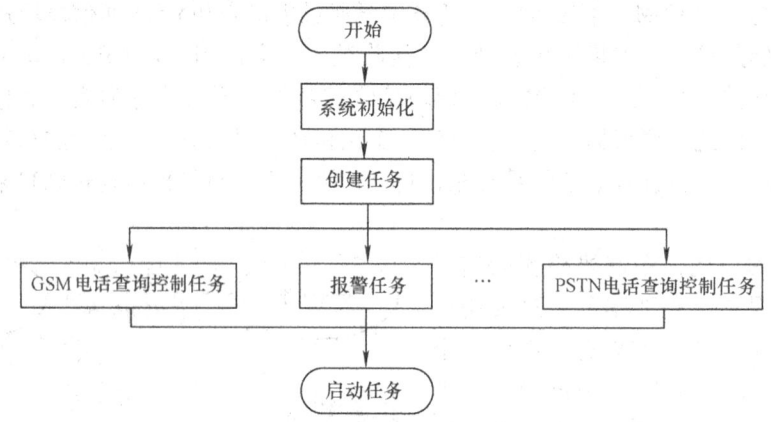

图 8-9 主程序的程序流程

```
///**************任务优先级定义**************///
#define Phone_Prio       7
#define GSM_Prio         6
#define Alarm_Prio       5
///**************任务堆栈定义**************///
#define  STACKSIZE    50
OS_STK Phone_Stack[STACKSIZE] = {0, };   //Phone_Task 堆栈
OS_STK GSM_Stack[STACKSIZE] = {0, };     //GSM_Task 堆栈
OS_STK Alarm_Stack[STACKSIZE] = {0, };   //Alarm_Task 堆栈
///**************任务定义**************///
void Phone_Task(void *Id);              //GSM_Task
void GSM_Task(void *Id);                //GSM_Task
void Alarm _Task(void *Id);             //GSM_Task
///**************事件定义**************///
OS_EVENT *E_GSM_Mbox;                   //申明短信消息事件
typedef struct gsm_cmd{                 //定义命令参数消息结构
    INT8U  phone_no[14];    //手机号码
```

```c
    INT8U dev_no;            //设备编号
    INT8U cmd_type;          // instruction 命令类型
    INT8U cmd_class;         //命令种类
    INT8U dev_status;        //设备状态
}*GSM_CMD;
struct GSM_CMD GSM_Command;                    //定义命令短信消息
//     OSMboxPend(E_GSM_Mbox,0,&err);
//     OSMboxPost(E_GSM_Mbox,GSM_Command);
OS_EVENT *E_PConnect_Sem;                      //申明电话连接消息事件
//     OSSemPend (E_PConnect_Sem,0,&err);
//     OSSemPost (E_PConnect_Sem);
OS_EVENT *E_PRead_MBox;                        //申明电话按键读取消息事件
INT8U *PRead_Message;                          //定义电话按键读取消息
//     OSMboxPend(E_PRead_MBox,0,&err);
//     OSMboxPost(E_PRead_MBox,PRead_Message);
typedef struct gsm_msg{                        //定义短信消息结构
    INT8U phone_no[14];      //短信手机号码
    INT8U msg_time[20];      //短消息发送时间
    INT8 *msg_data;          //短消息内容
}*GSM_MSG;
///*****************消息定义*****************///
//////////////////////////////////////////////////
//                  主函数                      //
//////////////////////////////////////////////////
void main()
{
    ARMTargetInit();//开发板初始化
    OSInit();//操作系统初始化
    …        //其他初始化操作
    OSTaskCreate(Phone_Task,(void *)0,(OS_STK *)&Phone_Stack,Phone_Prio);
    // 创建电话监控任务
    OSTaskCreate(GSM_Task,(void *)0,(OS_STK *)&GSM_Stack,GSM_Prio);
    // 创建短信监控任务
    OSTaskCreate(Alarm_Task,(void *)0,(OS_STK *)&Alarm_Stack,Alarm_Prio);
    // 创建报警任务
    …        //创建其他任务
    InitRtc();//初始化系统时钟
    E_GSM_Mbox = OSMboxCreate(GSM_Command);
    E_PConnect_Sem = OSSemCreate(1);
```

```
    E_PRead_Mbox = OSMboxCreate(PRead_Message);
    OSStart();//操作系统任务调度开始
    return 0;
}
```

8.3.2 报警任务

系统报警任务功能是指系统定时查询各个设备的状态,并与设定的报警值进行比较,如果超出设定值则通过通信模块进行报警。报警方式有两种:第一种是短信报警,第二种是电话报警。警情出现时,监控器首先在移动电话簿中选择手机号码将报警信息通过 GSM 通信模块发送出去,如果监控器在规定时间内收到短信回复则选择下一组电话号码。当所有短信都没有回复时,则进行电话报警。在电话报警过程中,电话拨通后,播放家庭信息和警情信息,语音信息循环播放,最多播放三遍,如果三遍之内对方挂机,则停止播放并挂机。家庭信息是通过 LCD 和键盘由用户自己录制的,也可通过串口下载到指定位置。

报警电话规则如下:从第一组电话到最后一组电话,依次拨出该电话,如果电话接通则播放录音,否则拨下一组电话号码。在连续拨电话的过程中,每个电话最多拨两遍(如果已经拨通,下次就不拨出该电话了)。连续拨电话结束后,如果有一个电话拨通了,拨报警电话事件结束;如果全部没有拨通,启动定时器,定时时间为 2min。定时时间到,再连续拨号,规则同上,重拨报警电话的最大次数设为 2 次。报警任务的程序流程如图 8-10 所示。

程序清单如下:
```
void Alarm_Task(void *Id)
{
    INT8U i,j,k=0;
    INT8U DeviceStatus=0;
    INT8U *msg;
    for(;;)
    {
        for(i=0;i<devnum;i++)                    //检查每个设备的状态
        {
            DeviceStatus = DeviceCheck(i);
            GSM_Command->dev_no=i;
            if(DeviceStatus < Device[i].BottomStatus||DeviceStatus > Device[i].UpStatus)
                                                 //如果状态超出设定范围,则报警
                for(j=0;j<=MobileNum;j++){       //从电话簿中取出电话号码进行报警
                    *GSM_Command->mobile_no = MobilePhone[j];
                    GSM_Command->dev_status = DeviceStatus;
                    SendMessage(GSM_Command);
                    msg = OSMboxPend(E_GSM_Mbox, 2000, &err);
                                                 //设定短信回复等待时间
```

第 8 章 家庭安防远程监控系统设计

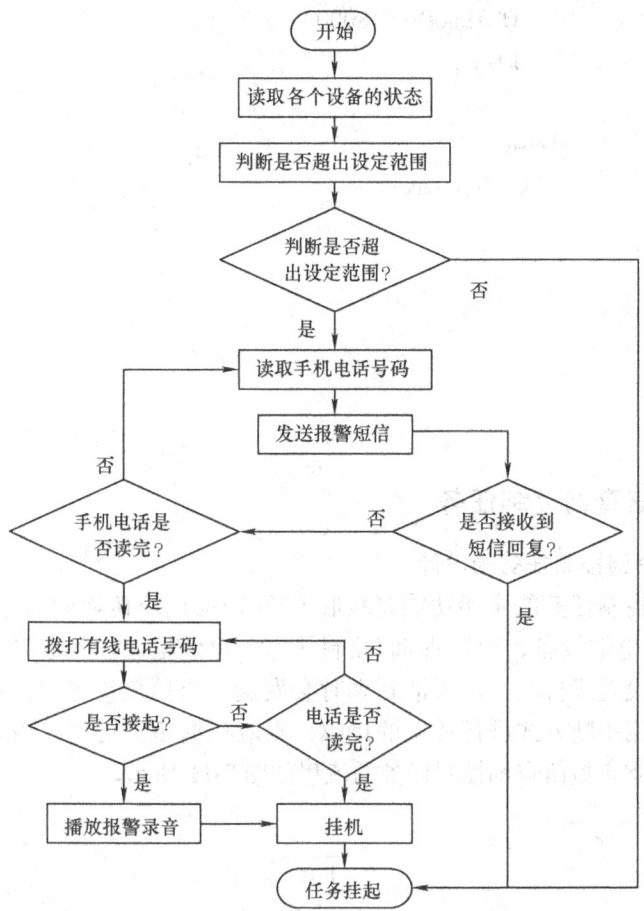

图 8-10 报警任务的程序流程

```
        if(msg)break;   //如果在规定时间内有短信回复,跳出循环
    }
    if(msg = = NULL){
                //当短信没有回复,则认为短信报警信息失败,电话报警
        while(k < 2){
            for(j = 0;j < = PhoneNum;j ++ ){
                phoneflag = CallPhone(PhoneNo[j]);
                if(phoneflag){//判断电话在规定时间内是否接通
                        //接通则播放报警录音,否则拨下一个电话号码
                    PlayRecord(i, DeviceStatus);//播放设备 i 的报警状态
                    StopPhone( );      //挂机
                    Break;
                }
            }
            if(phoneflag = = 0){
```

```
                    OSTimeDly(18000);
                    k++;
                }
                else
                {k=0;break;}
            }
        }
    }
}
```

8.3.3 GSM 短信查询控制任务

1. GSM 短信查询控制任务的设计

GSM 短信查询控制任务的主要功能是接收 GSM 通信模块传递的命令，解析命令参数，然后查询/控制各个电器设备，返回查询/控制状态。短信是通过 UART0 口来进行收发的，GSM 短信接收模式设置成自动，在短信到来时会发送一个信息给串口，通过串口中断通知 GSM 任务。由于采用中断方式进行数据的接收，则应根据短信传送的内容采用邮箱来进行短信内容的传递。GSM 短信查询控制任务的流程如图 8-11 所示。

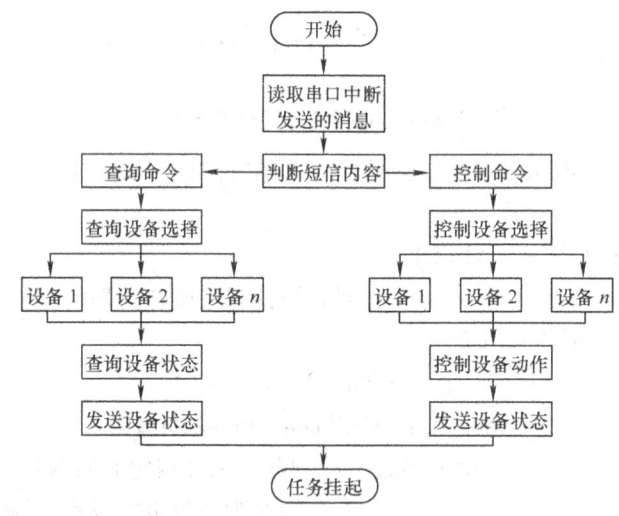

图 8-11 GSM 短信查询控制任务的流程

程序代码如下：
```
void GSM_Task(void * Id)
{
    void * msg = NULL;
```

```
INT8U error;
for(;;)
{
    OSMboxPend(E_GSM_Mbox,0,&err);    //等待短信到来
    switch(E_GSM_Mbox->OSEventPtr->cmd_type)  //提取短信命令类型
    {
        case 0://查询命令
          GSM_Command->dev_status=DeviceCheck(E_GSM_Mbox->OSEventPtr
          ->dev_no);//查询指定设备状态
          SendMessage(GSM_Command);   //发送查询结果
          break;
        case 1://控制命令
          GSM_Message->dev_status=DeviceControl(E_GSM_Mbox->OSEventPtr
          ->dev_no,\\E_GSM_Mbox->OSEventPtr->cmd_class);SendMessage
          (GSM_Message);//控制设备动作,返回状态
          SendMessage(GSM_Command);   //发送控制结果
          break;
    }
}
```

2. 短信接收中断服务程序的设计

短信的接收是放在串口中断服务程序中执行的,需要编写串口接收中断服务程序。短信读取流程如图 8-12 所示。

GSM 通信模块设置为设置短消息到达自动提示,因此短信到达时会自动触发串口中断。然后,向 GSM 通信模块发出"AT+CMGR=0<CR>"命令,可使该模块将未被读取过的短消息经串口送出。为了便于短信管理,通过发送"AT+CMGD=0<CR>"命令删除短信。在短信命令格式设计时,为了便于解析短信内容,在控制和查询命令各个参数间用"*"隔开,用#表示结束。控制查询短信的格式是:控制或查询的设备编号+命令类型(即控制或者查询命令)+与设备相关的命令(如开、关等命令),即 dev_no + * + cmd_type + * + cmd_class + #。短信收发相关内容请参考 AT 指令,这里不作详细介绍。

串口读短信中断服务程序如下:
```
void UART0RD_GSM_ISR()
{
    unsigned char data[4];
    struct GSM_MSG msg;
    unsigned char i;
    ReadMessage(msg);   //读取短信
```

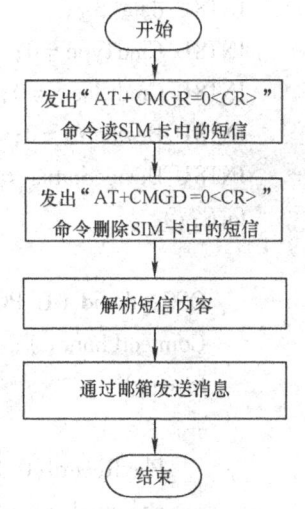

图 8-12 短信读取流程

```
    data = MessageAnalyze(msg->msg_data);
                               //解析短信内容,获取有效控制或查询命令参数
GSM_Command->phone_no = msg->phone_no;
GSM_Command->dev_no = data[0];          //保存短信参数
GSM_Command->dev_type = data[1];
GSM_Command->dev_class = data[2];
OSMboxPost(E_GSM_Mbox,GSM_Command);
                               //发送短信至邮箱,激活 GSM 短信查询控制任务
}
```

8.3.4 PSTN 电话查询控制任务

该任务负责有线电话线路的监听,将获取的数据放入消息数组中。电话查询控制是通过远程电话根据监控器提示音进行按键输入控制或查询命令来实现的。电话振铃检测与外部中断 0 相关联,如果出现打入电话,可采用在中断服务程序中加入信号量事件来传递接入电话信号。

家电远程控制时需要输入用户密码,密码的设定和修改可以通过键盘、LCD 来实现。密码输入正确,直接进入下一级菜单;如果输入错误,提示重新输入,最多可以输两次,如果两次密码错误,提示限拨次数已到,并且挂机。PSTN 电话查询控制模块的程序流程如图 8-13 所示。

PSTN 电话查询控制任务的程序代码如下:
```
void Phone_Task(void *Id)
{
   char * password;
   INT8U i;
   INT8U j = 1;
   INT8U data[3];
   INT8U CmdType = 0;
   INT8U CmdClass = 0;
   INT8U DeviceNo = 0;
   INT8U DeviceStatus = 0;
   for(;;)
   {
      OSSemPend(E_PConnect_Sem, 0, &err);//等待外部中断 0 发送电话接通信号量
      ConnectPhone();                     //摘机
      for(;;)
      {
         PlayRecord(0,PasswordInstruction);      //播放提示输入密码录音
         password[i] = OSMboxPend(E_PRead_MBox,0,&err);
                               //等待外部中断 1 发送消息
```

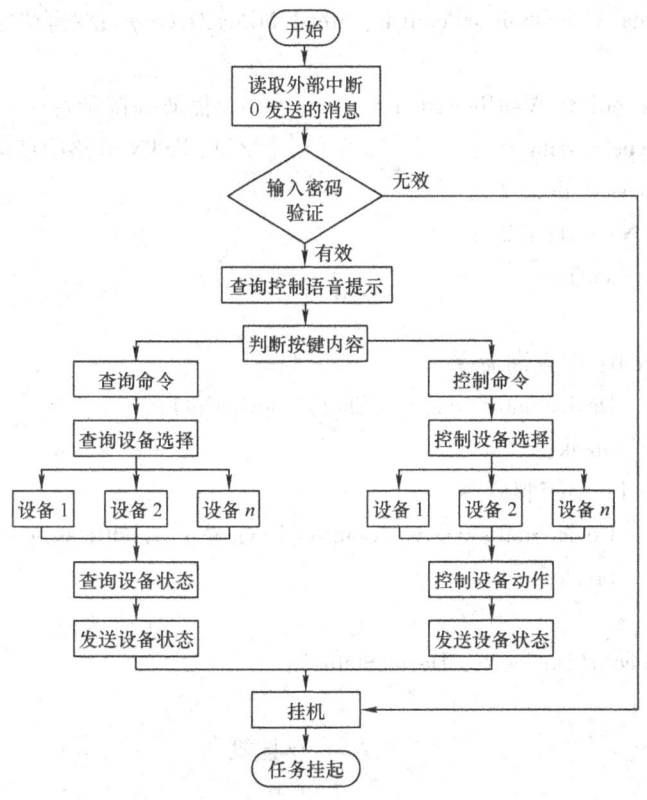

图 8-13　PSTN 电话查询控制模块的程序流程

```
if( password[i] = = '#')
  {
      strncpy( password,password,i)      //密码取 i 个符号有效
      if( strcmp( password, PASSWORD)){
          i = 0;
          break;}
      else if( j < 2){
          PlayRecord(0,PasswordReinput);      //播放密码重新输入提示录音
          j ++ ;}
      else
          PlayRecord(0,PasswordError);        //播放提示输入密码错误
  }
  i ++ ;
}
if( ! strcmp( password, PASSWORD))
{
    for( i = 0;i < 3;i ++ ){
        PlayRecord(0,InputInstruction[i]);     //播放提示录音
```

```
            &data[i] = OSMboxPend(E_PRead_MBox,0,&err);//等待外部中断1发送消息
        }
        PlayRecord(0,WaitRecord);              //播放等待录音
        CmdType = data[0];                     //从PSTN电路中读取输入按键值
        CmdClass = data[1];
        DeviceNo = data[2];
        switch(CmdType)
        {
          case 0: //查询命令
               DeviceStatus = DeviceCheck(DeviceNo);
               break;
          case 1: //控制命令
               DeviceStatus = DeviceControl(DeviceNo, CmdClass);
               break;
        }
        PlayRecord(DeviceNo, DeviceStatus);
    }
    StopPhone();                               //挂机
  }
}
```

外部中断0中断服务程序负责监听电话和接通电话,通过信号量来通知任务电话已接通。其中断服务程序如下:

```
void ConnectPhone_ISR()
{
    rGPF = |0x1;//设置端口GPF0,使继电器K1导通,接通电话
    OSSemPost(E_PConnect_Sem);//发送信号量,激活电话任务
}
```

同时,远程电话控制是通过按键输入来控制设备的,因此需要控制器捕获按键信息,然后将按键输入值发送给控制任务。按键消息是通过外部中断1来进行捕获的,当有按键信息时,通过芯片74LS132(见图8-5)产生一个脉冲信号触发外部中断1,通过外部中断1服务程序将消息值取出存入邮箱2,中断结束后触发电话控制任务运行。

```
void ReadPhone_ISR()
{
    unsigned char data;
    StopPlay();        //中断录音播放
    data = DTMF_Read();    //读取按键值
        OSMboxPost(E_PRead_MBox,&data);//发送按键消息,激活电话控制任务
}
```

8.3.5 其他函数说明

1. 设备相关函数

1）设备状态查询函数：unsigned char DeviceCheck（unsigned char deviceno）。该函数主要用于查询各个设备的状态，根据设备编号调用底层设备查询函数，然后返回设备状态。用户可以根据扩展的设备编号在该函数中添加相应的设备查询底层函数调用。

2）设备状态控制函数：unsigned char DeviceControl（unsigned char deviceno, unsigned char cmdclass）。该函数主要用于控制各个设备的状态，根据设备编号和命令调用底层设备控制函数控制设备动作，然后返回设备状态。用户可以根据扩展的设备编号在该函数中添加相应的设备控制底层函数调用。

2. 短信相关函数

1）短消息发送函数：void SendMessage（unsigned char * message）。该函数通过消息指针 message 将消息首地址传送到底层驱动程序，底层驱动程序将根据定义的消息结构体解析出消息参数来，然后通过 GSM 通信模块发送出去。用户可以自定义消息结构，底层消息结构应和应用程序消息结构保持一致。

2）短消息读取函数：void ReadMessage（void * msg）。该函数是 GSM 通信模块的底层驱动读操作程序，根据短消息读取流程发送读取消息指令，将短消息从 SIM 卡中读出并存放在短消息结构体中。短消息结构体主要包含发送短信手机号、发送时间和短消息内容三部分。

3）短消息解析函数：unsigned char * MessageAnalyze（char * message）。该函数将短消息结构体中的短消息内容通过 message 参数传递下去进行解析，返回解析数据。由于读出的短消息是字符串格式，需要根据用户定义的命令格式将命令参数解析出来，然后返回参数首地址。

3. 电话相关函数

1）电话拨号函数：unsigned char CallPhone（unsigned char * PhoneNo）。该函数主要用于电话拨号，监听对方是否在规定时间内摘机，如果摘机返回 ture，否则返回 false。

2）电话摘机函数：void ConnectPhone（）。该函数主要用于控制继电器 K1 来导通电话，和 StopPhone（）配合使用。

3）电话挂机函数：void StopPhone（）。该函数主要用于控制继电器 K1 来挂断电话，和 ConnectPhone（）配合使用。

4）远端按键读函数：unsigned char DTMF_Read（）。该函数主要用于读取远程控制端按键输入，和外部中断 1 配合使用。

4. 录音相关函数

1）播放录音函数：void PlayRecord（unsigned char device_no, unsigned char record_no）。该函数通过控制继电器 K2 和 ISD4004 存储芯片等部分用于播放录音提示，根据传送的设备号和录音编号在地址表中找到录音存放地址，然后播放录音。在播放录音过程中，如果检测到有按键输入，则停止录音播放。该函数可以和 StopPlay（）配合使用。

2）停止放音函数：void StopPlay（void）。该函数通过控制继电器 K2 和 ISD4004 存储芯片等部分用于停止播放录音，和 PlayRecord（）配合使用。当在播放录音时检测到有按键输入，则调用该函数中断录音播放。

习 题 8

1. 试简述家庭安防远程监控系统的工作原理。
2. 分析各个任务间的联系与任务切换条件。
3. 通过分析任务简述邮箱的工作过程。

第 9 章　嵌入式软件测试基础知识

本章主要针对嵌入式软件质量控制中的软件测试阶段进行介绍，本章通过对嵌入式软件质量控制的介绍，引入并分析了嵌入式软件测试作为保证嵌入式软件质量的必要手段之一的必要性，同时对嵌入式软件测试的方法进行了介绍。

9.1　嵌入式软件的质量控制

作为软件的一个特殊部分，嵌入式软件的设计和开发需要遵守软件工程的设计和开发方法，其质量也需要满足软件的设计质量标准。因此，与软件设计的质量一样，嵌入式软件的设计质量是嵌入式软件开发中对完成的软件进行评价的一项重要指标。

从嵌入式系统的组成来看，设计应该体现出层次结构，以对应于良好的质量特性，从而便于实现与测试。一般来说，采取的方法是：基于虚拟机方式，模块化与层次化结合，上下层严格层次化，同层划分模块化，降低接口复杂性。

9.1.1　嵌入式软件开发的质量问题

作为系统组成的重要部分，软件的安全性和可靠性越来越受关注，而嵌入式软件作为一种特殊的软件，对安全性和可靠性的要求都是相当高的。

因此，必须采用有效的手段和软件工具来进行软件质量保证活动。也就是说，要有相应的软件工具支持开发者，保证他们在最短的时间内、用最少的费用开发高质量的软件，以满足客户的要求，同时减少产品交付后的维护费用。通过实际项目的统计，得出在不同的阶段发现和更改错误的费用是不同的，如表 9-1 所示。

表 9-1　不同阶段更改错误的费用

软件开发阶段	编码阶段	测试阶段	维护阶段
发现和更改错误的费用	1 倍	4 倍	16 倍

另一方面，统计表明，一个项目中 80% 的错误往往是由 20% 的程序引起的，因此如何优先地确认和标识出这 20% 的程序是十分重要的。

经验还告诉我们，错误多的程序，其结构、算法、程序风格往往非常复杂。表 9-2 是嵌入式软件各个开发阶段、各种活动（评审和测试）发现错误的情况。

表 9-2　嵌入式软件各开发阶段、各种活动发现错误的情况

发现错误的活动	每 1000 行发现的错误数
需求评审	2.5
设计评审	5.0
代码评审	10.0
集成测试	3.0
验收测试	2.0

软件和其他产品一样，其质量取决于软件开发过程中对质量的控制。

9.1.2 嵌入式软件的质量模型

嵌入式软件和普通软件具有同样的软件质量模型，如图9-1所示。

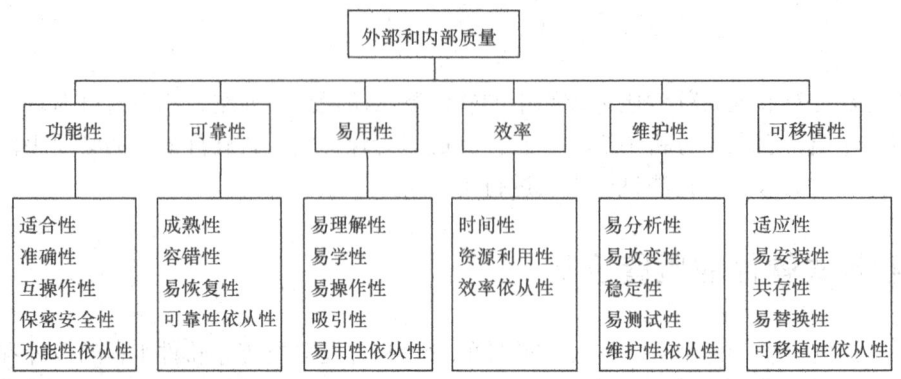

图 9-1 嵌入式软件的质量模型

在众多支持集成式软硬件协同设计和软硬件并行设计的嵌入式系统中，把软件质量的重要性放在了第一位。比如，对于可移植性，评估或质量审查清单中应把握以下几点：

1）系统是不是带 RTOS 内核、BSP？是否为参考设计开发模式？
2）如何对软件进行层次化、模块化划分？是否开放源代码？

再比如，在实时系统容易造成失败的情况下，要从以下几个方面考虑可靠性：

1）系统长时间运行造成的出错状况：
a）存储是否溢出？优先级是否反转？
b）用户随机操作或跳跃测试（Monkey-test）对系统的影响。
2）系统任务并发或多事件组合发生对系统的影响。

9.1.3 软件缺陷

1. 软件缺陷的定义

软件在它的生命周期内各个阶段都可能发生问题，发生问题的情况和形式是各不相同的，大家都习惯使用 "bug"（软件缺陷）这个词来描述这些问题，它包含一些偏差、谬误或错误，更多地表现在功能上的失败（Failure）和实际需求的不一致及矛盾（Inconsistency）。

在 IEEE Standard729 中对软件缺陷的定义是：

1）从产品内部看，软件缺陷是软件产品开发或维护过程中所存在的错误、毛病等各种问题。
2）从外部来看，软件缺陷是系统所需要实现的某种功能的失效或违背。

因而，软件缺陷就是软件中存在的问题，最终表现为用户的需要没有完全实现，没有满足用户的需求。软件缺陷表现的形式有多种，不仅仅体现在功能的失效方面，还体现在其他方面。下列情况认为是软件缺陷：

1）功能、属性没有实现或者部分实现。
2）设计不合理，存在潜在缺陷。

3）实际结果和预期结果不一致。
4）运行错误，包括运行中断、系统崩溃、界面混乱等。
5）数据结果不正确，精度不够。
6）用户不能接受的其他问题，如存取时间过长、界面不美观等。

2. 软件缺陷产生的原因

由于软件系统越来越复杂，不管是需求分析、系统结构设计、编码、测试都面临越来越大的挑战。软件缺陷是不可避免的，基于软件开发过程归纳出软件开发各阶段软件缺陷产生的原因。

图9-2为软件缺陷产生模型。在开发阶段，有3次机会可能引入缺陷，并在开发的其他过程中将这些缺陷传播演变为其他缺陷。在修复缺陷时，又有可能产生新的缺陷。

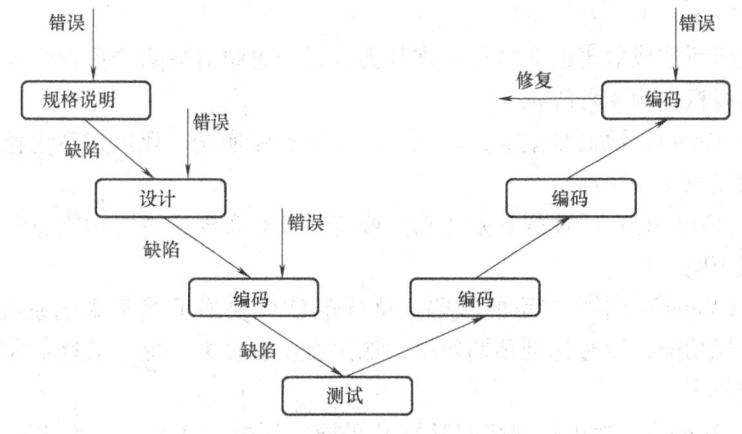

图9-2 软件缺陷产生模型

从模型中可以看出，如果将缺陷产生的原因按照规格说明、设计、编码和缺陷修复来分类，会发现规格说明是软件出现缺陷最多的地方，通常将规格说明书扩展理解为需求规格说明、功能规格说明、操作规格说明、使用规格说明等文档，这些文档的制作是软件缺陷产生最多的地方，因为该类文档是内部用户开发人员设计开发的基础，也是外部用户使用参考的依据。可以通过图9-3所示的软件缺陷构成比例示意图大致说明各阶段产生的缺陷的比例。

规格说明书为什么是引入软件缺陷最多的地方呢，主要有以下几种原因：

1）用户是非计算机专业人士，软件开发人员和用户的沟通存在较大困难，对要开发的软件产品功能理解不一致。

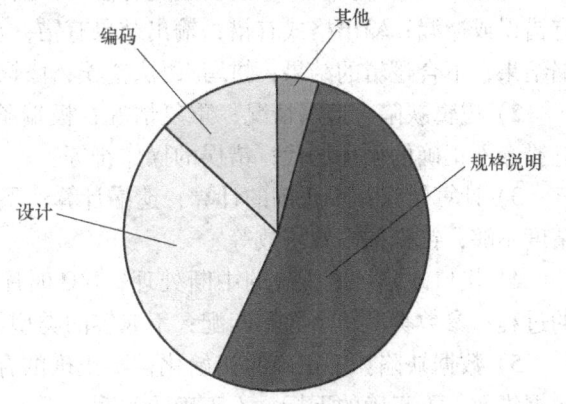

图9-3 软件缺陷构成比例示意图

2）由于软件产品还没有设计、开发，完全靠想象去描述软件系统的实际情况，所以有些特性思考得不够清晰。

3）需求变化的不一致。用户的需求总是在不断变化的，这些变化如果没有在产品规格说明书中得到正确的描述，容易引起前后的矛盾。

4）对于规格说明书普遍不够重视，在规格说明书的设计和写作上投入的人力、时间不足。

软件缺陷发现后，要尽快修复缺陷，不然随着产品开发过程的进行，缺陷会越变越大，以至于造成严重的后果。缺陷发现或解决得越晚，更改时成本就越高。

3. 软件缺陷的分类

软件缺陷一旦被发现，就要设法找出引起这个缺陷的原因，并分析其对产品质量的影响。由于资源是稀缺的，确定软件缺陷修复优先级是节约资源的最佳手段。因此，要对软件缺陷进行分类研究。有多种分类标准可以对软件缺陷进行分类：以出现相应缺陷的开发阶段来划分，以相应缺陷失效产生的后果来划分，以缺陷修复难度来划分等。下面列举几种常见的缺陷分类。

根据软件缺陷所造成危害的恶劣程度来分类，每个组织对缺陷严重程度级别的定义不尽相同，但一般可以概括为 4 种级别。

1）致命的（Fatal）：致命缺陷会造成系统或应用程序崩溃、死机、系统悬挂，或造成数据丢失、主要功能完全丧失等。

2）严重的（Critical）：严重的缺陷指功能或特性没有实现，主要功能丧失，导致严重问题或致命的错误声明。

3）一般的（Major）：不太严重的缺陷，这样的软件缺陷虽然不影响系统的基本使用，但没有很好的实现功能，没有达到预期效果，如次要功能丧失、提示信息不太准确、用户界面差、操作时间长等。

4）微小的（Minor）：微小的缺陷对功能几乎没有影响，产品及属性仍可以使用，如有个别错别字、文字排列不整齐等。

根据软件缺陷产生的技术类型来分类，一般可以概括为 5 种类型。

1）输入/输出缺陷：不接收正确的输入；接受不正确的输入；描述有错误或遗漏；参数有错误或遗漏；输出格式有错；输出结果有错；在错误的时间产生正确的结果；不一致或遗漏结果；不合逻辑的结果；拼写/语法错误；修饰词错误等。

2）逻辑缺陷：遗漏情况；重复情况；极端条件出错；解释有错；遗漏条件；外部条件有错；不正确的循环迭代；错误的操作符等。

3）计算错误：不正确的计算；遗漏计算；不正确的操作数；不正确的操作；括号错误；精度不够；错误的内置函数等。

4）接口缺陷：不正确的中断处理；I/O 时序有错；调用了错误的过程；调用了不存在的过程；参数类型、个数不匹配；不兼容的类型等。

5）数据缺陷：不正确的初始化；不正确的存储/访问；错误的标志/索引值；不正确的数据维数；不正确的下标；不正确的类型；不正确的数据范围；不一致的数据等。

9.1.4 提高嵌入式软件质量的方法

嵌入式软件质量的保证主要涉及两个部分工作：提高发现缺陷的能力和改变软件质量的平衡点。对于一个质保部门/小组，前期焦点主要集中前者，而一段时间之后工作重点必然转移到后者。

软件质量的平衡点出现在以下情形：缺陷修复所对应的工作量和复杂度，引出数量相当的一批新缺陷。这种平衡点主要由团队能力、开发平台、工作流程和开发对象的规模及难度等因素决定。在适当的预算下，使软件质量的平衡点高于客户的预期，并且有足够的潜力和伸缩性保持这一关系，是软件质量保证工作的目标。

可以通过以下方法来提高嵌入式软件的质量：

1）重视缺陷的评估分级。常见的失误是把过多的资源投放在尽可能多地发现缺陷上，而忽略了不同种类缺陷的不同介质，从而造成了浪费。事实上，从系统的软硬件资源、通信带宽的冗余、体系结构设计的调整余地、需求变化的可能性到开发过程改进上的潜力，诸多因素左右着整个问题的最佳答案。因此，选择便于修复而又有现实意义的缺陷，迅速而彻底地完成准备→测试→改进的过程，而不是追求更高的测试覆盖率，才能为开发带来方便且赢得时间。

2）建立文档和缺陷管理制度。缺乏文档管理制度，无论黑盒测试还是白盒测试都不能获得必需的、准确的输入信息。对于复杂系统的改进而言，缺陷管理工具更是必不可少的。

3）强调测试自动化。测试或许是技术领域中最可能也是最需要提高自动化程度的工作。测试自动化主要包括：①测试准备的自动化；②测试用例的自动化生成；③测试的实施、记录和诊断的自动化。关键在前两点，目前主要有两种途径来实现测试自动化：

- 利用被测对象设计阶段的建模结构；
- 对源代码进行自动分析。

利用移植技术可以生成高质量的源代码。如果因代码空间的压力而无法采用，那么在测试过程中或者批量生成/验证测试用例上还是适用的。这其实是第一种途径，而对于源代码进行自动分析通常用在商业化的测试工具中。

软件测试是提高软件质量的重要手段，软件测试的概念相对于软件质量而存在。软件质量是软件产品满足使用要求的程度，满足程度是由软件的特征和特征集决定的。软件缺陷是软件在生命周期各个阶段存在的一种不满足给定需求属性的问题。

9.2 软件测试的基本概念

9.2.1 软件测试的定义

软件一般是指一系列按照特定顺序组织的计算机数据和指令的集合。多年来，许多专家对软件测试提出了各种各样的定义。其中，IEEE1983对软件测试的定义是：软件测试是选择适当的测试用例，执行被测试程序的过程，其目的在于发现程序中的错误。在 IEEE Std 829-1998 对 IEEE1983 的修订版中，将软件测试定义为：测试（A）一个或多个测试用例集，或（B）一个或多个测试过程集，或（C）一个或多个测试用例和测试过程集，是软件的分析过程，其目的在于发现软件功能特性等实现和要求不一致的地方（也即软件错误）及对软件的评估。

从对软件测试的定义可以看出，对软件测试的认识是一个由单纯以发现错误为目的，到验证确认软件功能特性、评估软件质量为目的的过程。软件测试是通过在程序所有可能的输入集合中适当选取测试数据，指定测试执行步骤和期望的行为输出结果以及对其进行动态验证，用以评价产品质量，表示产品缺陷的一系列动态活动集合。在软件测试中，还有以下几个重要概念。

测试通过、失败标准：用于判断对一个测试软件测试项或软件功能的测试是否通过的一组判定规则。

软件项：源代码、目标代码、作业控制代码、控制数据及其集合。

软件功能特征：不同的软件项的特性。

测试项：可以作为一个测试对象的软件项。

测试项报告：识别测试项的文档，包含测试项的当前状态和位置信息。

测试活动：包括识别测试对象和执行测试。测试首先要识别测试对象，即识别要测试软件的功能特征。执行测试，则要确定需要执行的测试任务及其执行策略方法，并确定每个任务中测试人员的职责及风险分析和应对计划等。

测试计划：用于描述测试活动的方位、方法、资源和进度要求。

测试设计规格说明书：详细规定软件功能或功能组的测试方法以及鉴别其相关联的测试方法。

测试用例规格说明书：详细制定输入、预期结果和一个测试项执行条件集及其优先级的文档。

测试过程：一个测试执行的动作序列。

测试问题记录报告：记录需要进一步调查研究和分析的测试过程中发生的任何问题。

测试日志：按时间顺序详细记录的测试执行过程及其他相关的内容。

测试总结报告：总结测试活动和结果的文档，也包含相应的对测试项的评估。

9.2.2 软件测试的目的和作用

长期以来，对软件测试存在着两种不同的认识。一种观点认为，软件测试的目的是证明软件的正确性；而另一种观点则认为，软件测试的目的是尽可能地寻找软件中隐藏的错误和缺陷。软件测试的基本任务就是根据软件开发各阶段的文档资料和设计要求，精心设计测试用例，利用这些测试用例去测试程序，验证和确认软件是否符合要求和设计的质量要求，并找出隐藏的缺陷。

软件测试的最基本目标应是以最少的时间和人力找出软件中潜在的各种错误和缺陷，可以通过严格的测试过程和精心的测试用例选取来达到这一目的。软件测试过程中一项重要活动是软件缺陷的跟踪和管理。基于此，有一些典型的对软件测试的认识，包括：

1）软件测试是为了寻找错误而运行程序的过程。

2）一个好的测试用例是指可能找到的迄今为止尚未发现错误的用例。

3）一个成功的测试是指揭示了迄今为止尚未发现错误的测试。

软件测试的目的不能仅从发现错误来概括。测试人员会告诉你，他们的主要工作是发现缺陷。但要知道，测试永远不能发现软件错误，只希望在软件开发生命周期内尽可能早地发现尽可能多的缺陷。这种认识源于没有办法对软件进行完全测试，即对程序的正确性进行完全证明。E. W. Dijkstra 指出："测试只能证明程序有错，不能保证程序无错。"所以，人们认为，能够发现程序缺陷的测试是成功的测试，测试的根本目的就是为了发现尽可能多的缺陷。

软件测试就像去医院体检，体检的目的是验证身体是否健康，即是否符合身体健康的标准。在体检的过程中，医生会用一系列标准进行体检，看身体状况是否符合健康的指标要求，比如身高、体重、血压、心率等。如果某一项或多项指标不符合要求，则说明身体达不到健康的要求，存在某一方面或多方面的问题，就需要去看医生，由医生来诊断是什么原因导致的问题，从而对症下药进行治疗。所以，体检的过程是依据一系列指标来确认身体健康的过程，而不只是以找问题为目的对身体进行测试的过程，问题是因某一项或多项指标不符合标准所表现出来的现象，而不是体验的目的。医生进行治疗并对症下药的过程就像是依据需求标准对软件正确性验证过程中所发现的错误进行调试和恢复的过程。

所以，软件测试的更高层次的目标应体现质量改进、验证与确认、可靠性评估。下面将分别介绍。

1. 质量改进

如果应用于关键应用中的计算机和软件系统出现问题，后果是十分严重的。软件错误将引起巨大的损失，比如导致飞机失事、火箭失去控制、股市交易中断等。软件质量和可靠性对于嵌入式应用系统而言，更是生死攸关的大问题。

质量意味着产品符合设计的要求规范。正确性是指软件在符合环境下可运行的要求，是软件质量的最低要求。调试是软件测试中的一个重要方法，是程序员定位和修复软件错误的一个过程。发现和修复错误是程序调试的主要目的。

2. 验证和确认

软件质量是客观的，能精确地度量和比较。质量属性包括功能性、可用性、安全性、可靠性和可测性等。而软件价值是主观的，价值的判断依据包括满意度、足够好、幸福感、喜好、憎恶感等。软件测试的一个重要目的是验证和确认软件质量。测试人员对产品质量的评测主要基于对测试结果的解释，比如软件是否能在特定条件下正常工作。软件质量依赖于对软件需求的正确分析、设计以及实现，测试有助于提高软件的质量，但是提高软件的质量不能完全依赖于测试。测试与质量的关系很像考试中"检查"与"成绩"的关系。学习好的学生，在考试时能通过认真检查减少因疏忽而造成的答案错误，从而"提高"考试成绩（取得他本来就该得的好成绩）；而学习差的学生，他原本就不会做题目，无论检查多么细心，也不能提高成绩。可见，高质量的软件是设计出来的，而不是靠测试修补出来的。所以，不能直接对质量进行测试，但可以通过测试质量相关的因素对软件质量进行度量。

质量因素表现在三个典型方面：功能性、工程性和适应性。这三方面的因素可视为软件质量的三维空间。

功能性（外在质量）：正确性、可靠性、可用性、完整性。

工程性（内在质量）：有效性、可测性、文档化。

适应性（未来质量）：可扩展性、可重用性、可维护性。

良好的测试会对所有与质量相关的因素进行度量。对与人们生活息息相关的应用系统尤其强调可靠性和完整性，而可用性和可维护性则是典型商务应用系统的两个关键因素，一个实时的科学计算程序则更强调正确性和可靠性。要使测试充分发挥作用，就必须衡量各相关因素，使质量度量成为有形的、可见的。

以有效性和正确性验证为目的的软件测试称为正面测试，即验证软件是工作的。这种测试的缺点在于它只能验证软件在特定用例情况下能正常工作。有限次数的测试不能确认软件能在各种条件下都能正常工作，反之，如果有一个测试失败，则足以确认该软件是不能正常工作。相比之下，负面测试指按规定规范注入错误，旨在破坏软件的正常工作，以检验软件处理错误的能力，即验证软件是不工作的。一个好的软件必须有足够的异常处理能力去接受破坏性测试的考验。

好的、可测的软件设计应该容易被验证、更新和维护。由于测试是一项严格的工作，需要花费大量的时间和费用，因此可测性设计也是软件开发设计规范的一个重要因素。

3. 可靠性评估

软件可靠性体现在软件的许多方面。ISO9000 质量标准（ISO/IEC9126-1991）规定，软件产品的可靠性是指软件系统在规定的时间内及规定的环境条件下，完成规定功能的能力，可用成熟性、容错性、易恢复性三个基本子特性来度量。作为统计抽样的方法，软件可靠性数据是可靠性评估的基础。按照相关标准的要求，通过对可靠性数据进行收集、保存、分析和处理，可得到对软件使用可靠性量化的评估。

9.2.3 软件测试的分类和软件测试技术

1. 软件测试的分类

软件测试按测试的重点不同可分为不同的类型。

1）按测试对象：可分为文档测试（包括需求规格说明、概要设计规格说明书、详细设计规格说明书、用户手册等文档）、代码测试、配置项测试等。

2）按测试顺序：可分为单元测试、集成测试、确认测试、系统测试。

3）按实现技术：按测试过程中软件运行情况可分为静态测试和动态测试；按测试中所针对的软件功能和结构的不同，测试可分为黑盒测试和白盒测试。

4）按测试专题：可分为功能测试、性能测试、可靠性测试、安全测试、强度测试、安装测试、恢复测试、余量测试。

5）按用途：可分为正确性测试、性能测试、可靠性测试、安全性测试和回归测试等。

6）按生命周期：可分为需求阶段测试、设计阶段测试、程序编码阶段测试、安装阶段测试、验收阶段测试和维护阶段测试。

2. 软件测试技术

软件测试技术有很多种，如图9-4所示。原则上，软件测试技术可分为静态测试技术和动态测试技术。动态测试技术又包括黑盒测试技术和白盒测试技术以及程序与规格说明相结合的测试技术。黑盒测试技术和白盒测试技术是广泛使用的两种测试技术。

静态测试是不执行程序代码而寻找程序代码中可能存在的缺陷或评估程序代码的过程。静态测试要进行的工作主要有由人工进行的代码审查、

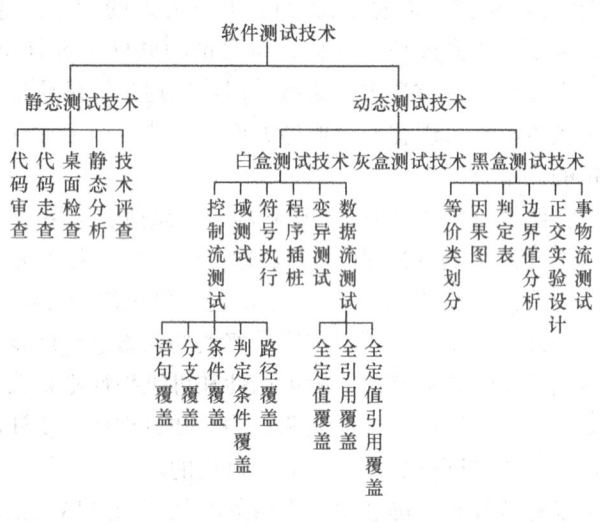

图9-4 软件测试技术的分类

代码走查、桌面检查、技术评查以及主要由软件工具自动进行的静态分析。

动态测试包括白盒测试、黑盒测试，以及程序与规格书说明相结合的测试，即灰盒测试。

（1）静态测试

静态测试又称静态分析，是对被测软件进行特性分析的一些方法的总称。静态测试的主要特征是不利用计算机运行被测软件，而是采用其他手段达到检测的目的。当然，不运行被测软件并不是说不利用计算机作为分析工具，在实践中常常利用静态分析工具对软件的源代码加以分析。

（2）动态测试

和静态测试相对应，动态测试使用测试用例运行软件，获得软件运行的真实情况。由于要运行软件，对测试环境就提出了要求。动态测试的关键在于如何选择测试用例。动态测试主要有黑盒测试和白盒测试。黑盒测试和白盒测试实际上是测试数据选择的两种方式。

任何工程产品都可以使用以下两种方法之一进行测试：

1）已知产品的功能设计规格，通过测试证明实现的每个功能是否符合要求。

2）已知产品的内部工作过程，通过测试证明每种内部操作是否符合设计规格要求，所有内部成分是否已经经过检查。

这两种立场不同的测试，就是两种常用的测试方法，前者为黑盒测试，后者为白盒测试。

黑盒测试又称为功能测试或数据驱动测试。这种测试方法把测试对象看作一个黑盒子，不考虑程序的内在逻辑，只根据需求规格说明书的要求来检查程序的功能是否符合要求。它要求测试者在测试时不能使用与被测系统内部结构相关的知识或经验。

白盒测试又称为结构测试和逻辑驱动测试。这种测试方法把测试对象看作一个透明的盒子，允许测试人员针对程序内部的逻辑结构及有关信息来设计和选择测试用例，对程序的逻辑路径进行测试。通过在不同点检查程序的状态，可确定实际的状态是否与预期的状态一致。

9.3 嵌入式软件测试

所有的测试，不论是嵌入式软件测试还是普通的软件测试，它们的中心任务都是验证和确认其设计实现是否符合要求，在验证过程中发现系统的缺陷。对于每个测试过程，从系统的调试和可接受性方面来说，发现缺陷是最关键的部分。尽管所有的人都承认，预防缺陷总比发现和改正它们要好，但现实是还无法生产出无缺陷的系统。在系统开发过程中，测试是一个基本要素，它有助于提高系统的品质。

9.3.1 嵌入式软件测试的特点

嵌入式软件测试作为一种特殊的软件测试，它的目的和原则同普通的软件测试相同，同样是为验证或达到可靠性要求而对软件进行的测试。但是和一般应用软件的可靠性测试相比，嵌入式软件测试有自身的特点（特别是对于没有操作系统的嵌入式应用软件而言）：

1）嵌入式软件是在特定的硬件环境下才能运行的软件，因此，嵌入式软件测试时最重要的目的就是保证嵌入式软件能在此特定的硬件环境下更可靠地运行。

2）嵌入式软件测试除了要保证嵌入式软件在特定硬件环境中运行的高可靠性，还要保证嵌入式软件的实时性。比如在工业控制中，如果某些特定环境下的嵌入式软件的实时响应能力差，就可能造成巨大的损失。

3）嵌入式软件产品为了满足高可靠性的要求，不允许内存在运行时有泄漏等情况发生，因此嵌入式软件测试除了对软件进行性能测试、覆盖分析测试等测试（同普通软件测试一样，都不可或缺）之外，还需要对内存进行测试。

4）嵌入式产品不同于一般的软件产品，在嵌入式软件和硬件集成测试完成之后，并不代表测试全部完成，在第一件嵌入式产品生产出来之后，还需要对其进行产品测试。嵌入式软件测试的最终目的是使嵌入式产品能够在满足所有功能的同时安全可靠地运行。

因此，嵌入式软件测试除了要遵循普通软件测试的原则之外，还应该遵循以下几个原则：

1）嵌入式软件测试对软件在硬件平台的测试是必不可少的。

2）嵌入式软件测试需要在特定环境下对嵌入式软件进行测试。比如，对某些软件在工业强磁场的干扰下测试，这也是为保证嵌入式软件可靠性所必需的测试。

3）必要的可靠性负载测试。比如，测试某些嵌入式系统能否连续1000h不断电工作。

4）除了要对嵌入式软件系统的功能进行测试之外，还需要对实时性进行测试。在判断系统是否失效方面，除了看它的输出结果是否正确，还应考虑其是否在规定的时间里输出了结果。

5）在对嵌入式软件产品进行测试的时候，需要在特定硬件平台上进行性能测试、内存测试、覆盖分析测试。这些测试可以利用相应的工具进行。

6）对嵌入式软件产品进行测试时，需要对生产出来的第一件产品进行测试。

总之，嵌入式软件测试的目的和原则既同普通软件测试的目的和原则有相似之处，又在一定程度上高于普通软件测试的目的和原则。

嵌入式软件测试的测试对象和测试信息流的内容同普通软件测试没有区别，因此这里不再赘述。

9.3.2 嵌入式软件的统一测试模型

嵌入式软件测试是保证嵌入式软件质量、可靠性的过程。嵌入式软件测试是嵌入式软件开发的重要环节，也是嵌入式软件从开发到应用的关键一环。图9-5为嵌入式软件的统一测试模型。

9.3.3 嵌入式软件的目标机环境测试和宿主机环境测试

嵌入式软件测试与普通软件测试不同的地方是嵌入式软件的测试方法。嵌入式软件测试分为目标机环境测试和宿主机环境测试两种。

在嵌入式软件测试中，常常要在基于目标机的测试和基于宿主机的测试之间作出折

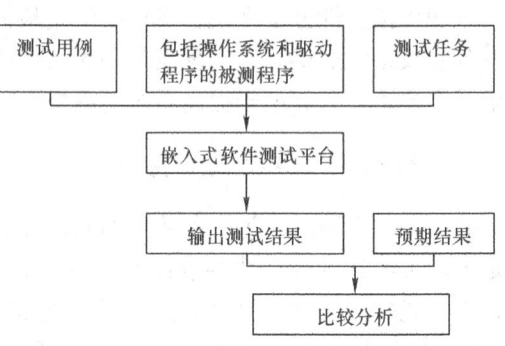

图9-5 嵌入式软件的统一测试模型

衷。基于目标机的测试要消耗较多的经费和时间,而基于宿主机的测试代价较小,但毕竟是在模拟环境中进行的。目前的趋势是把更多的测试转移到宿主机环境中进行,但是,它不可能完全模拟目标机环境的复杂性和独特性。

在两个环境中可以出现不同的软件缺陷,重要的是对目标机环境和宿主机环境的测试内容有所选择。在宿主机环境中,可以进行逻辑或界面的测试,以及与硬件无关的测试,测试消耗的时间通常较少,用调试工具可以更快地完成调试和测试任务。而与定时问题有关的白盒测试、中断测试、硬件接口测试只能在目标环境中进行。在软件测试周期中,基于目标机的测试是在较晚的"硬件/软件集成测试"阶段开始的,如果不更早地在模拟环境中进行白盒测试,而是等到"硬件/软件集成测试"阶段进行全部的白盒测试,将耗费更多的财力和人力。

9.3.4 嵌入式软件的测试步骤概述

根据嵌入式系统的开发流程,为了最经济地实现系统的功能,采用自顶向下、层层推进的方法对嵌入式系统进行测试,于是提出了图 9-6 所示的基于模块化设计的嵌入式软件测试流程。这样,当某个测试阶段以前的测试完成后,若再发现错误,则可断定错误是在该测试阶段发生的,只需在该测试阶段内查找错误即可。这并不是一个绝对准确的方法,但最大限度地节省了定位错误的时间。

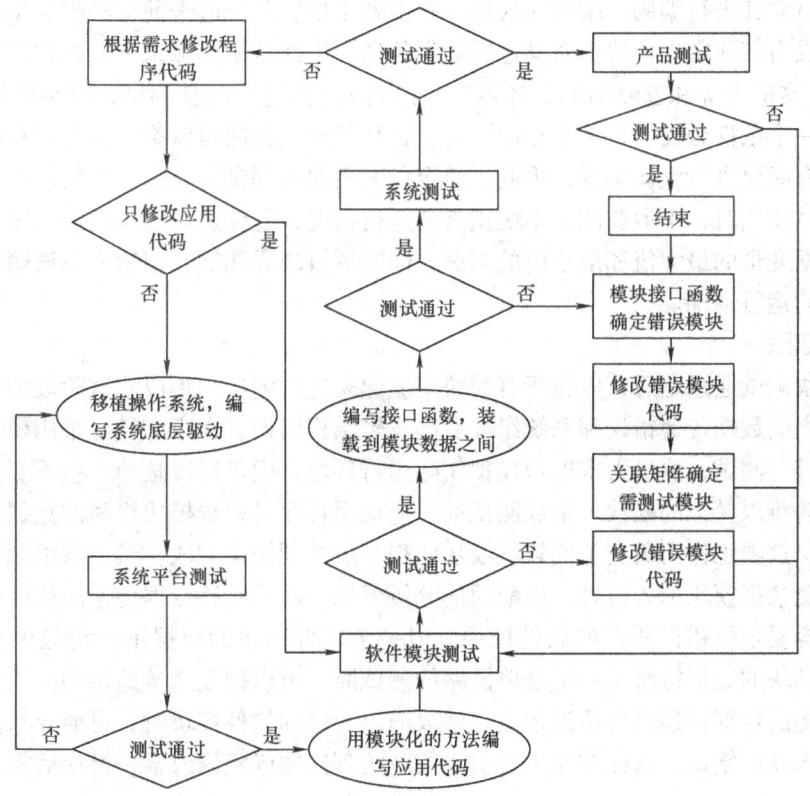

图 9-6 嵌入式软件测试的详细流程

嵌入式软件测试的总体步骤如下:

首先进行操作系统移植并编写系统底层驱动，然后进行系统平台测试，其中包括硬件电路测试、操作系统及底层驱动程序的测试等。如果测试不通过，需要重新进行操作系统移植和编写系统底层驱动；如果此测试通过，可以进入以下的开发——用模块化进行修改，然后对软件模块进行测试。如果测试没有通过，则要对此代码模块进行修改，然后对软件模块进行测试；如果所有的模块都通过测试，需要进行集成测试。如果集成测试没有通过，则要对模块接口函数确定错误模块，然后修改错误模块代码，再利用关联矩阵确定需测试模块，并重新回到软件模块测试；如果集成测试通过，则要进行系统测试。如果系统测试未通过，需要修改程序代码，问题可能出现在操作系统的移植上；如果系统测试通过，就可以退出测试。在第一件产品生产出来之后，需要对产品进行测试，如果测试通过，则表示嵌入式产品的所有的测试步骤已经完成。

1. 系统平台测试

系统平台测试包括硬件电路测试、操作系统及底层驱动程序的测试等。硬件电路的测试需要用专门的测试工具完成，这里不再赘述。操作系统和底层驱动程序的测试包括测试操作系统的任务调度、实时性能、通信端口的数据传输率。该阶段测试完成后，系统应可以成为一个完整的嵌入式系统平台，用户只需添加应用程序即可完成特定的任务。

2. 单元模块测试

通常，大型的嵌入式软件系统会被划分为若干个相对较小的单元任务模块，由不同的程序员分别同时对其进行编码。编码完成后，在把各个模块集成起来前，必须对单个模块进行测试。由于没有其他数据模块会对其进行数据传递，因此该阶段测试一般是在宿主机进行的（宿主机有丰富的资源和方便的调试环境）。此阶段主要进行白盒测试，尽可能测试到每一个函数、每一个条件分支、每一个程序语句，提高代码测试的覆盖率。由于只有每个单元模块都正确才有必要进行整体集成，因此，每个单元模块的测试要充分、完整。在构造单元模块测试的测试用例时，不但要测试系统正常的运行情况，还要进行边界测试。边界测试就是进行某一数据变量的最大值和最小值的测试，同时进行越界测试，即输入不该输入的数据变量测试系统的运行情况。

3. 集成测试

软件模块测试通过之后，应将所有模块集成起来进行测试。集成测试阶段的主要任务是找出各模块之间数据传递错误和系统组成后的逻辑结构错误。在宿主机上采用黑盒与白盒相结合的方法进行测试，要最大限度地模拟实际运行环境，但可以屏蔽掉一些不影响系统执行和数据传递的难以模拟的函数。集成测试前，应该由程序员根据模块之间的数据输入输出编写模块函数，这项工作由负责不同软件模块的程序员共同协调完成，然后将单元模块接口函数集成到接受数据模块的入口处。由前面的分析可知，对单链路数据传递的软件模块进行集成测试时，容易定位错误所在的软件模块。但一个软件模块的数据不一定只由一个模块提供，即软件模块的数据链路不一定是单链路的测试时，可以把复杂链路结构的数据传递划分为单链路结构的数据传递进行错误定位。修改输出数据的软件模块时，可能导致输入数据的软件模块引入新的错误，因此在这里要引入关联矩阵以便确定修改某一模块后需重要测试的模块。

4. 系统测试

集成测试完成后，退出宿主机测试环境，把系统移植到目标机上，以将其应用到现场环境中。此时，应从用户的角度对系统进行黑盒测试，验证每一项具体的功能。由于测试者对程序内容、程序的执行情况一无所知，因此本测试阶段的错误定位比较困难。在系统测试阶段应该进行意外测试和破坏性测试，即测试系统正常执行情况下不该发生的激发活动和人为破坏性的测试，从而验证系统性能。在系统测试阶段，不应该在确定错误后立即修改代码，而是应根据错误发生频率，确定测试周期，在每个测试周期结束时修改代码，进行反复测试；否则，不但增加了完全测试的任务量，而且降低了测试的可信度。

5. 确认测试

确认测试是嵌入式软件测试的最后一个活动，它的主要任务是将嵌入式软件交给委托人使用，通过这种方式来验证软件的功能、性能及其他特性是否与用户的要求一致。嵌入式软件确认测试包括有效性测试、软件配置检查、验收测试、α 测试和 β 测试。

9.3.5 嵌入式软件测试和普通软件测试的区别

嵌入式软件同普通软件相比，有其自身的一些特点：

1）开发与运行环境分开。嵌入式软件最终的运行平台是在目标机上，但是在目标机之外的 PC 上进行开发，即所说的宿主机。在宿主机上完成软件开发之后，再将软件程序移植到目标机上运行。

2）开发平台复杂多样。因为嵌入式系统的一个突出的特点是其专用性，即一个嵌入式系统只进行特定的一项或几项工作，嵌入式软件运行的硬件平台都是为进行这些工作而开发出来的专用硬件电路，他们的体系结构、硬件电路，甚至所用到的元器件都是不一样的，所以嵌入式软件运行的平台（通常称为开发平台）也是复杂多样的。

3）硬件资源、时间有严格限制。由于嵌入式系统的专用性，嵌入式软件运行的硬件平台的硬件资源是相当有限的。另外，由于嵌入式系统的实时性，决定了嵌入式系统的运行时间也是严格限制的。

4）缺乏可视化编程模式。由于嵌入式软件最终要在目标机平台上运行，而其开发只能在宿主机平台上进行，编程的结果只能在代码完成并通过相应的调试器和编译器下载到目标机平台上才能看到，无法实现可视化编程。

5）不同的嵌入式软件在不同环境下的可靠性、安全性要求是不同的。一些嵌入式系统，比如工厂车间的某些车床控制系统，它们要在电磁很强的恶劣环境下可靠地工作，而且要保证操作人员的安全。但是对于手机软件来说，它的可靠性和安全性就不如工厂车间的车床控制系统要求得高。

从嵌入式软件同普通软件的开发过程可以得到嵌入式软件同普通软件在测试方面的区别：

1）因为嵌入式软件开发和运行的环境是分开的，因此，各个阶段测试的平台是不一样的。

- 单元测试阶段：所有单元级测试都可以在宿主机环境下进行，只有个别情况下会特别指定单元测试要直接在目标机环境下进行。应该最大化在宿主机环境进行软件测试的比例，通过尽可能小的目标单元访问其指定的目标单元界面，提高单元测试的有效性和针对性。

在宿主机平台上运行测试的速度比在目标机平台上快得多，当宿主机平台上完成测试后，可以在目标机环境下进行确认测试，将确定一些未知的、未预料到的、未说明的宿主机与目标机的不同之处。例如，在目标机上可能存在缺陷，但在宿主机上却没有。

- 集成测试阶段：软件集成也可在宿主机环境下完成，在宿主机平台上模拟目标环境运行，在此级别上的确认测试可确定一些与环境有关的问题，比如内存定位和分配方面的一些错误。

在宿主机环境上的集成测试的使用，依赖于目标系统的具体功能有多少。有些嵌入式系统和目标机环境耦合得非常紧密，这种情况下就不适合在宿主机环境下进行集成。对于一个大型软件的开发而言，集成可以分几个级别。低级别的软件集成在宿主机平台上完成有很大优势，级别越高，集成越依赖于目标机环境。

- 系统测试和确认测试阶段：所有系统测试和确认测试必须在目标机环境下执行。当然，在宿主机上开发和执行系统测试，然后移植到目标机环境重复执行是很方便的。对目标系统的依赖性会妨碍将宿主机上的系统测试移植到目标系统上，况且只有少数开发者会卷入系统测试，所以有时放弃在宿主机上执行系统测试可能更方便。

确认测试最终必须在目标机环境中进行，因为系统的确认必须在真实系统之下完成，而不能在宿主机环境下模拟，这关系到嵌入式软件的最终使用。

2）由于开发平台的复杂多样，使得嵌入式软件的测试从测试环境的建立到测试用例的编写也是复杂多样的。与不同的开发平台对应的嵌入式软件是肯定不相同的；与相同的开发平台对应的嵌入式软件也可能是不相同的。嵌入式软件测试在一定程度上并不只是对嵌入式软件的测试，很多情况下是对嵌入式软件在开发平台中同硬件兼容性的测试。因此，对于任何一套嵌入式软件系统，都需要有其自己的测试、创建其自己的测试环境、编写其自己的测试用例。

3）由于嵌入式软件在开发时受目标机硬件资源的限制，因此嵌入式软件在测试时应当考虑到对软件的性能进行测试，并且充分利用性能测试的数据来进一步优化软件。另一方面，嵌入式软件在测试时应该充分考虑系统实时响应的问题，很多嵌入式系统会要求系统的响应时间应在多少毫秒之内。在测试有严格响应时间要求的嵌入式系统时，需要做负载测试。

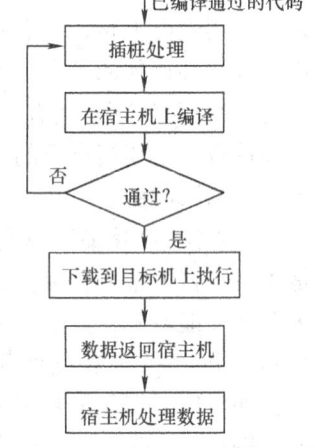

图 9-7　插桩测试流程

4）最终的测试需要在目标机平台上进行，在对目标机进行测试时，需要对在宿主机上编译通过的代码进行插桩处理（插桩的代码需要根据测试用例编写）。插桩测试流程如图9-7所示，插桩测试的原理如图9-8所示。

插桩完成之后，需要重新对代码进行编译，如果编译通过，就可以将编译好的代码下载到目标机上执行。在目标机执行程序的时候，需要将插桩时预设好的数据返回到宿主机上，因此，宿主机和目标机上要有能够相互传递数据的网线或者串口线；同时，宿主机上要有能够处理返回数据的处理程序或软件。

5）因为嵌入式软件对系统的可靠性和安全性要求比一般的软件系统高，所以还需要进行系统的可靠性测试。对于不同的嵌入式系统，需要制定相应的符合系统需求的可靠性级别（在软件开发的需求分析阶段完成），在进行可靠性测试时应该将系统的可靠性级别考虑

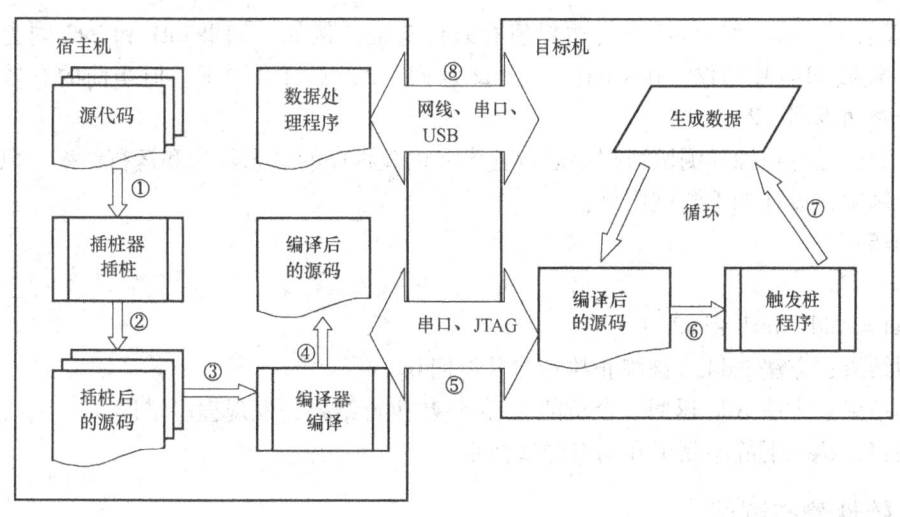

图 9-8 插桩测试原理

进去。

9.4 嵌入式软件测试技术

在上节中,比较了嵌入式软件测试同普通软件测试的异同点。一方面,嵌入式软件测试是一种特殊的软件测试过程,它使用的基本测试技术同普通的软件测试技术相同,同样也应用代码走查、白盒测试和黑盒测试等测试技术;另一方面,由于嵌入式软件测试的特殊性,比如测试目标、测试环境不同于普通软件测试,同样是白盒测试和黑盒测试,在嵌入式软件测试中的具体测试方法是不同于普通软件测试的。

嵌入式软件测试和普通软件测试一样,通常都要进行静态测试和动态测试,以发现不同的问题。例如,下列代码要求带两个 32 位字长整数参数的方法 Add 返回一个非负 32 位整数。

```
int Add(int * int1, int * int2)
{
    if(((*int1 >=0)&&(*int2 >=0)))
    {
        return *int1 + *int2;
    }
    return 0
}
```

通过静态检查,可以发现如下问题:

1) 参数 *int1 和 int2 没有进行空指针验证,如果传入空指针,则会导致程序崩溃(Crash)。

2) 参数 *int1 和 *int2 进行值有效性验证不充分,如果 int1 和 int2 的二者中正的绝对值大于负的绝对值,则 *int1 + *int2 执行结果为正值,符合要求。但当前的有效性验证会因为误判而返回 0。

3) 没有对 *int1 和 *int2 进行边界值有效性验证。例如，如果 int1 和 int2 同为最大的 32 位符号整数 2147483647，则 *int1 + *int2 返回 -2，不符合要求。但当前的有效性验证会因为误判而返回 -2。

动态测试通过在抽样测试数据上运行程序来检验程序的动态行为和运行结果，以发现缺陷。在上例中，设计如下测试用例：

int1 = 5;
int2 = -7;
int ret = Add (int1 + int2);

期望结果：方法 Add 应该终止执行，并返回 0。

实际结果：方法 Add 返回一个负的 32 位整数执行结果，发现程序错误。

下面将介绍一下静态测试和动态测试技术。

9.4.1 软件静态测试

嵌入式软件测试中的静态测试包括代码检查、静态结构分析、代码质量度量等工作。静态测试可以由人工进行，充分发挥人的逻辑思维优势；也可以借助软件工具自动进行。

静态测试有如下优点：

1) 不必动态地运行软件。在软件测试工程中，软件运行需要特定的环境和输入输出及相关系统的支持，静态分析省去了这些环节。

2) 发挥人的优势，行之有效。静态分析主要是由人对软件源代码进行审核分析，从而发挥人的能动性，实施方便，实践证明行之有效。

3) 不需特定的条件，容易开展。

静态测试的实践形式有代码走查、技术评查、代码审查、桌面检查和自动的静态分析。

1) 代码走查：代码走查一般以走查小组形式进行，人工考查程序的逻辑，给出输入和预期的输出，当实际输出和预期的输出不等时，便可发现错误。

2) 技术评查：综合运用走查和审查技术，逐页、逐节检查文档，在需求、结构或设计等方面提出问题。

3) 代码审查：一般使用"代码检查单"，以审议小组形式逐行检查代码，进行代码评估。

4) 桌面检查：软件编制者自我检查软件源代码，效果不如以小组形式进行的评查或审查。

5) 自动的静态分析：包括引用分析、接口分析、表达式分析。

1. 代码检查

代码检查包括代码走查、桌面检查、代码审查等工作。代码检查要检查的内容包括：

1) 代码是否遵循标准，是否与需求一致。

2) 代码逻辑表达是否正确。这主要检查两个方面。

- 赋值顺序

A. 括号用法是否正确。例如：

Y = a * b + c;

写成

Y = a * (b + c);

二者的执行结果是完全不同的。

B. 代码是否依赖赋值顺序。例如:

X = 1;

Y = f (x - -, x + +);

- 控制顺序

A. 循环能否结束。例如:

while (TRUE)
{
...
if (a = = b) break;
...
}

B. 复合语句是否被正确地用花括号括起来。例如:

if (a = = 0&&b = = 1)
{
    a = 1;
}
else
{
    b = 0;
}

C. case 语句中是否把所有可能出现的情况均加以考虑。

switch (a)
{
    case 'a': break;
    case 'b': break;
    ...
    case 'z': break;
}

3) 数据是否正确。这主要包括以下 4 个方面:

- 变量

A. 变量在使用前是否已初始化。例如:

int a;

a = 1;

B. 变量类型是否匹配。例如:

char a;

int b;

b = a;

- 常量

常量名是否大写。例如：

#define true 1

- 指针

A. 指针是否初始化。例如：

int ＊a ;

a＝1;

B. 释放内存后是否将针立即设置为 NULL。例如：

int ＊a;

…

a＝NULL;

C. 使用指针的代码是否检验了指针的有效性。例如：

int ＊a;

…

if（a！＝NULL）

｛

　＊a＝0;

｝

- 数组

数组是否越界，例如：

int a［8］;

a［8］＝1;

4）接口是否正确。

A. 在函数及过程调用中，参数的个数是否正确。例如：

void f（int a, int b, int c）

｛

｝

…

f（1, 2）;

B. 形参和实参的类型是否匹配。例如：

void f（int a, int b, int c）

｛

｝

…

f（'k', 2, 3）;

5）注释是否适当。

除最明显的声明外，是否所有的声明都有注释。例如：

int nihao 12345;

在复杂的过程中，如果没有注释将很难判断上面变量的用途。

在实际使用中，代码检查比动态测试更有效率，能快速找到缺陷，发现 30%~70% 的逻辑设计和编码缺陷，且能看到问题本身而非征兆。但是，代码检查非常耗费时间，并需要知识和经验的积累。代码检查应在编译和动态测试之前进行，在检查前，应准备好需要描述文档、程序设计文档、程序的源代码标准和代码缺陷查表等资料。

2. 静态分析

静态分析是一种利用测试工具对源代码进行的机械性和程序化的分析方法。静态分析速度快，工作质量稳定，可再现性强。静态分析可以只分析某些特定的缺陷，或只分析某些特定的模块，而不会受到其他缺陷和模块的影响。

静态分析的主要内容包括以下方面。

（1）数据流分析

静态数据流分析通过检查变量的定义和引用关系来发现程序中的错误。首先明确两个概念：

1）如果程序中某一条语句的执行能改变某个变量的值，则称这个变量在该语句中定义（Define）。

2）如果某一条语句的执行引用了某变量的值，则称这条语句引用（Reference）了该变量。

通过定义和引用的关系，可以发现数据流的异常：

1）未定义就引用肯定会发生真实错误。

2）定义后未引用被认为是可疑错误。

3）定义后再定义被认为是可疑错误。

（2）控制流分析

控制流图是一种表示程序控制结构的有向图，可用于说明程序的逻辑路径。如果一个输入引起一条路径的执行，那么这条路径就称为可达的，否则称为不可达。控制流分析能检验测出程序中是否存在不可达和死循环（如果一个输入引起一个路径成为一个无限循环，则称为死循环）的情况，如图 9-9 所示。

（3）软件度量分析

- McCabe 圈复杂度

圈复杂度（用 V(G) 表示）可以用来衡量一个模块判定结构的复杂程序，其数值表示为独立路径的条数。圈复杂度大说明程序代码质量低且难于测试和维护。经验表明，程序的错误和圈复杂度高有着很大关系。

圈复杂度有两种计算方法：

1）$V(G) = E - N + 2$，其中 E 是流图 G 中边的数量，N 是流图 G 中结点的数量。

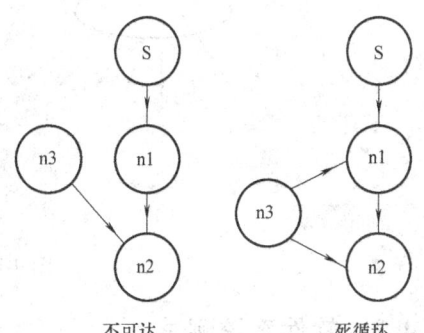

图 9-9 控制流分析

2）$V(G) = P + 1$，其中 P 是流图 G 中判定结点的数量。

如图 9-10 所示，用两种方法计算出的圈复杂度：①$V(G) = 10 - 8 + 2 = 4$；②$V(G) = 3 + 1 = 4$。

通过结构化流程简化后，最终圈复杂度称为基本圈复杂度。完全结构化程序的基本圈复杂度值为 1。圈复杂度越大，程序越复杂，可靠性越高。

- Halstead 软件科学度量

定义 1：Halstead 预测程序长度 H 是形如下式的一个度量：

$$H = n_1 \log_2 n_1 + n_2 \log_2 n_2$$

式中，n_1 表示程序中实际出现的运算符（包括保留字）的个数；n_2 表示程序中不同运算对象的个数。

定义 2：一个程序的实际 Halstead 长度 N 是形如下式的一个度量：

$$N = N_1 + N_2$$

其中，N_1 为程序中实际出现的运算符总数；N_2 为程序中实际出现的运算对象总数。

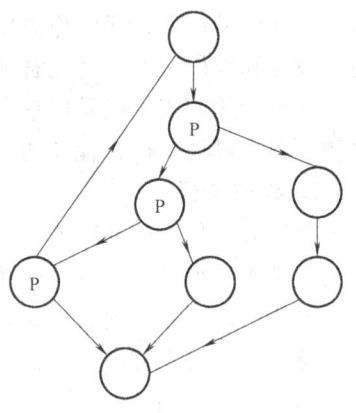

图 9-10　McCabe 圈复杂度

经验证明，一个程序的 Halstead 预测程序长度 H 与其实际 Halstead 长度 N 是非常接近的。也就是说，在程序还未编写完毕时，也可以预先估算出其长度。

- 扇入/扇出分析

一个过程/函数调用其他过程/函数的个数，称为该模型的扇出。扇出过小会增加程序结构深度，过大会增加程序结构宽度，并且会导致过程或函数复杂性高。所以，扇出数量最好在 3~4 个，最高不超过 7 个。如果发现某个模块的扇出较大，则可以考虑重新分解。一个过程/函数被其他过程/函数调用的个数，称为该模块的扇入。扇入越大，表明模块通用性越好，但扇入过大，程序的聚合性会变差。如图 9-11 所示，图 9-11a 中 A 的扇出数为 8，因此将其拆分为图 9-11b 所示的形式。其中，A 的扇出数为 2；B 的扇入数为 1，扇出数为 5；C 的扇入数为 1，扇出数为 3。

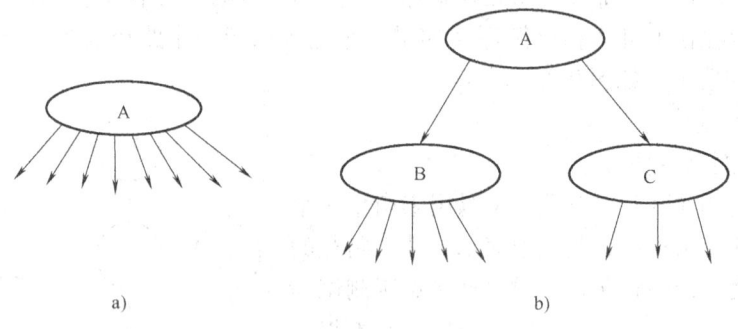

a)　　　　　　　　　　b)

图 9-11　扇入/扇出分析示例

9.4.2　软件系统测试

系统测试是将经过测试的子系统装配成一个完整系统来测试的过程，它是检验系统能否提供系统方案说明书中指定功能的有效方法。针对不同的测试内容要采取不同的测试策略。

1. 等价类划分

等价类是指某个输入域的子集合。在子集合中，各个输入数据对于暴露程序中的错误都是等效的，并假定测试等价类的代表值就相当于对该类其他值进行测试。

等价类划分法就是把输入划为若干部分，从每个部分中选取少量代表性数据，来对被测应用进行测试的方法。等价类应用为互不相交的一组子集，而子集的并应该是整个集合。

等价类划分可分为两种不同的情况：有效等价类和无效等价类。有效等价类是指对于程序的规格说明来说是合理的、有意义的输入数据构成的集合。利用有效等价类可检验程序是否实现了规格说明中规定的功能和性能。无效等价类指对程序的规格说明而言是不合理的或无意义的输入数据构成的集合。

表 9-3 是一个等价类划分的例子，其中输入 3 个数 h、m、s 作为当前系统时间。

表 9-3　一个等价类划分实例

输入条件	有效等价类划分实例	无效等价类
3 个数	给出 3 个数	给出 1 个数 给出 2 个数 给出多于 3 个数
时钟范围	$23 \geq h \geq 0$	$h < 0$ $h > 23$
分钟范围	$59 \geq m \geq 0$	$h < 0$ $h > 59$
秒钟范围	$59 \geq s \geq 0$	$h < 0$ $h > 59$

2. 边界值分析

边界值分析法就是对输入或输出的边界值进行测试的方法。这里所说的边界值包含边界值两边的值。边界值分析的基本原理是：错误更有可能出现在输入变量的极值附近。边界值分析的基本思想是：在最小值、略高于最小值、正常值、略低于最大值和最大值处取输入变量的值。

常见的边界值有：

1) int 类型的边界是 32767 和 –32768。
2) 数组的第一个元素和最后一个元素。
3) 执行第一次和最后一次循环所得到的值。
4) 字符的边界有空（Null）、空格（Space）、斜杠（/）和 0。
5) 字母的边界有 A、a、Z、z。

在分析边界条件时要遵循以下几点原则：

1) 如果输入条件规定了值的范围，则应取刚达到这个范围的边界值，以及刚刚超过这个范围的边界值作为测试输入数据。
2) 如果输入条件规定了值的个数，则应使用最大个数、最小个数、比最小个数少一、比最大个数多一的数作为测试数据。
3) 如果程序的规格说明给出的输入或输出域是有序集合，则应选取集合的第一个元素和最后一个元素作为测试用例。
4) 如果程序中使用了一个内部数据结构，则应选择这个内部数据结构的边界上的值作为测试用例。

5）分析规格说明，找出其他可能的边界条件。

3. 因果图法

等价类划分和边界值分析没有对输入条件进行组合分析。组合分析有时是一件困难的事情，因为组合的数量可能达到天文数字。因果图有助于找出高效的测试用例集，甚至可以找到规格说明欠缺的地方。

因果图法的步骤如下：

1）分析规格说明中的原因、结果，并赋予标示符。
2）找出因果之间的对应关系，画出因果图。
3）在因果图上标明约束条件。
4）把因果图转化成判定表。
5）根据判定表每一系列表示的情况生成测试用例。

因果图中的基本符号如图 9-12 所示。

各基本符号的解释如下。

1）等于：表示原因与结果是一对一的关系。原因出现，结果必然出现；结果出现，必定是由原因出现所引起的。

2）非：表示原因与结果是否定关系。

3）与：表示只有所有原因都出现，结果才会出现。

4）或：表示只要一个原因出现，结果就会出现。

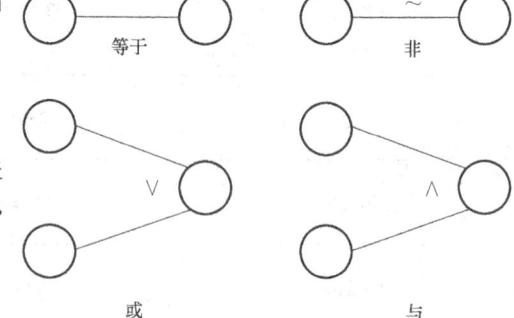

图 9-12　因果图中的基本符号

因果图中的约束符号如图 9-13 所示。这些约束符号可分为输入约束符号和输出约束符号两类。

（1）输入约束符号

E：表示 a、b 不会同时成立，最后只有一个成立。

O：表示 a、b 必须有一个成立，并且只有一个成立。

I：表示 a、b、c 三个原因至少有一个成立。

R：表示 a 出现时，b 必须出现，不可能有 a 出现、b 不出现的情况。

（2）输出约束符号

M：表示 a 是 1 时，b 必须是 0；a 是 0 时，b 值不定。

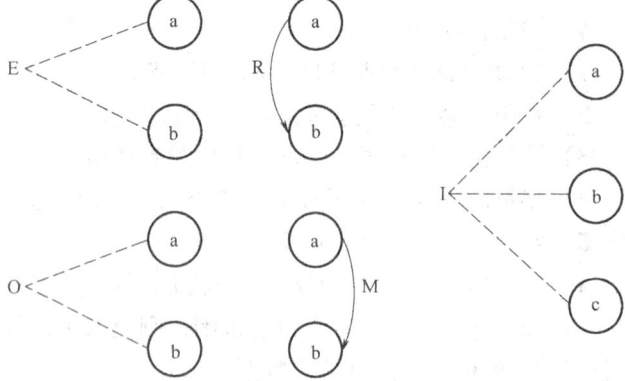

图 9-13　因果图中的约束符号

下面通过一个例子来说明如何生成因果图。

如果第一个字符是"A"或"B"，并且第二个字符是"C"，就打印这两个字符。如果第一个字符不是"A"或"B"，就打印"Error1"。如果第二个字符不是"C"就打印"Error2"。

该例的原因和结果分析如下：
- 原因

1：第一个字符是"A"。
2：第一个字符是"B"。
3：第二个字符是"C"。
- 结果

20：打印前两个字符。
21：打印"Error1"。
22：打印"Error2"。

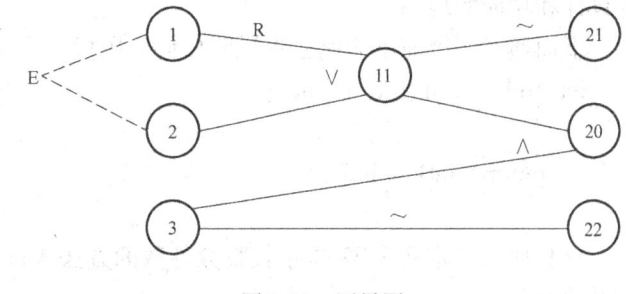

图 9-14　因果图

于是，可得出因果图，如图 9-14 所示。
根据因果图可建立如表 9-4 所示的判定表。

表 9-4　根据因果图建立的判定表

		1	2	3	4	5	6	7	8
条件	1	1	1	1	1	0	0	0	0
	2	1	1	0	0	1	1	0	0
	3	1	0	1	0	1	0	1	0
中间结果	11	×	×	1	1	1	1	0	0
结果	20	×	×	1	0	1	0	0	0
	21	×	×	0	0	0	0	1	1
	22	×	×	0	1	0	1	0	1
测试用例		×	×						

4. 探究式测试法

探究式测试法（也称猜错法）是一种得到广泛应用的测试技术，它主要依赖于测试人员的直觉和技术，尤其在相似项目方面的经验。探究式测试法的基本思想是列举出可能犯的错误的清单，然后依据清单编写测试用例。例如，测试输入是否为空；输入值是否重复。对于有经验的测试人员来说，探究式测试法在鉴别不容易被规则测试技术发现的问题方面非常有用。

实际上，每个测试人员在实际工作中都或多或少地应用了探究式测试法。比如，当测试人员发现一个缺陷后，会对其进行错误分析，分析的内容包括确认错误重现的条件、步骤并判断这些条件的不同组合是否还会引起其他广泛的甚至更严重的错误发生。这实际上就是一种典型的探究式测试。测试人员的测试经验和技能决定了他在发现一个错误后持续处理问题的能力。

在一个缺陷被开发人员修复后，发现这个缺陷的测试人员要重新执行发现该缺陷时的测试来验证缺陷是否被修复。通常，有经验的测试人员还会通过多种回归测试对错误修复加以更广泛的验证，以确定这一修复是否造成软件其他部分的错误。这种多重回归策略也是探究式测试的一种体现。

在测试人员第一次拿到一个新的软件产品，但还没有打开软件规格说明书时，通常会先尝试运行软件，按照其展现在面前的功能性进行尝试，通过这种探究式的实际操作来了解软件设计和功能实现。

下面通过一个简单的例子来说明如何应用探究式测试法。

```
int Add（int int1，int int2）
{
    return  int1 + int2；
}
```

该程序要求带两个32位字长整数参数的方法Add返回一个非负32位整数。设计测试用例并执行如下：

int1 = 5；
int2 = -7；
int ret = Add（int1 + int2）；

期望结果：方法Add应该终止执行，并返回0。

实际结果：方法Add返回一个负的32位整数执行结果。

开发人员修复缺陷，增加参数值有效性验证：

```
int Add（int int1，int int2）
{
        if（（int1 > =0）&&（int2 > =））
        {
                return int1 + int2；
        }
        return 0；
}
```

测试人员重新执行测试用例并执行

int1 = 5；
int2 = -7；
int ret = Add（int1 + int2）；

可以返回期望结果。

但对于有经验的测试人员，会设计新的测试用例并执行，比如：

int1 = MAX_INT32；//MAX_INT32 = 214783647
int2 = MAX_INT32；
int ret = Add（int1 + int2）；

方法Add依旧返回负值-2，这说明错误并未彻底修复。

5. 系统测试的策略

正确的策略是达到预定目标的保证，实现目标过程中，有效的方法和手段是策略的具体体现。总地来说，软件系统测试策略依赖于软件的测试目的。长期以来人们对软件测试存在着两种不同的认识：一种观点认为软件测试的目的是证明软件的正确性；而另一种观点则认为软件测试的目的是尽可能地寻找软件隐藏的错误和缺陷。作者认为，软件测试不能以单纯发现错误为目的，还应该验证和确认软件功能性，评估软件质量，为软件质量定量评定提供依据。基于这一目的，测试策略包括两个阶段：验证和确认以及查找错误。

(1) 验证和确认

在构造软件的过程中，基于软件的功能需求，以验证有效性和正确性为目的，全面验证软件是否符合用户要求。在验证和确认过程测试上，需要综合运用各种测试技术、方法和手段，做到全面覆盖需求，对软件质量定量评估。比如：

1) 运用静态测试方法对软件设计的各种静态文档进行分析检查。
2) 综合运用静态测试和动态测试方法，检查程序代码中可能存在的缺陷或评估程序代码。
3) 使用因果图法对规格说明中包含输入条件组合的情况进行分析。
4) 尽量多地使用边界值分析法。
5) 为输入和输出确定有效等价类，在必要情况下对上面确认的测试用例进行补充。
6) 针对用例集检查程序的逻辑结构，尽量使逻辑覆盖准则得到满足。

(2) 查找错误

在软件开发进行到一定的阶段后（比如，基本功能都已完成，已全面覆盖用户需求，并已得到确认），那么就可以根据项目和测试团队实际情况，以尽可能寻找软件中隐藏的错误和缺陷为目的进行更多的测试。比如：

1) 运用探究式测试法，确定有效的回归测试策略，对已修复的缺陷进行回归测试。
2) 运用探究式测试法，猜测用户需求中没有提到的可能存在错误的地方，增加测试用例。
3) 进行更多的负面测试，比如通过错误注入等检查程序的容错能力。
4) 进行更加全面的压力测试，测试系统对空间强度和时间强度的容忍极限。迫使系统在资源配置异常的情况下运行，检查程序对异常情况的抵抗能力等。

9.4.3 软件动态测试

嵌入式软件的动态测试分为白盒测试和黑盒测试。

白盒测试也称为玻璃盒测试，它将被测试的软件看作一个打开的白盒子，允许测试人员利用程序内部的逻辑结构及有关信息设计或选择测试用例，对程序所有逻辑路径进行测试，通过在不同点检查程序状态，确定实际状态是否与预期的状态一致。白盒测试的目的是通过测试软件内部的逻辑结构和处理过程，检查软件是否能按预定要求正确工作，不需要测试产品的功能，以确定实际运行状态与预期状态是否一致。白盒测试计划是依据详细的软件实现（例如编程语言、逻辑和风格）而生成的，测试用例是依据程序结构派生而来的。因此，白盒测试又称为结构测试或逻辑驱动测试。

黑盒测试在某些情况下也称为功能测试。它是把测试对象看作一个黑盒子，测试人员完全不考虑程序内部的逻辑结构和内部特性，只依据程序的需求规格说明书来检查程序的功能是否符合它的功能说明。黑盒测试最大的优势在于不依赖代码，而是从实际使用的角度进行测试。通过黑盒测试可以发现白盒测试发现不了的问题。因为黑盒测试与需求紧密相关，所以需求规格说明的质量会直接影响测试的结果，黑盒测试只能限制在需求的范围内进行。

人们普遍认为黑盒测试就是人工测试，但黑盒测试和白盒测试技术的区别不在于是否写代码执行测试，而在于是否需要了解其内部逻辑。例如，对接口和 API 的编程测试，因为测试用例是基于其接口描述（如参数类型和返回结果等）而设计的，并不需要了解其内部逻辑,所以,这种测试实质上仍然是黑盒测试。

1. 典型的白盒测试技术

白盒测试或基本代码的测试检查程序的内部设计。它会根据源代码的组织结构查找软件缺陷,一般要求测试人员对软件的结构和作用有详细的了解。白盒测试与代码覆盖率密切相关,可以在白盒测试的同时计算出测试代码的覆盖率,保证测试的充分性。做到100%测试代码几乎是不可能的,所以要选择最重要的代码进行白盒测试。由于严格的安全性和可靠性要求,嵌入式软件测试同非嵌入式软件测试相比,通常要求有更高的代码覆盖率。对于嵌入式软件,白盒测试一般不必在目标硬件上进行,更为实际的方式是在开发环境中通过硬件仿真进行,所以选取的测试工具应该支持在宿主环境中的测试。

运用白盒测试技术,需要分析待测软件系统的特定技术背景及其结构设计和实现。在某些软件的白盒测试中,穷举测试是非常重要的。从某种程度上说,一定程度的穷举测试是可以实现的,比如每一行代码至少执行一次(语句覆盖),遍历每一个分支(分支覆盖)或者覆盖所有可能的真假组合条件(多重条件覆盖)。控制流测试、环路测试及数据流测试等都是将相应的软件控制流和结构标注在有向图上,通过精心挑选测试用例,保证测试中所有的节点或路径都覆盖至少一次。这样,就可以发现那些永远得不到执行的地方或不必要的"死"代码(代码是没有用的),这是黑盒测试或功能测试覆盖不到的。

故障注入可视为一种特殊的白盒测试方式。这种方法和测试通常合并进行,以验证软件实现中关键地方的容错性和可靠性。也可以通过在变异测试中,把源程序代码中容易导致歧义或模糊的地方重写,每一个重写的版本引入一个错误,每一个错误版本的程序叫源代码的一个变异,基于这个变异的效果来选择测试数据。一个测试用例消除的变异错误越多,则这个测试用例越好。变异测试的问题是过于复杂且代价昂贵。

白盒测试需要全面了解程序的内部逻辑结构,对所有逻辑路径进行测试。要进行白盒测试,测试者必须检查程序的内部结构,从检查程序的逻辑着手,设计测试用例。软件人员使用白盒测试方法,主要是对程序模块进行如下检查:

1)对程序模块的所有独立执行路径至少测试一次。
2)对所有的逻辑判定,取"真"与取"假"的两种情况都至少测试一次。
3)在循环的边界和运行界限内执行循环体。
4)测试内部数据结构的有效性等。

白盒测试的优点在于可以帮助软件测试人员提高代码的覆盖率,提高代码的质量,发现代码中隐藏的问题。但白盒测试有如下缺点:

1)程序运行会有很多不同的路径,不可能测试所有的路径。比如,对一个具有很多重选择和循环嵌套的程序,不同的路径数目可能是天文数字。假如一个小程序段包括了一个执行20次的循环,包含的不同执行路径数达520条。设对每一条路径进行测试需要1ms,一年工作$365 \times 24h$,那么要想把所有路径测试完,需3170年。

2)测试基于代码,只能测试开发人员做得对不对,而无法知道设计的正确与否,因此可能会漏掉一些功能需求。

3)系统庞大时,测试开销会非常大。

嵌入式软件的覆盖测试是一种白盒测试方法,测试人员必须拥有程序的规格说明书和程序清单,以程序的内部结构为基础来设计测试用例。其基本准则是:测试用例应尽可能多地覆盖程序的内部逻辑结构，以发现其中的错误和问题。所以，覆盖测试一般应用在软件测试的早期，即单元测试阶段。

嵌入式软件中的覆盖测试包括如下 5 种测试策略。

(1) 语句覆盖

语句覆盖是指在执行测试用例时，使程序中的每个语句中都至少执行 1 次，但这种策略不能发现某些逻辑错误。

例如，有如下一段程序，其模块流程如图 9-15 所示。

```
if ( a > 0&&b > 0)
{
    X = x + 1;
}
if ( a = = 2 || b < -1)
{
    X = X * 2;
}
```

为了使每个语句都执行一次，程序的执行路径应该是 sacbed，因此测试数据可采用 a = 2，b = 2。

(2) 判定覆盖

判定覆盖是执行足够的测试用例，使得程序中每个判定都获得一次"真"或"假"值，或者是每一个分支都至少通过 1 次的覆盖测试策略。

对于图 9-15 来说，能够分别覆盖路径 sacbed 和 sabd 的两组测试数据，或者可以分别覆盖路径 sacbd 和 sabed 的两组测试数据，都是判定覆盖标准。

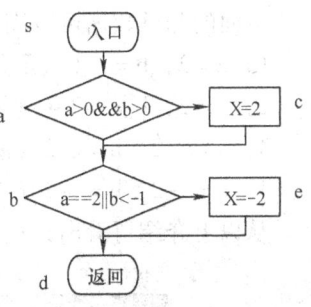

图 9-15 被测试模块流程

例如：

1) a = 2，b = -2（覆盖 sacbd）。
2) a = 3，b = 4（覆盖 sabed）。

判定覆盖比语句覆盖功能更强，但是对程序逻辑的覆盖率仍然不高。

(3) 条件覆盖

条件覆盖是执行足够的测试用例，使得判定中的每个条件获得各种可能的值的测试策略。

图 9-15 所示的例子中有 2 个判定表达式，每个表达式有 2 个条件。为了做到条件覆盖，应该在 a 点选取测试数据使得：

a > 0，a ≤ 0，b > 0，b ≤ 0

在 b 点选取测试数据使得：

a = 2，a ≠ 2，b ≥ -1，b < -1

使用下面两组测试数据可以达到上述覆盖标准：

a = 2，b = 1（满足 a > 0，a = 2，b > 0，b ≥ -1，执行路径 sacbed）

a = -1，b = -2（满足 a ≤ 0，a ≠ 2，b ≤ 0，b < -1，执行路径 sacbed）

(4) 判定/条件覆盖

判定/条件覆盖是执行足够的测试用例，使得判定中的每个条件获得各种可能的值，并使得每个判定取得各种可能的结果的测试策略。

不难看出，a=2、b=1 和 a=-1、b=2 也满足判定/条件覆盖标准。

(5) 条件组合覆盖

条件组合覆盖是执行足够的测试用例，使得每个判定中的条件的各种组合至少出现 1 次的测试策略。其特点是覆盖较充分，满足条件组合的覆盖的测试用例也一定满足判定覆盖、条件覆盖、判定/条件覆盖。

对于图 9-15 所示的例子共有 8 种可能的条件组合：

1) $a>0$, $b>0$
2) $a>0$, $b\leqslant 0$
3) $a\leqslant 0$, $b>0$
4) $a\leqslant 0$, $b\leqslant 0$
5) $a=2$, $b<-1$
6) $a=2$, $b\geqslant -1$
7) $a\neq 2$, $b<-1$
8) $a\neq 2$, $b\geqslant -1$

下面的测试数据可以满足上面列出的 8 种组合条件：

1) a=2，b=2（满足条件 1、6，执行路径 sacbed）
2) a=2，b=-2（满足条件 2、5，执行路径 sabed）
3) a=-2，b=-2（满足条件 3、8，执行路径 sabed）
4) a=-2，b=-2（满足条件 4、7，执行路径 sabed）

从以上介绍可看出，这几种覆盖策略的严格程度从弱到强如图 9-16 所示。

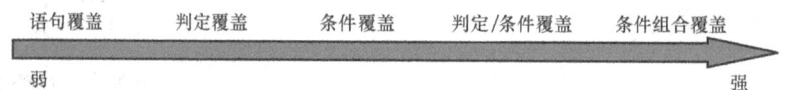

图 9-16 集中覆盖策略的严格程度

嵌入式软件的其他一些覆盖测试策略还包括修改的条件/判断覆盖（通常简称为 MC-DC）、路径覆盖、函数覆盖、调用覆盖、线性代码顺序和跳转覆盖、数据流覆盖、目标代码分支覆盖、循环覆盖、关系操作符覆盖等。随着软件规模的扩大，实现全面覆盖所需的测试用例的数目也越来越多，因此根据被测软件对象的特点选择适当的覆盖策略是非常重要的。同时，要确定合理的测试目标，达到 100% 的覆盖往往要付出很大的代价，应该同形式化评审（用形式化的语言来描述软件测试的需求和特征的方法）等方法结合，以发现更多的软件故障。

嵌入式软件宿主机/目标机的覆盖过程是这样的：首先，需要利用插桩分析器对被测程序的源代码进行插桩；然后将插桩后的程序源代码利用编译链接器编译，之后生成可执行程序，这个可执行程序可以在目标机上执行；随后根据测试用例对生成的可执行程序进行测试，利用被测试代码路径的信息文件来对执行的可执行程序进行覆盖信息的收集和分析；最后，将可视的覆盖率信息返回，生成相应的测试报告。

嵌入式软件的覆盖测试过程如图 9-17 所示。

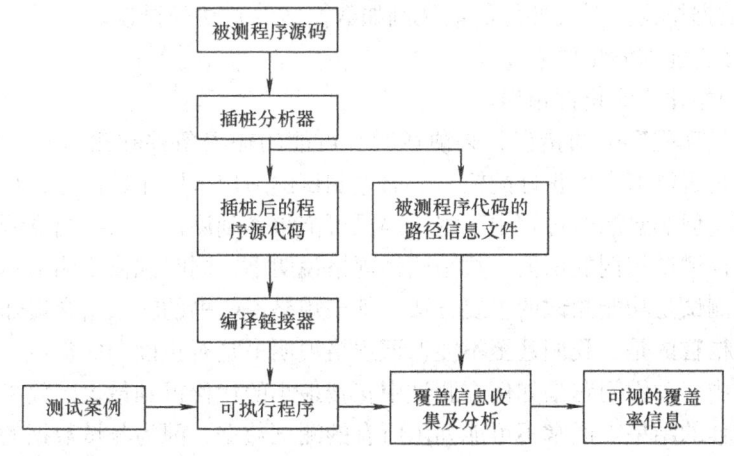

图 9-17　嵌入式软件的覆盖测试过程

嵌入式软件的开发与普通软件的不同点在于，需要采用交叉开发的方式。也就是说，开发工具运行在软硬件配置丰富的宿主机上，而嵌入式应用程序运行在软硬资源相对缺乏的目标机上。对于嵌入式软件的测试也存在着同样的问题：测试工具运行在宿主机上，测试所需要的信息在目标机上产生，并通过一定的物理/逻辑连接传输到宿主机上，由测试工具接受。因此，嵌入式软件测试的一个重要问题是建立宿主机与目标机之间的物理/逻辑连接，以解决数据信息的传输问题。

嵌入式软件覆盖测试的基本原理如图 9-18 所示。

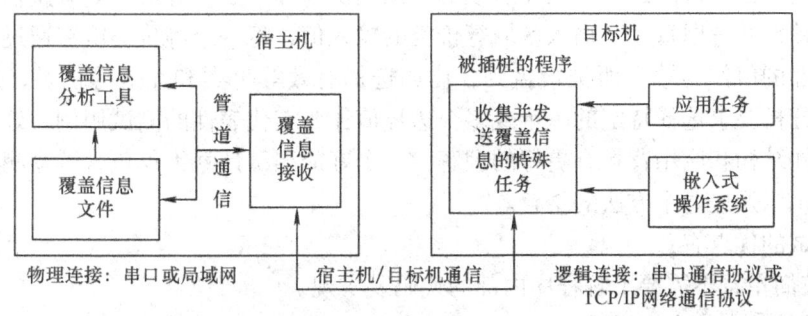

图 9-18　嵌入式软件覆盖测试的基本原理

2. 典型的黑盒测试技术

软件的黑盒测试意味着测试要在软件的接口处进行。这类测试方法根据软件的用途和外部特征查找软件缺陷，不需要了解程序的内部结构。在进行嵌入式软件黑盒测试时，要把系统的预期用途作为重要依据，根据需求中对负载、定时、性能的要求，判断软件是否满足这些需求范围。为了保证正确的测试，还需要检验软硬件之间的接口。嵌入式软件黑盒测试的一个重要方面是极限测试。在使用环境中，通常要求嵌入式软件的失效过程要平稳，所以，黑盒测试不仅要检查软件工作过程，也要检查软件失效过程。

这种测试方法是在程序接口上进行测试，主要是为了发现以下错误：

1）是否有不正确或遗漏了的功能。

2)在接口上,输入能否正确地接收,能否输出正确的结果。

3)是否有数据结构错误或外部信息(例如数据文件)访问错误。

4)性能上是否能够满足要求。

5)是否有初始化或终止性错误。

用黑盒测试发现程序中的错误,必须在所有可能的输入条件和输出条件中确定测试数据,来检查程序是否能够产生正确的输出。黑盒测试的适用范围比较广泛,从单元测试到系统测试都可使用,但黑盒测试过程中某些代码段可能得不到测试,需要白盒测试作为补充。

黑盒测试设计测试用例的依据一般是软件规格说明书,同时规格说明书本身也是重要的测试对象。黑盒测试是功能测试的主要方法,基于规格说明书的输入组合爆炸是功能测试中的主要障碍。更糟糕的是,我们甚至不能保证规格说明书是否正确和完整。

在黑盒测试中,关键问题是如何在测试中花费最小的代价得到最大的效果,即用最少的测试用例得到最佳的结果。通常不可能列出所有的测试数据,因为测试数据的数量级通常是很大的。可以作如下的假设:假设一个程序 P 有输入量 X 和 Y 及输出量 Z,在字长为 32 位的计算机上运行,若 X、Y 取整数,按黑盒方法进行穷举测试,可能采用的测试数据组有 $2^{32} \times 2^{32} = 2^{64}$ 个。如果测试一组数据需要 1ms,一年工作 $365 \times 24h$,那么完成所有测试需 5 亿年。

在测试用例设计中,不可能穷举所有输入空间,但是有可能彻底测试一个子输入空间。分割是一种最常用的技巧。如果能分割输入空间,假定每一个子输入空间的输入值相同,则只需在划分的每一个子空间用一个输入测试,测试则能覆盖到整个输入空间,即进行等价类划分。

等价类划分是黑盒测试中常用而有效的测试用例设计方法。等价类划分将输入域划分到不同输入区域,并考虑每一个输入区域等价类的输入值,每一个等价类能够通过在其输入域选择有代表性的值作为输入而被覆盖到,比如选择有效等价类和无效等价类,边界值划分等。边界值分析要求选择特定的一个或多个边界值作为有代表性的测试用例。好的等价类划分需要对软件结构和应用背景有更好的理解。一个好的测试计划不仅包含黑盒测试,也应该包含白盒测试以及这两个方法的结合。

黑盒测试的优点有:

1)比较简单,不需要了解程序内部的代码及实现。

2)与软件的内部实现无关。

3)基于需求,从用户角度出发,能很容易地知道用户用到哪些功能,会遇到哪些问题。

4)基于软件开文档,所以也能够知道软件实现了文档中的哪些功能。

5)在做软件自动化测试时较为方便。

黑盒测试方法是一种只关心程序功能是否满足要求而不考虑程序实现细节的测试方法,也称之为数据驱动,即输入输出驱动或基于需求的一种测试技术。因为只关心软件的模块是否正确实现其功能,因此黑盒测试也主要是指功能测试——测试方法重点在于通过制定输入、处理和检查相应的输出结果,检验软件是否实现其功能。黑盒测试的输入和输出验证依据均来自于软件需求规格说明书。显而易见,黑盒测试输入覆盖率越高,可发现的问题就更多,对软件质量的信心也就越足。理想情况下,黑盒测试需要穷举覆盖所有输入,包括有效输入和无效输入。但如前文所说，穷举测试是不切实际的。先不考虑无效的输入、时间、系列和资源的变化等，穷举所有的有效输入组合也是不可能的。所以，在实际测试工作中，黑盒测试用例设计是基于需求的，一般以测试需求的覆盖率来衡量黑盒测试的覆盖率。

习 题 9

1. 软件测试的定义和目的分别是什么？
2. 简述软件测试的分类。
3. 嵌入式软件测试和普通的软件测试之间有何区别？
4. 简述嵌入式软件的静态测试方法及其原理。
5. 简述嵌入式软件的系统测试方法及其原理。
6. 简述嵌入式软件的动态测试方法有哪些。

参 考 文 献

[1] 王田苗. 实用嵌入式系统设计与开发——基于ARM微处理器与μCOS-Ⅱ实时操作系统 [M]. 2版. 北京：清华大学出版社，2003.

[2] David E Simon. 嵌入式系统软件教程 [M]. 陈向群，等译. 北京：机械工业出版社，2005.

[3] Daniel W Lewis. 嵌入式软件基础——C语言与汇编的融合 [M]. 陈宗斌，译. 北京：高等教育出版社，2002.

[4] 马忠梅，等. ARM嵌入式处理器结构与应用基础 [M]. 北京：北京航空航天大学出版社，2002.

[5] Steve Furber. ARM SOC体系结构 [M]. 田泽，等译. 北京：北京航空航天大学出版社，2002.

[6] 田泽. 嵌入式系统开发与应用教程 [M]. 北京：北京航空航天大学出版社，2005.

[7] 胥静. 嵌入式系统设计与开发实例详解——基于ARM的应用 [M]. 北京：北京航空航天大学出版社，2005.

[8] 沈文斌. 嵌入式硬件系统设计与开发实例详解 [M]. 北京：电子工业出版社，2005.

[9] 于明，范书瑞，曾祥烨. ARM9嵌入式系统设计与开发教程 [M]. 北京：电子工业出版社，2006.

[10] 张绮文，谢建雄，谢劲心. ARM嵌入式常用模块与综合系统设计实例精讲 [M]. 北京：电子工业出版社，2007.

[11] 罗蕾. 嵌入式实时操作系统及其应用开发 [M]. 北京：北京航空航天大学出版社，2005.

[12] Jean J Labrosse. μC/OS-Ⅱ——源码公开的实时嵌入式操作系统 [M]. 邵贝贝，译. 北京：中国电力出版社，2001.

[13] 贾智平，张瑞华. 嵌入式系统原理与接口技术 [M]. 北京：清华大学出版社，2005.

[14] 苏东. 主流ARM嵌入式系统设计技术与实例精解 [M]. 北京：电子工业出版社，2007.

[15] 袁玉宇. 软件测试与质量保证 [M]. 北京：北京邮电大学出版社，2008.

[16] 康一梅，等. 嵌入式软件测试 [M]. 北京：机械工业出版社，2008.

[17] 熊庆国，王鑫，文昕，王恒心. 多核技术在嵌入式领域的新发展 [J]. 仪器仪表学报，2006，27 (z3)：2601-2604.

[18] 庞继勇，唐婷. ARM处理器中断处理的编程实现 [J]. 电子产品世界，2005，2.

[19] 丁雷，陶俊才. ARM S3C2410X系统中断编程机制的研究与应用 [J]. 微计算机信息，2006，22 (11-2)：154-155.

[20] 薛小菁，余立民. 可重构和多核技术对嵌入式系统设计的影响 [J]. 计算机工程，2008，34 (B09)：19-21.

[21] 罗振壁，等. 可重构性和可重构设计理论 [J]. 清华大学学报：自然科学版，2004，44 (05)：577-581.

[22] 黄涛，徐宏吉. 嵌入式实时操作系统移植技术的分析与应用 [J]. 计算机应用，2003，23 (9)：88-98.